普通高等教育“十二五”应用型本科规划教材

数字三维动画 Maya 技术

主　编　张子瑞

参　编　曾军梅　龙　凤　刘　雷　葛圣胜
　　　　汪家杰　张捷侃　王　涛　邱志斌
　　　　王玉秋　上官婷婷

中国人民大学出版社

· 北京 ·

图书在版编目（CIP）数据

数字三维动画 Maya 技术/张子瑞主编. —北京：中国人民大学出版社，2015.6
普通高等教育“十二五”应用型本科规划教材
ISBN 978-7-300-21488-7

Ⅰ.①数… Ⅱ.①张… Ⅲ.①三维动画软件-高等学校-教材 Ⅳ.①TP391.41

中国版本图书馆 CIP 数据核字（2015）第 132906 号

普通高等教育“十二五”应用型本科规划教材
数字三维动画 Maya 技术
主　编　张子瑞
参　编　曾军梅　龙　凤　刘　雷　葛圣胜
　　　　汪家杰　张捷侃　王　涛　邱志斌
　　　　王玉秋　上官婷婷
Shuzi Sanwei Donghua Maya Jishu

出版发行　中国人民大学出版社
社　　址　北京中关村大街 31 号　　　　**邮政编码**　100080
电　　话　010－62511242（总编室）　　010－62511770（质管部）
　　　　　　010－82501766（邮购部）　　010－62514148（门市部）
　　　　　　010－62515195（发行公司）　010－62515275（盗版举报）
网　　址　http://www.crup.com.cn
　　　　　　http://www.ttrnet.com(人大教研网)
经　　销　新华书店
印　　刷　北京易丰印捷科技股份有限公司
规　　格　185 mm×260 mm　16 开本　　**版　　次**　2015 年 10 月第 1 版
印　　张　15.25　　　　　　　　　　　**印　　次**　2016 年 10 月第 2 次印刷
字　　数　320 000　　　　　　　　　　**定　　价**　78.00 元

前　言

随着动漫产业的发展，在当今高端三维专业软件中 Maya 技术占首位，Maya 技术已在电影、电视、游戏、广告艺术、建筑等领域得到了广泛的应用。它是艺术与技术的结合。

高等院校是培养动画人才的主力军。本教材注重采取灵活多样的教学手段，将传统讲授式教学与现代高科技新技术教学手段相结合。教材由福州外语外贸学院专职教师张子瑞老师主持撰写，该教师在数字三维动画方面具备多年的教学经验。教材当中对软件工具命令进行了详细的讲解，方便初学者的学习。为了让读者深入学习到软件应用的方法，教材在相应模块提供了有详细分解步骤的案例，以便读者快速掌握要领。案例练习不仅有利于掌握 Maya 软件的使用方法，更能有效地强化实践能力，实现教学、实践一体化，将所学的 Maya 技术知识运用到实际操作中，迅速理解理论知识和专业技术。本书的案例注重将 Maya 艺术与 Maya 技术结合，不仅能够激发初学者的求知欲，还可以加深初学者对所学知识的认知和理解，更重要的是让初学者懂得学习该软件的最终目的是为设计服务。

本书的主要内容包括 Maya 三维技术基础、NURBS 建模、Polygon 多边形建模、Maya 灯光设置、Maya 材质与贴图五大部分，详细介绍了 Maya 的工具命令以及 Maya 制作方法与制作技巧。本教材适合高等院校 Maya 初、中级读者学习。

编者

2015 年 2 月

目　录

第一章　Maya 三维技术基础

Maya 软件发展至今，操作界面在最初设计的基础上进行了一定的改进，但不破坏最初的设计，不进行大面积的界面操作更改，方便了用户的学习与使用。本章节主要对 Maya 界面以及 Maya 的基本操作进行介绍。

1.1　Maya 界面介绍

1.1.1　标题栏

Maya 标题栏显示了软件图标、版本以及文件名，如图 1—1 所示。

Autodesk Maya 2013 x64: untitled*

图 1—1　Maya 标题栏

1.1.2　菜单栏

Maya 菜单分为两个部分。一部分为公共菜单，另一部分为模块菜单，如图 1—2 所示。

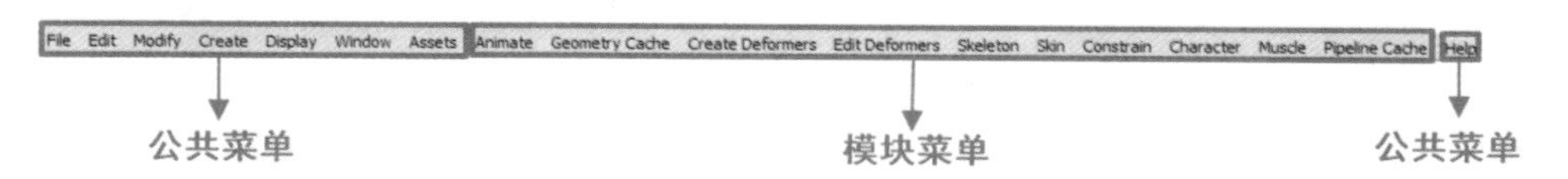

图 1—2　菜单栏

1. 公共菜单

公共菜单是 Maya 默认保持不变的菜单。

公共菜单包括 File（文件）、Edit（编辑）、Modify（修改）、Create（创建）、Display（显示）、Window（窗口）、Assets（资源）以及 Help（帮助）。

2. 模块菜单

模块菜单是通过选择模块进行变换的。用户可以通过 Maya 工具栏的模块选择来变换模块菜单。

Maya 的模块分别为 Animation（动画模块）、Polygons（多边形模块）、Surfaces NURBS（曲面模块）、Dynamics（动力学模块）、Rendering（渲染模块）、nDynamics（内核动力学模块）、Customize（自定义模块），如图 1—3 所示。

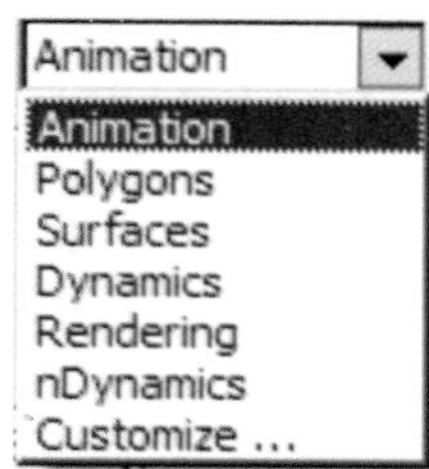

图 1—3　Maya 模块

1.1.3　快捷菜单

Maya 菜单除了选择菜单栏外，还可以使用快捷键选择菜单。例如，在将鼠标放到视图中，并按空格键配合鼠标左键即可在视图打开菜单命令，如图 1—4 所示。

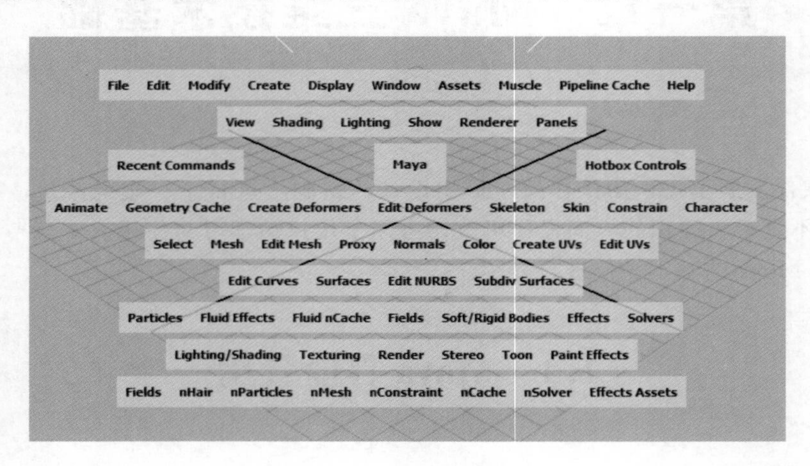

图 1—4　快捷菜单

Maya 的菜单是可单独调出并在视图框中进行独立移动的。每个菜单都有浮动框，用户可根据需要点击菜单最上面的浮动条，将常用菜单单独调出，并移动在视图中方便选择，不需要时也可关闭浮动框，如图 1—5 所示。

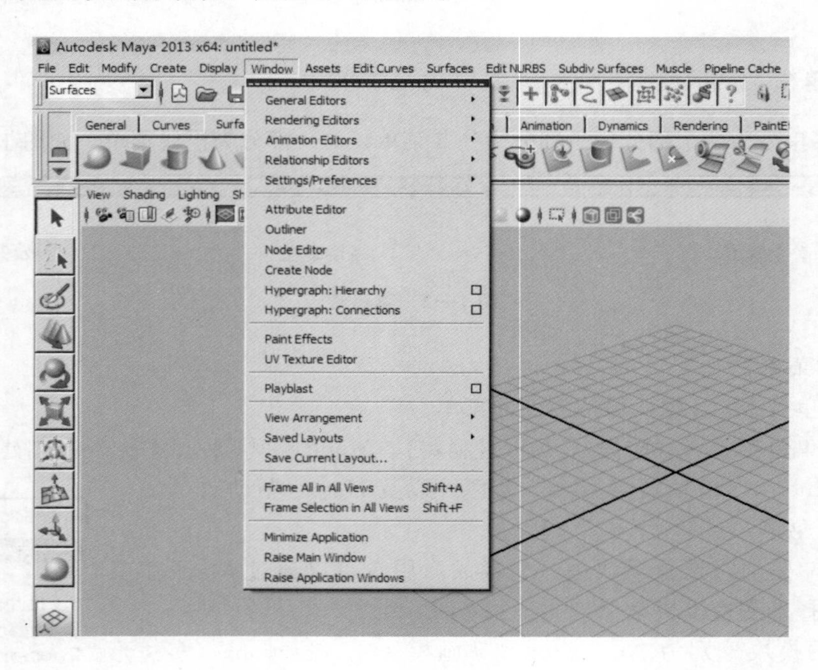

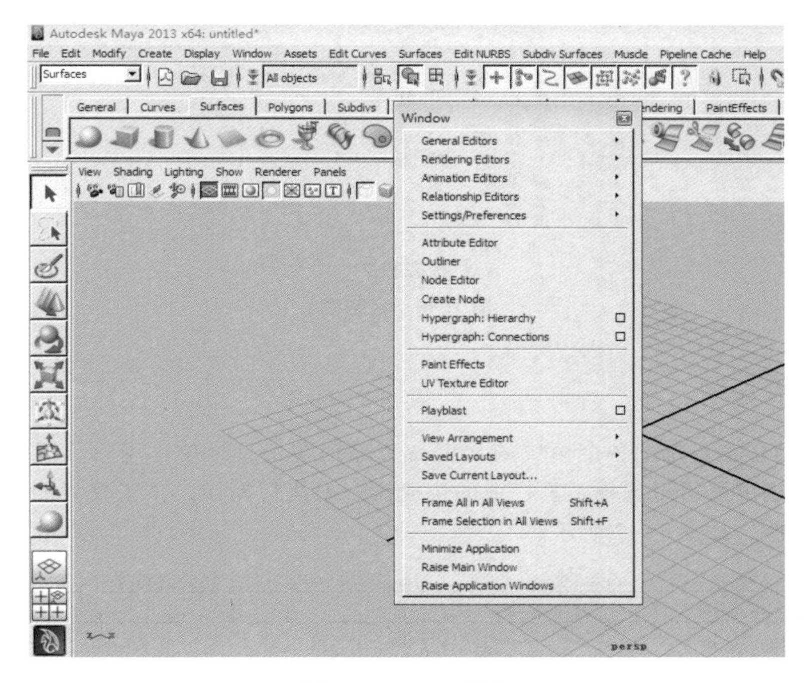

图 1—5 Maya 菜单

1.1.4 状态栏

Maya 的状态栏的显示是以组的形式分类展示在状态栏中。用户可以通过扩展或者收缩这些组，对状态栏进行选择整理。

Maya 状态栏主要包括一些常用的命令，如操作命令、物体层级、相同类别的物体进行层级区分等。大多数命令都是便于建模制作、动画制作等快捷操作的工具，提高工作效率的快捷性，如图 1—6 所示。

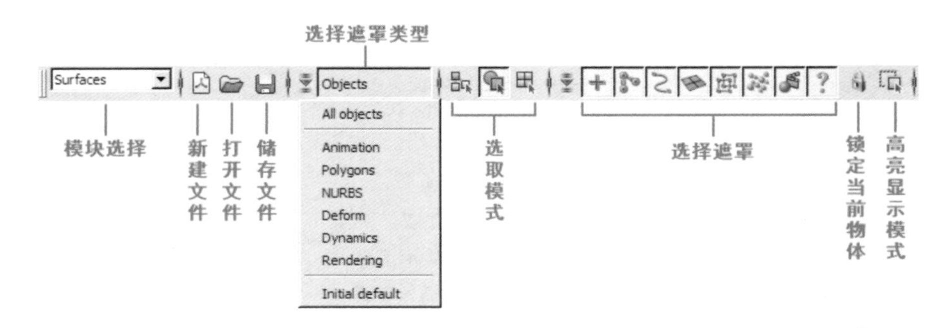

状态栏 1

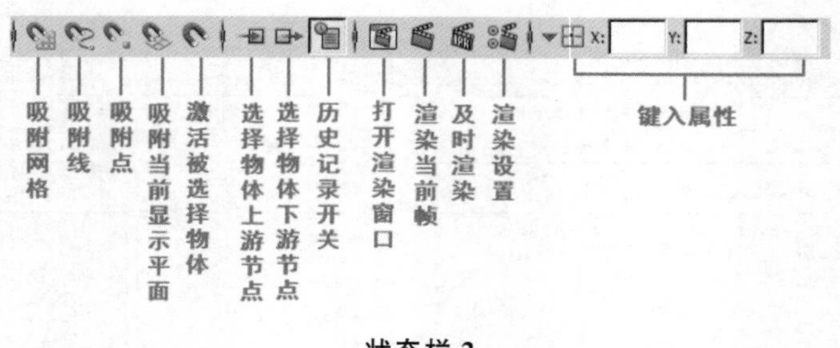

状态栏 2

图 1—6 状态栏

1.1.5 工具栏

Maya 工具栏主要是把各个模块的常用命令陈列在工具栏中，用户除了通过菜单命令选择命令外，还可以通过选择工具栏上的快捷命令来执行操作。该工具栏的设置提高了工作效率的快捷性，如图 1—7 所示。

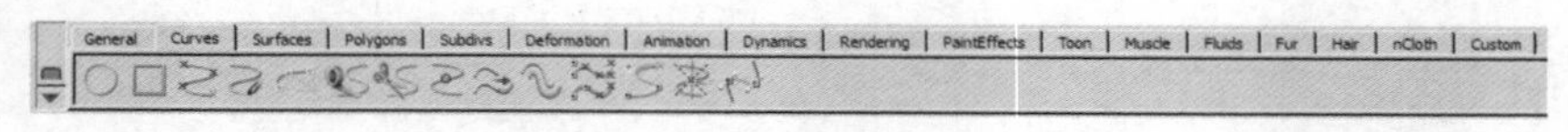

图 1—7 工具栏

用户还可以根据需要，将不在工具栏的常用菜单命令自定义在工具栏中。

1.1.6 工具箱

Maya 工具箱中包括了常用操作工具，包括选择工具（快捷键 Q），套索选择工具，画笔选择工具，移动工具（快捷键 W），旋转工具（快捷键 E），缩放工具（快捷键 R），操纵器工具，柔性修改工具，操作手柄显示工具（快捷键 T）以及最后一次操作工具（快捷键 Y），如图 1—8 所示。

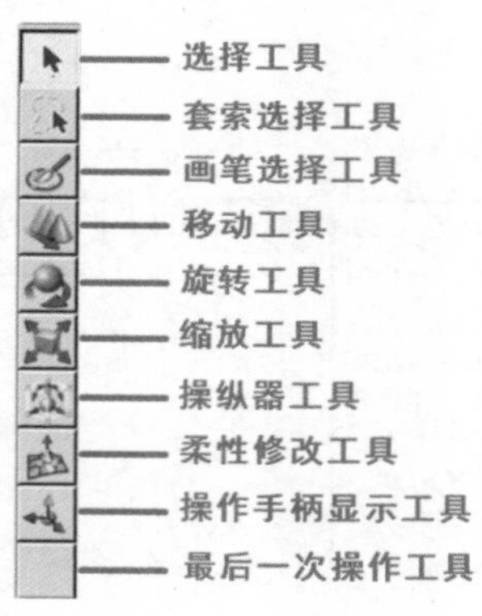

图 1—8 工具箱

1.1.7 视窗选择栏

Maya 视窗栏主要用来控制视窗显示的布局。

视窗显示包括透视图显示，四视图显示，透视图与提纲列表显示，透视图与动画编辑器显示，超材质编辑器与透视图显示，透视图、图标视图、动画编辑显示，自定义视图显示，如图 1—9 所示。

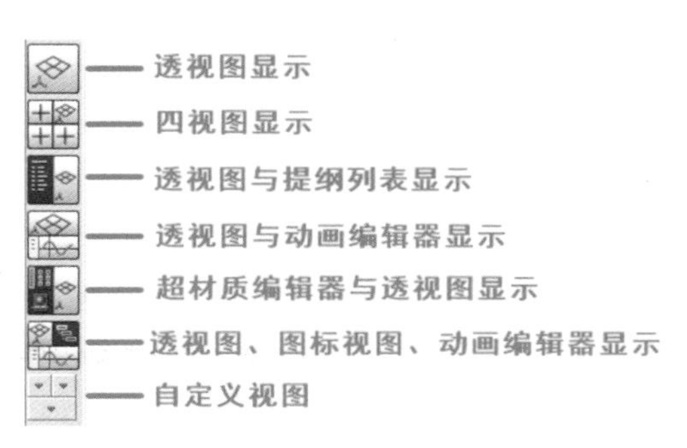

图 1—9 视窗选择栏

1.1.8 操作视图

Maya 操作视图对模型进行制作、编辑和操作的工作区域。

Maya 每个操作视图都有相对应的视图操作菜单及工具栏快捷命令按钮，方便对选择视图编辑与操作，如图 1—10 所示。

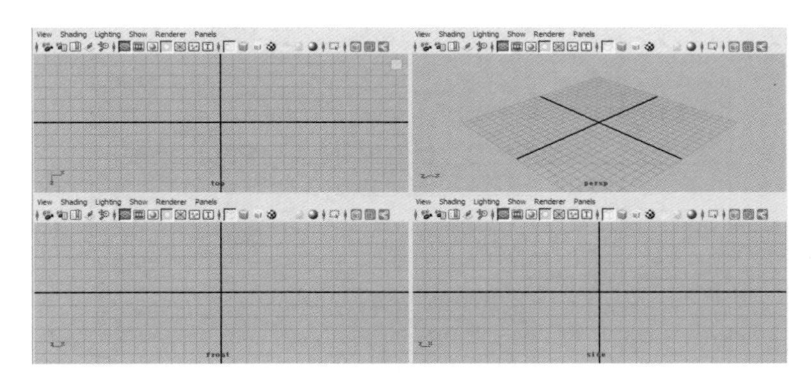

图 1—10 操作视图

视图操作时使用键盘配合鼠标快捷键进行视图间的切换。例如在选择四视图显示的状态下，将鼠标移动到需要放大的某个视图上，不用点击鼠标，按空格键，就会对当前视图进行最大化单独显示。如果再次按下空格键，又会恢复到之前的四视图显示状态。

1.1.9 时间滑块区域和动画播放控制区域

时间滑块区域主要包括时间控制范围，用于动画时间区域的显示，方便在动画制作时对时间范围进行控制与编辑，如图 1—11 所示。

图 1—11 时间滑块区域

动画播放控制区域包括动画的播放、暂停、快进、快退、动画录制以及全局属性参数对话框等按钮，如图 1—12 所示。

图 1—12　动画播放控制区域

1.1.10　命令栏和帮助栏

命令栏包括命令输入行，命令提示行以及脚本编辑器，如图 1—13 所示。

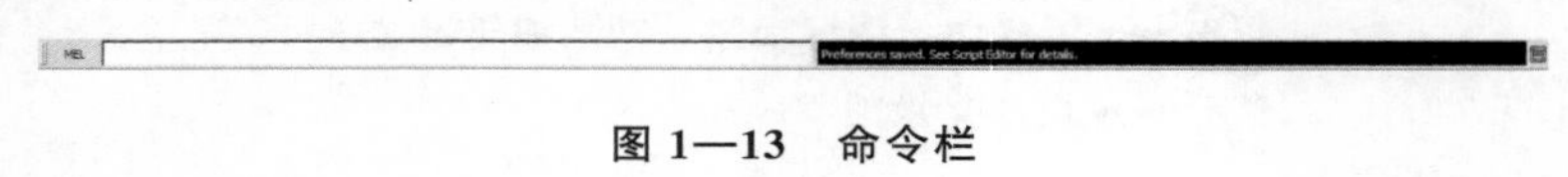

图 1—13　命令栏

帮助栏对当前操作的命令进行显示以及简单提示，如图 1—14 所示。

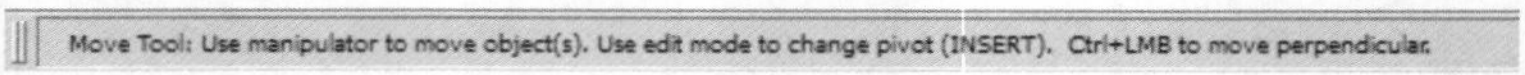

Move Tool: Use manipulator to move object(s). Use edit mode to change pivot (INSERT). Ctrl+LMB to move perpendicular.

图 1—14　帮助栏

1.1.11　物体属性编辑栏

物体属性编辑栏包括物体的节点结构与物体相关属性的组合，由若干个标签组成，主要用于查看和设置物体或者节点的基本属性，如图 1—15 所示。

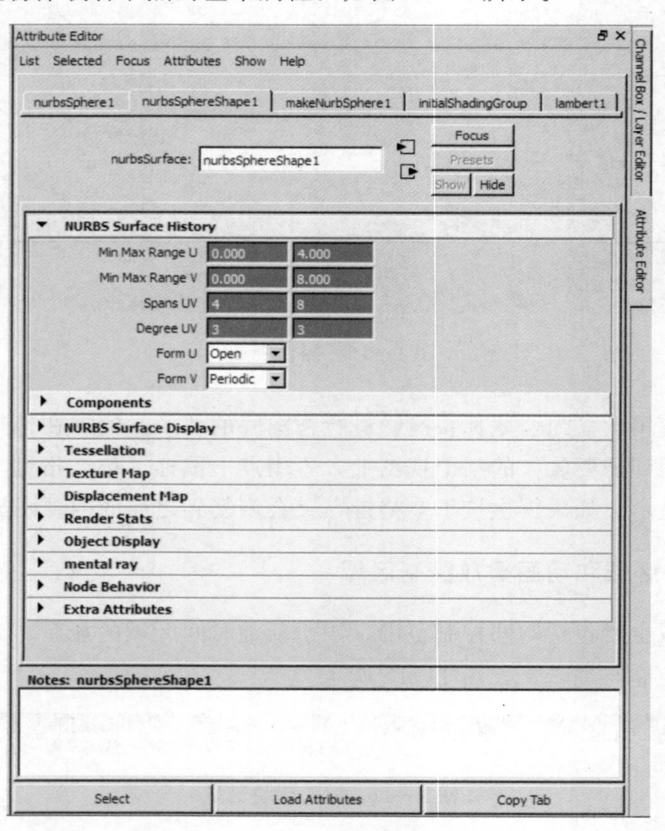

图 1—15　物体属性编辑栏

物体属性编辑栏的打开方式，可以选择物体后按快捷键 Ctrl＋A，也可点击 Maya 对话框的右上角图标按钮，打开物体属性栏。

1.1.12　工具属性设置栏

工具属性设置栏可对工具属性进行编辑与设置。工具属性设置栏可通过点击 Maya 视图右上角图标按钮打开，也可以通过双击工具按钮打开（如双击缩放工具按钮），工具属性设置栏如图 1—16 所示。

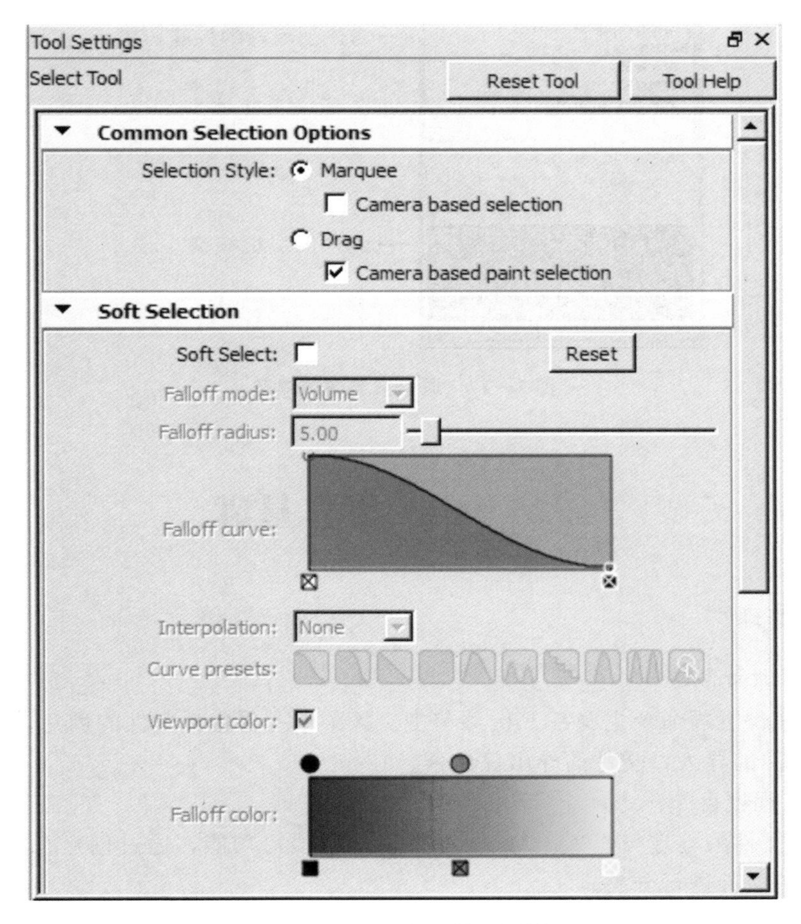

图 1—16　工具属性设置栏

1.1.13　通道盒与图层编辑

通道盒与图层编辑器的打开，可点击视图的右上角图标按钮。通道盒主要包括物体的变换操作参数以及物体创建时的构建历史，如图 1—17 所示。

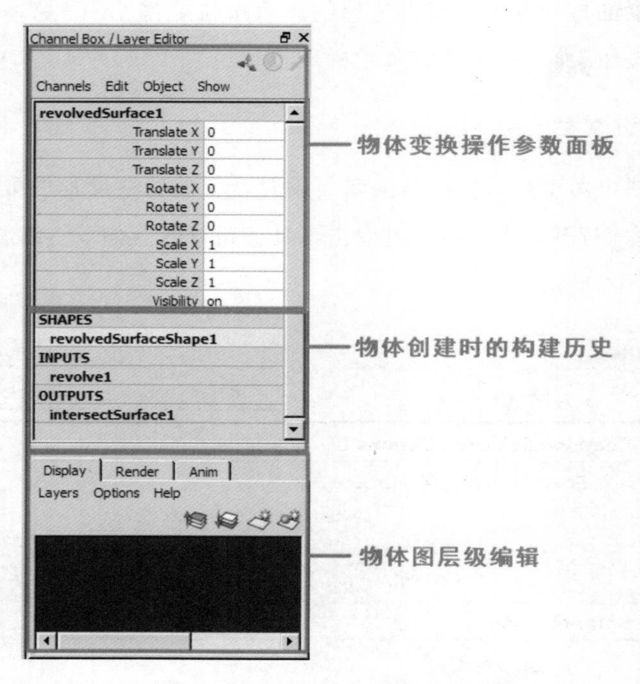

图 1—17　通道盒与图层编辑

1.2　Maya 操作基础

1.2.1　文件管理

1. 文件管理命令

Maya 的文件管理命令主要在 File 菜单中。该菜单主要包括文件的创建，文件的存储，打开文件，文件的导入，文件的导出等命令。

2. 创建工程项目

为了方便文件的整理与管理。Maya 提供了工程项目功能，通过创建工程项目，可对 Maya 各类型的文件进行分类。

操作方法：执行 File/Project Window（项目窗口）命令，打开项目窗口对话框，设置文件名以及储存路径等项目，设置好后点击添加按钮，完成工程项目的创建。

创建好工程项目后，Maya 会根据文件的类型，将文件放到各自相应的文件夹中。如材质贴图文件就会放到 source images 文件夹中，如图 1—18、图 1—19 所示。

图 1—18　项目窗口对话框

图 1—19　创建好的工程项目

1.2.2 编辑物体

1. 选择物体

选择物体的方法有以下几种。

其一，使用工具栏的工具进行选择。在视图中直接选择物体，并进行相关命令的操作，如图 1—20 所示。

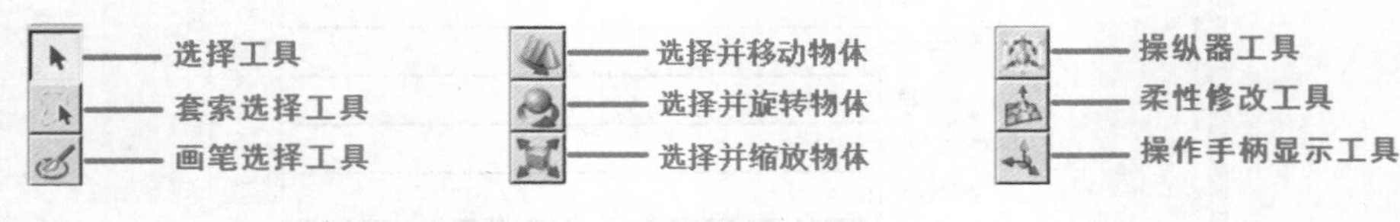

图 1—20　工具选择物体

其二，通过 Edit 编辑菜单的选择命令选择物体，如图 1—21 所示。

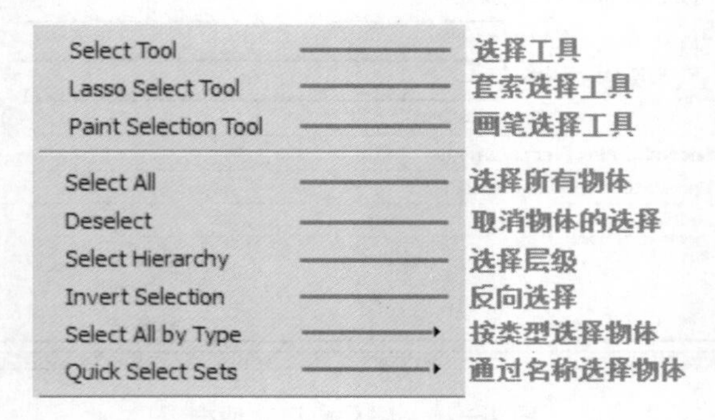

图 1—21　菜单选择物体

其三，通过层级对话框选择物体。选择 Windows/Hypergraph：Hierarchy（超级图表：层级）命令，该对话框就是当前场景模型的一种文本显示方式。在层级对话框中，可以观察到物体之间的连接关系，场景的每一个物体在层级对话框中都有一个文本名称图标，可通过层级对话框对场景的物体进行选择，如图 1—22 所示。

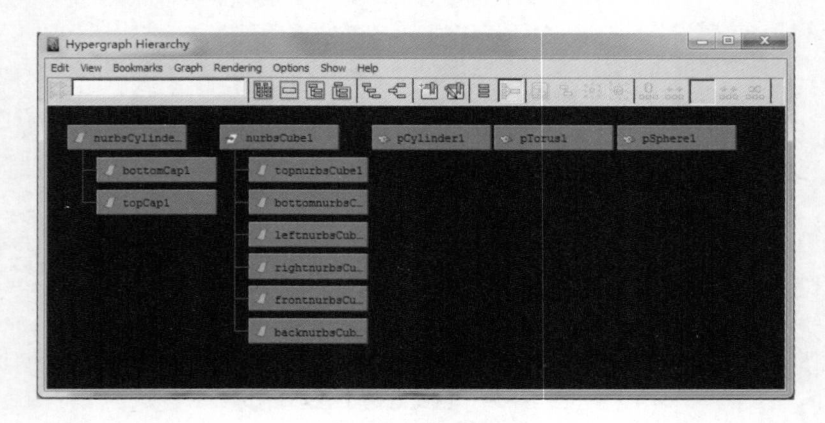

图 1—22　层级对话框

其四，通过 Window 菜单选择 Outline 大纲选择物体名称对话框，在对话框中选择物体的名称来选择场景中物体，如图 1—23 所示。

图 1—23　Outline 大纲

2. 删除物体

删除物体的方法可通过菜单删除，也可以通过快捷键删除。

菜单删除可选择 Edit/Delete（删除）命令，对场景指定的物体进行删除；也可以选择 Edit/Delete by Type 或 Delete All by Type（根据物体特定的类型、元素等进行删除），如图 1—24 所示。

删除快捷键为 Delete 键，可将场景选择的物体删除。

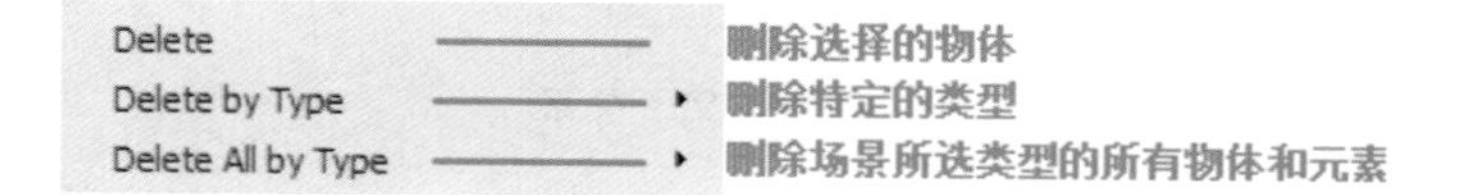

图 1—24　删除菜单

3. 剪切、复制与粘贴

剪切、复制与粘贴物体可通过菜单或者快捷键完成制作。菜单创建可选择 Edit 菜单进行创建，剪切、复制与粘贴物体的快捷键显示在这些命令的菜单命令后，如图 1—25 所示。

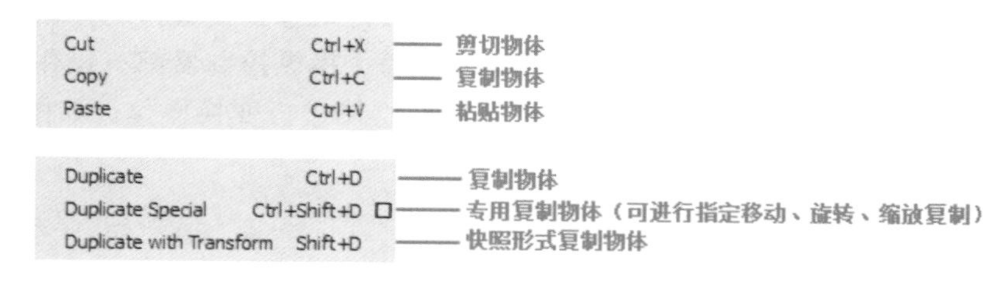

图 1—25　剪切、复制与粘贴物体菜单

4. 群组物体

群组物体的创建可对多个物体模型同时进行选择和编辑。将多个模型合并为一个组的命令操作，在 Maya 中群组后的模型不影响单独操作，模型还可以单独的选择并编辑。

群组的操作方法可通过执行菜单命令或者快捷键完成，群组菜单命令的操作方法：在场景中选择多个要群组的物体，执行菜单 Edit/Group（组）命令，将多个物体群组为一个集体。也可使用快捷键 Ctrl+G 群组多个物体。

群组后的物体还可根据用户需要，将组进行解散取消，恢复多个物体的独立操作，如图 1—26 所示。

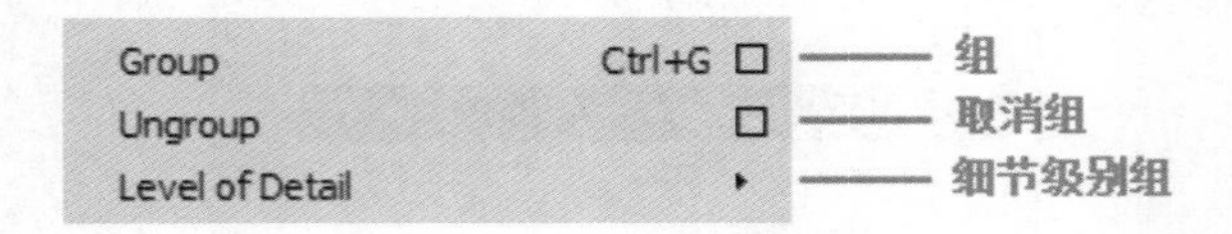

图 1—26　群组菜单

在视图中如果要选择整个组，首先要在视图中选择组里的其中一个物体，然后按键盘 ↑ 向上键按钮，才能对整个组进行选择。也可以通过菜单 Window/Outline 打开大纲视图对话框选择组的名称，选择视图的整个组。

5. 父子关系

创建父子关系是让一个物体在操作移动、旋转、缩放等变换同时，可以带动另一个物体的操作。父子关系是让父物体控制子物体操作，子物体在变换操作时不会影响父物体操作。

操作方法：在视图中先选择子物体，然后再按 Shift 键加选父物体。通过 Edit 菜单选择 Parent 来创建父子物体级。建立好父子关系后，如不需要还可以通过 Edit 菜单选择 Unparent 来解除父子关系，如图 1—27 所示。

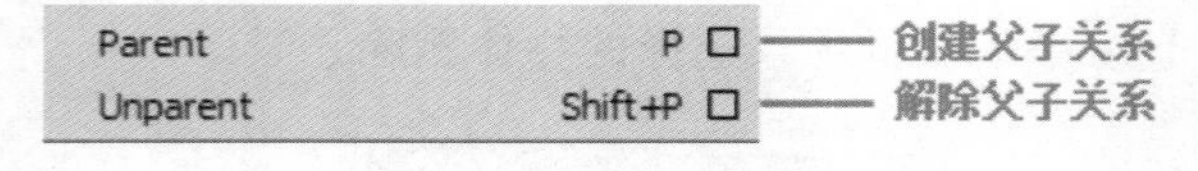

图 1—27　父子关系

1.2.3　变换物体

变换物体主要是指如何对物体进行 Move 命令、Rotate 命令、Scale 命令的操作。掌握好物体变换的方法，可以方便快捷地完成物体的各项变换操作。

1. 操纵控制器

物体变换的方法有很多种，最常用的变换编辑方法是通过工具选择物体，进行基本变换编辑操作。每个工具都有自己不同的操作控制器。每个操纵控制器都有操作手柄，操作手柄有相对应的轴向。操作时通过选择的手柄方向对物体进行变换操作，如图 1—28、图 1—29、图 1—30 所示。

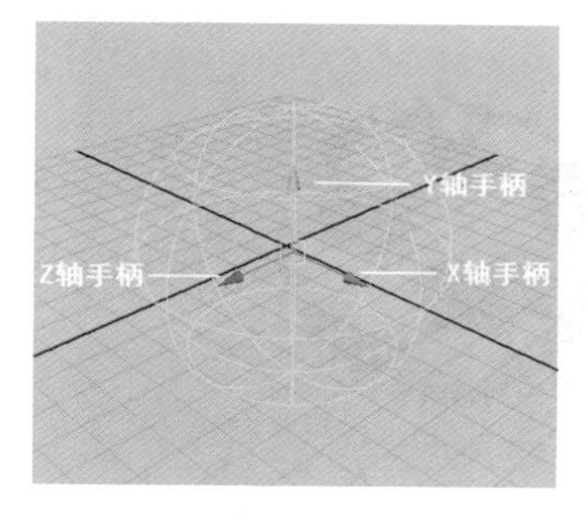

图 1—28　移动手柄

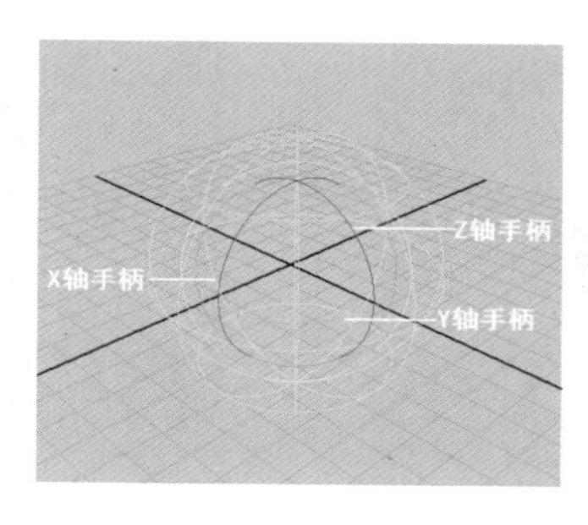

图 1—29　旋转手柄 1

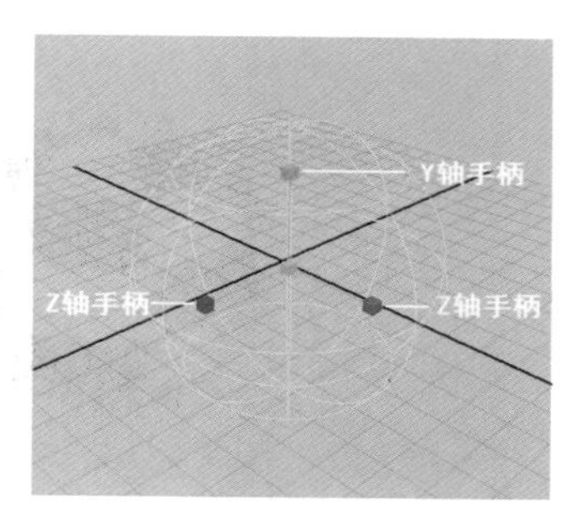

图 1—30　旋转手柄 2

2. 物体轴心编辑

物体在三维空间都围绕一个点进行编辑，这个点就是轴心点。用户可根据编辑的需要，更改物体轴心点并调节编辑轴心点。操作时按 Insert 键进入到轴心点的编辑状态，使用变换工具对轴心点变换调整。

轴心编辑操作完成后，再次按 Insert 键，退出对物体轴心的编辑，如图 1—31、图 1—32 所示。

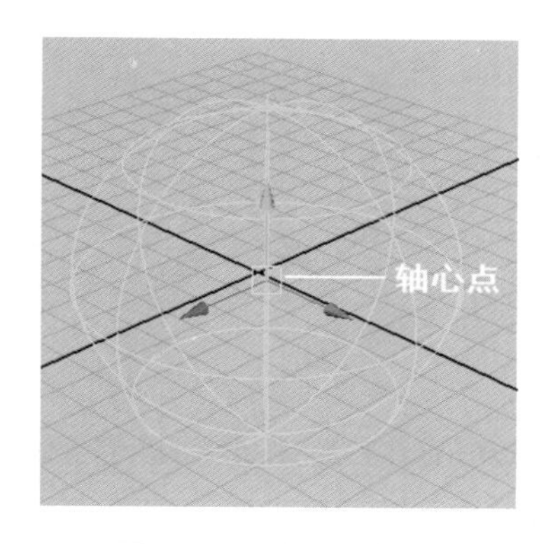

图 1—31　物体的轴心

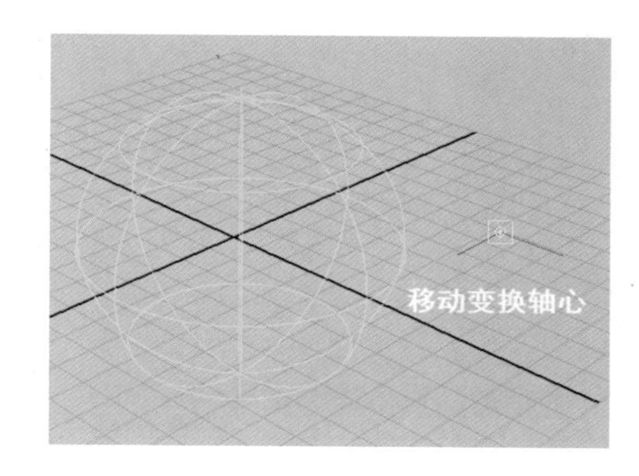

图 1—32　移动变换轴心

轴心恢复到物体中心点的位置上，可执行菜单：Modify/Center Pivot 命令，将物体轴心进行中心复位。此操作比手动移动轴心更加精准。

3. 参数编辑设置变换物体

通过输入参数的方法来精确编辑物体的位置。常用的数值输入的方法有以下三种。

其一，在状态栏对选择的物体进行参数编辑设置。操作方法：首先选择物体，点击变换工具后，在状态栏 输入参数，回车结束参数编辑设置。

例如，将物体沿着 Y 轴旋转 20 度。首先，在视图选择好模型，以及旋转工具；然后，在此状态栏 Y 选项输入参数 20， 回车结束参数编辑设置，此时物体就根据输入的参数在 Y 轴旋转 20 度，如图 1—33、图 1—34 所示。

图 1—33　未输入旋转参数前效果

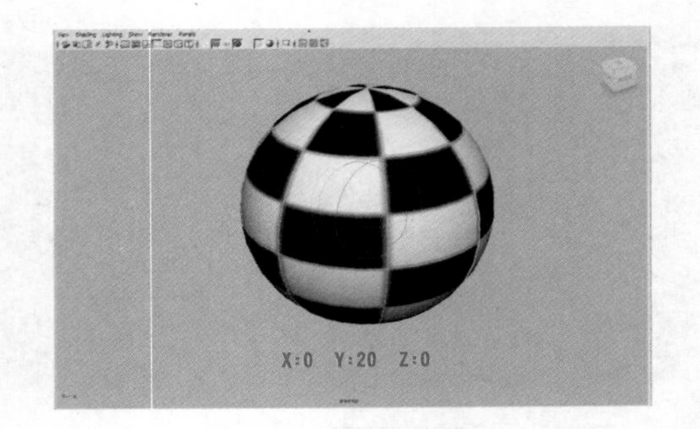

图 1—34　输入旋转参数后效果

其二，在命令栏进行参数编辑设置。可以输入 move、rotate 以及 scale 命令来对物体进行变换。

例如，移动物体 X 轴为 0，Y 轴为 5，Z 轴为 0，在 MEL 命令栏输入： MEL move 0 5 0 回车，模型向 Y 轴移动 5 个单位，如图 1—35、图 1—36 所示。

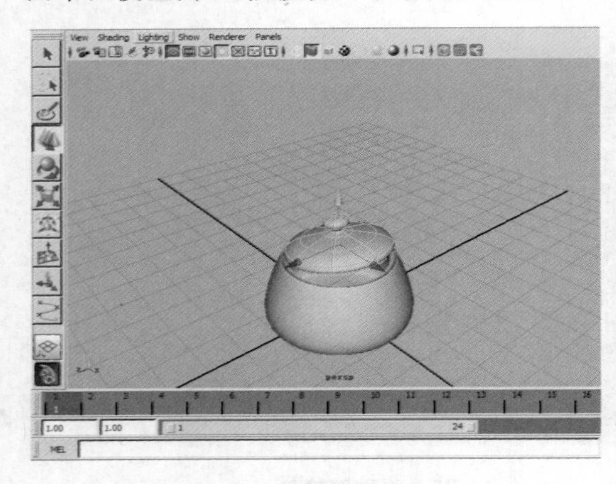

图 1—35　未输入移动参数效果

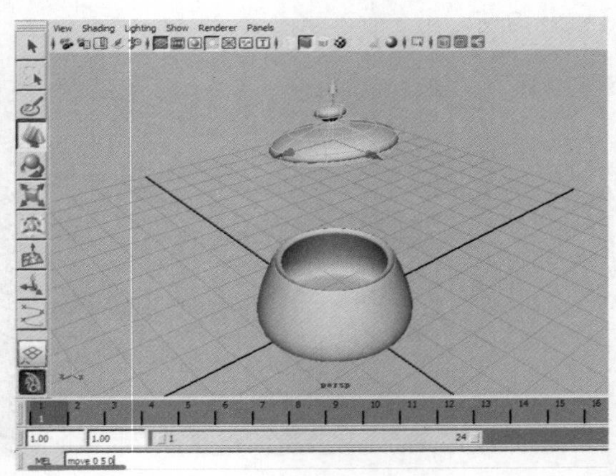

图 1—36　输入移动参数后效果

其三，在通道盒进行参数编辑设置，通道盒包括 TranslateX 轴，Y 轴，Z 轴；RotateX 轴，Y 轴，Z 轴；ScaleX 轴，Y 轴，Z 轴；Visibility 物体的显示与关闭显示，如图 1—37 所示。

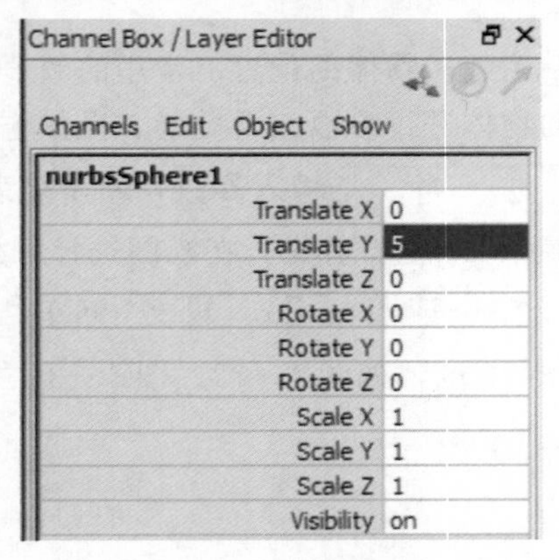

图 1—37　通道盒

1.2.4 显示物体

物体显示的编辑操作与应用，不但提高了制作的效率，还提高了工作的环境，减少了空间的复杂程度。

1. Display 显示菜单

显示菜单主要是用来对视图中指定的项目，进行显示编辑设置的菜单。该菜单主要包括以下命令，如图 1—38 所示。

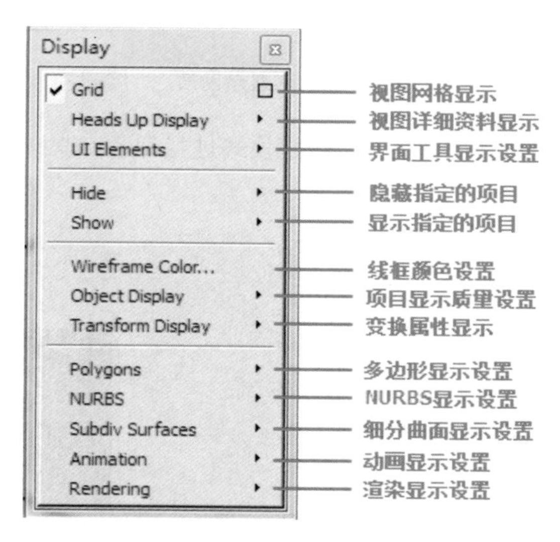

图 1—38　Display 显示菜单

2. 图层显示编辑

物体的显示设置可通过图层对话框进行控制。首先将物体放在层当中，然后再对该层的显示进行设置；在显示设置中 V 为显示当前图层，如图 1—39 所示。

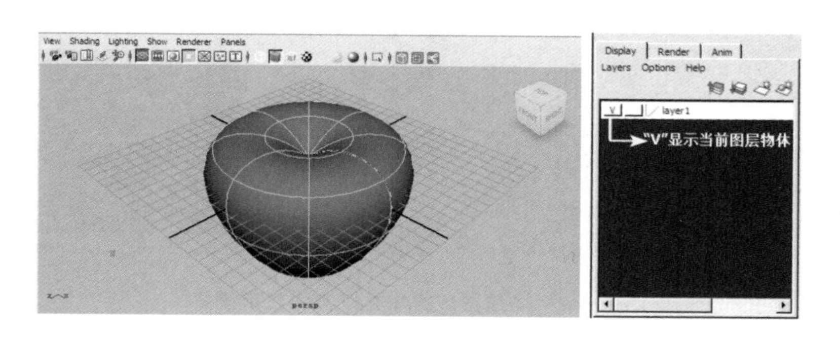

图 1—39　图层显示编辑

在显示设置中如不选择图层显示项，可将当前图层物体显示隐藏，如图 1—40 所示。

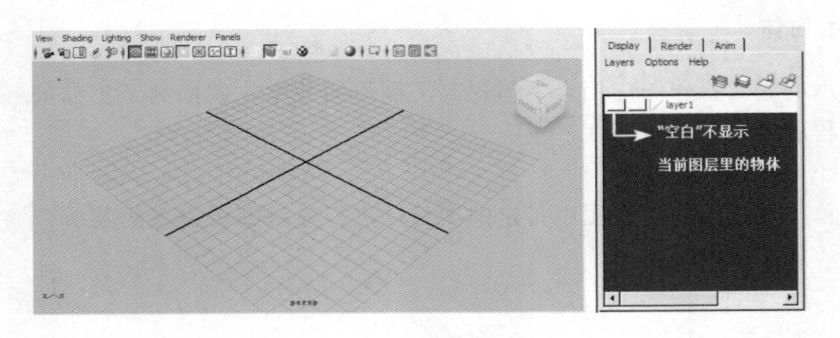

图 1—40　不显示图层

在显示设置中 T 为冻结当前图层并以线框模式进行显示，渲染时该图层不可渲染，如图 1—41 所示。

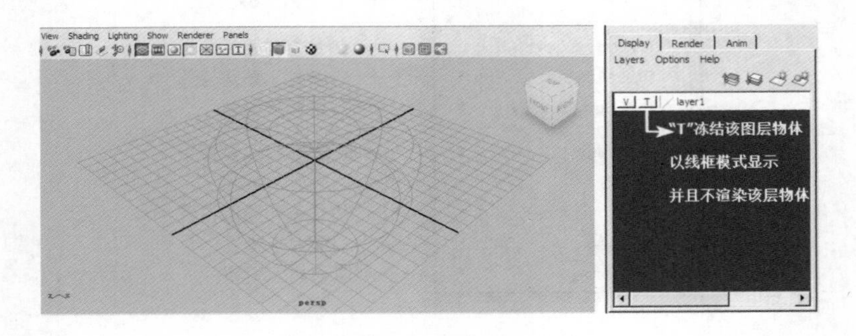

图 1—41　冻结图层物体并以线框显示模式

R 为冻结该图层物体，并以实体显示模式，渲染时该图层可渲染，如图 1—42 所示。

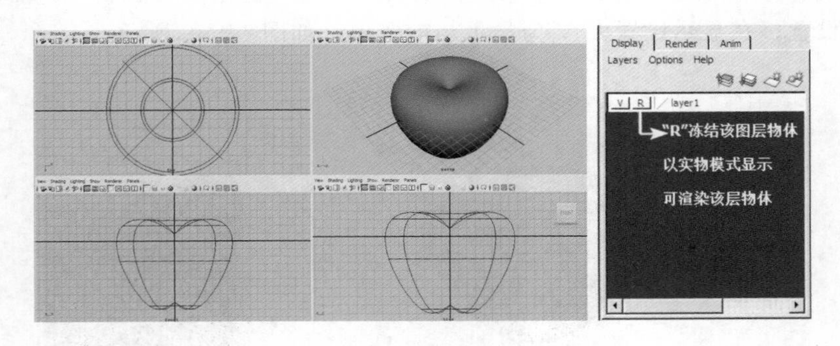

图 1—42　冻结图层物体并以实体显示模式

3. 视图 Show 显示菜单

在每个视图操作上方都有一个视图菜单，在每个视图操作菜单上都有 Show 菜单。该菜单只针对当前操作视图进行设置，Show 菜单可以控制当前视图项目某个选择物体显示或者不显示设置。此操作不会影响到其他视图的显示，同样也不会影响最终渲染效果。在渲染该视图时，隐藏的项目依然是可渲染状态。

操作方法：选择好要编辑的视图，点击 Show 菜单的选项，打钩为显示，不打钩为不显示，如图 1—43 所示。也可以通过 Show 菜单的 Isolate Select 选项，对于选择好的物体某个元素进行单独显示的设置。

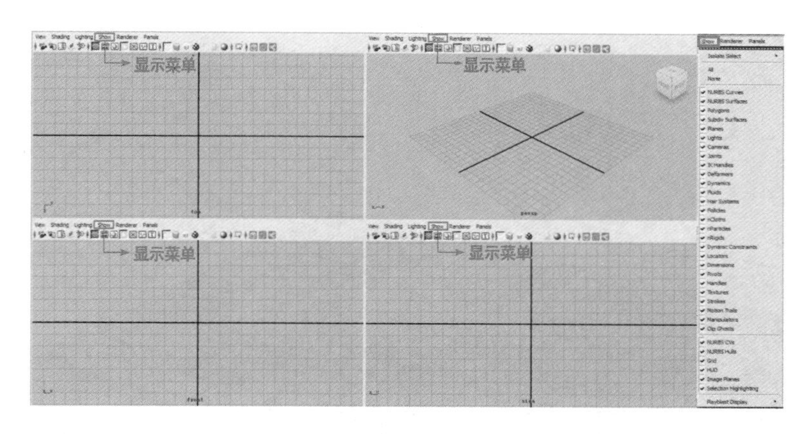

图 1—43　视图显示菜单

4. 视图工具栏显示设置

在每个操作视图上都有一个视图工具栏，此视图工具栏是针对当前视图设置的快捷按钮，可对当前视图进行摄影机设置、物体显示、渲染等操作。

视图工具栏显示设置是对当前视图模型显示进行设置。视图工具栏主要的显示快捷按钮如下。

1）视图物体线框显示模式

线框模式可以提高电脑的运转速度，方便复杂模型的点、线、面、壳等元素的选择，如图 1—44 所示。线框显示模式也可以使用键盘“4”键进行显示。

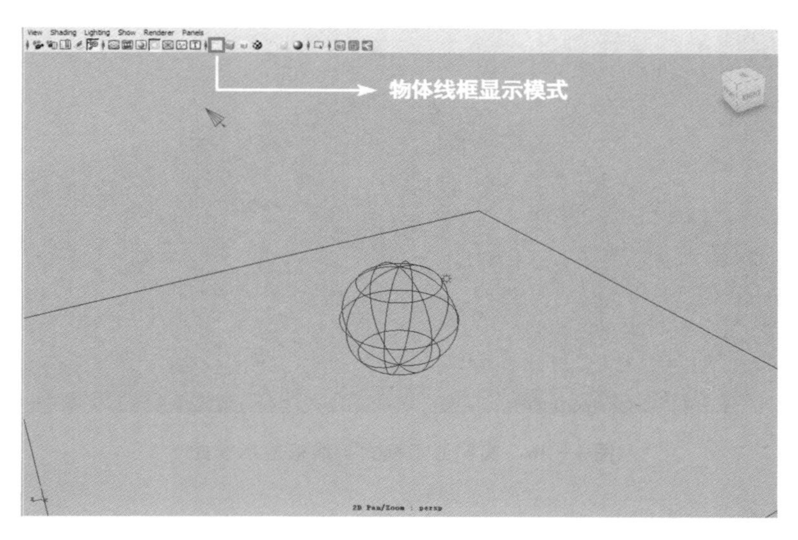

图 1—44　视图物体线框显示模式

2）视图物体实体显示模式

物体实体显示模式是预览物体实体效果；操作时也可以按键盘“5”键进行实体显示，如图 1—45 所示。

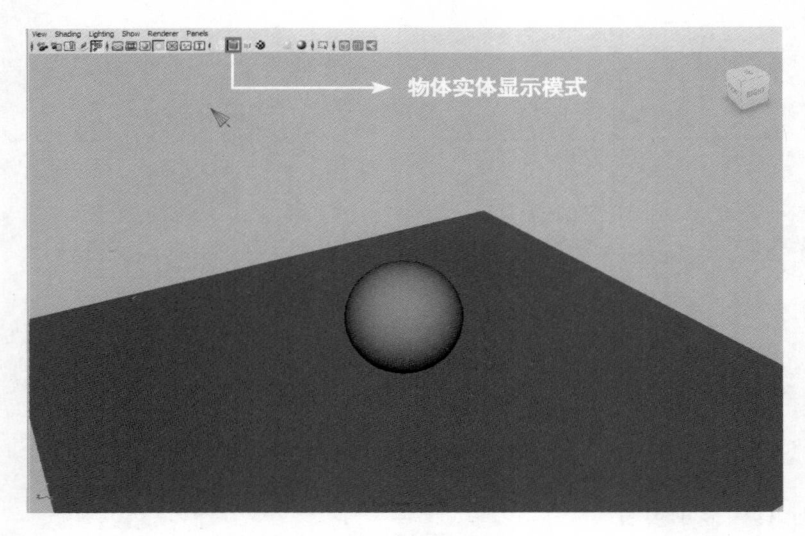

图 1—45　物体实体显示模式

3）视图物体线框与实体显示模式

该线框模式显示按钮与实体模式按钮同时显示，如图 1—46 所示。除此之外，线框显示按钮，还可以结合物体材质显示、灯光显示同时显示使用。

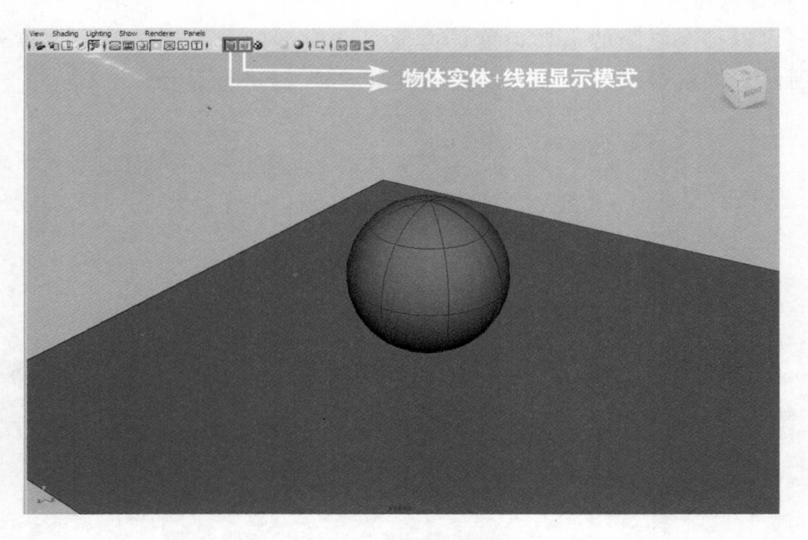

图 1—46　实体显示模式与线框显示模式

4）视图材质显示模式

视图材质显示模式可在操作视图进行简单材质的显示。该材质显示模式按钮，要结合物体实体模式按钮才能显示材质。操作时也可以按键盘“6”键进行材质显示，如图 1—47 所示。

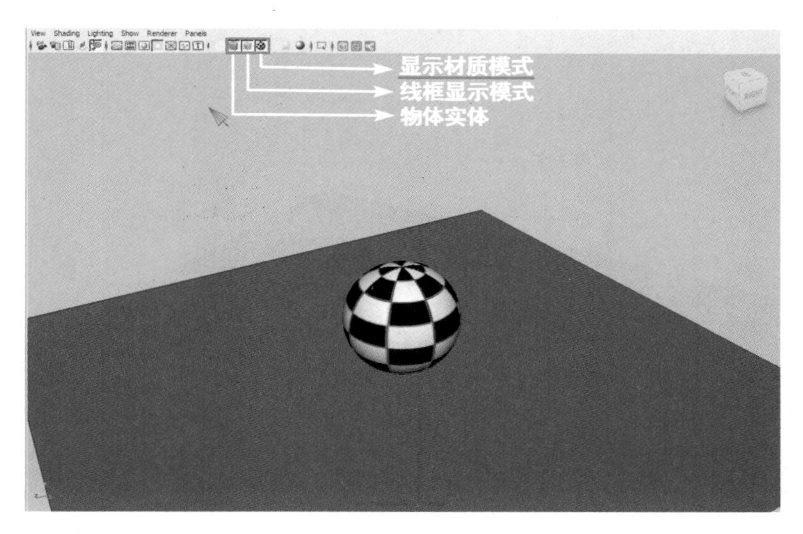

图 1—47　视图材质显示模式

5）视图灯光显示模式

视图灯光显示模式可在操作视图进行简单灯光的显示。灯光显示模式，要结合物体实体模式才能使用该按钮。也可结合物体线框模式按钮、材质模式按钮同时显示。

该操作也可以按键盘“7”键进行灯光显示，如图 1—48 所示。

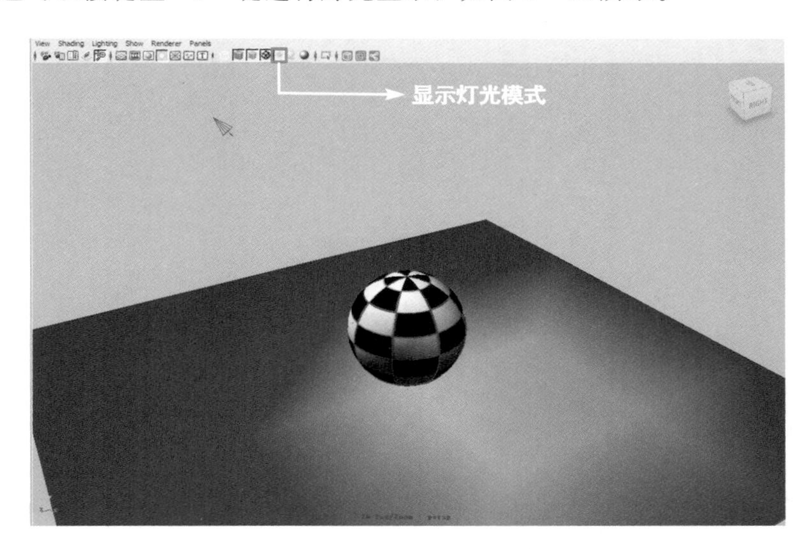

图 1—48　视图灯光显示模式

6）视图投影显示模式

投影显示模式要结合灯光显示按钮使用，如果没有打开灯光显示按钮，该按钮不能操作。同样该按钮也要与物体实体模式结合才能进行显示投影。也可以结合物体线框模式以及材质模式同时显示，如图 1—49 所示。

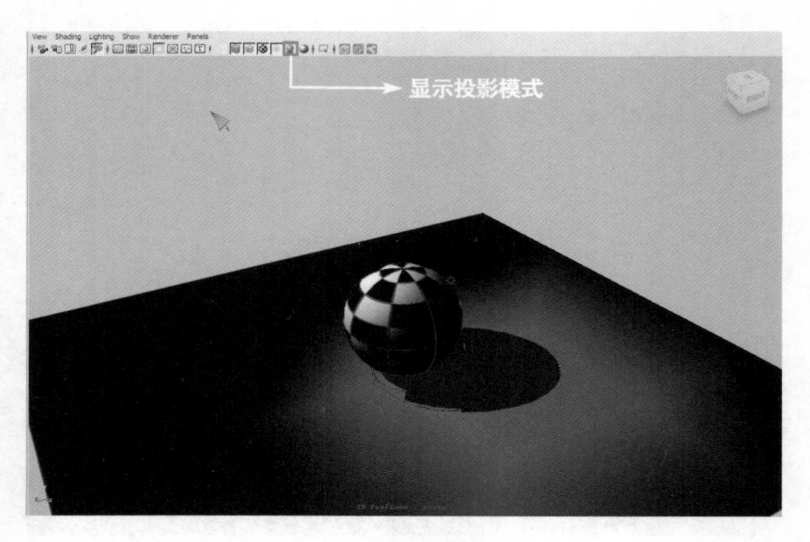

图 1—49　视图投影显示模式

7）视图高品质显示模式

视图高品质显示如同渲染效果显示在视图中。该模式的使用会减慢电脑的速度。该选项模式按钮要与物体实体模式按钮相结合，才能进行高品质显示。该模式还可以结合物体线框显示模式按钮、材质显示模式按钮、灯光显示按钮、投影显示按钮模式同时显示，如图 1—50 所示。

图 1—50　视图高品质显示模式

5. 视图快捷键操作

通常在视图编辑物体时，视图的放大、缩小以及旋转等操作，都是使用快捷键鼠标按钮配合进行操作编辑的。

（1）放大，缩小视图操作：使用键盘 Alt 键＋鼠标左键同时操作，可以前后推移摄影机，放大或者缩小操作视图，如图 1—51 所示。也可以使用鼠标中间，滚动来放大缩小视图。

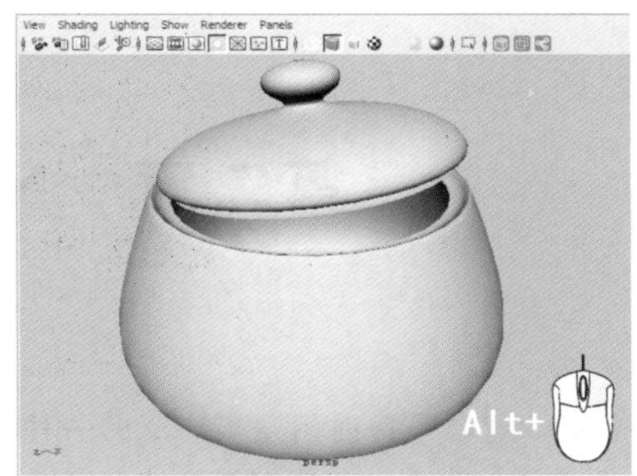

图 1—51　放大，缩小视图操作

（2）旋转视图操作：使用键盘 Alt 键＋鼠标右键同时操作，可以旋转摄影机旋转视图，可在三维视图各个角度观察模型效果。此操作只在透视图、用户视图中使用，平面视图不能操作，如图 1—52 所示。

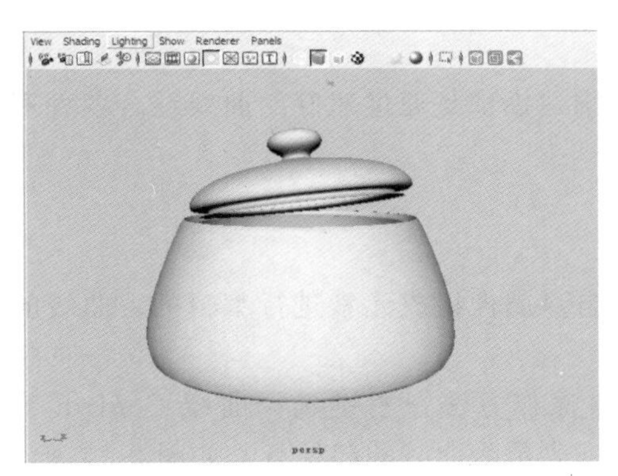

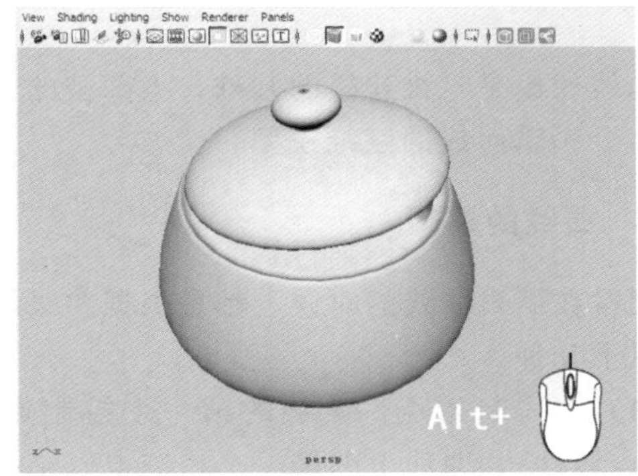

图 1—52　旋转视图操作

（3）局部框选放大显示操作：使用 Ctrl 键＋Alt 键＋鼠标左键同时操作，可在视图中框选需要放大的部分，如图 1—53 所示。

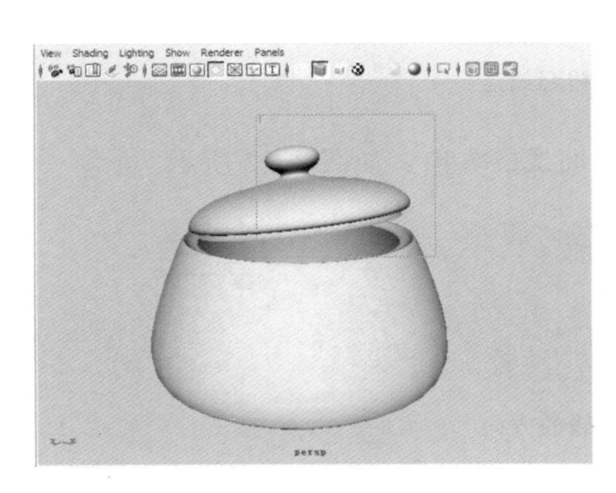

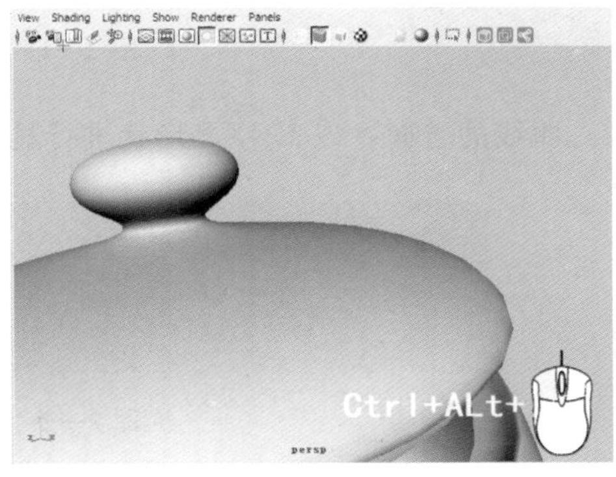

图 1—53　局部框选放大显示

第二章　NURBS 建模

NURBS 建模是目前用途很广泛的一种建模方法。NURBS 建模最大的特点就是制作光滑和流线型的模型，它能够很好地控制模型的曲线。适合用于光滑的产品工业造型、生物造型制作。NURBS 建模是以样条曲线来进行定义曲面模型的，曲线是创建曲面的构成基础。

2.1　曲线建模基础

曲线建模是三维建模的基础，大部分的三维建模都是通过建好的曲线结合各种不同的编辑命令编辑而成的三维模型。

2.1.1　曲线的编辑

通常在编辑曲线的时候，都是根据曲线的自身属性组成元素进行编辑的。曲线的元素包括以下几种。

（1）曲线起始点：曲线的第一个控制点。操作方法：右键选择曲线 Control Vertex（控制点属性），曲线上的第一个控制点以小方框表示为曲线的起始点，如图 2—1 所示。

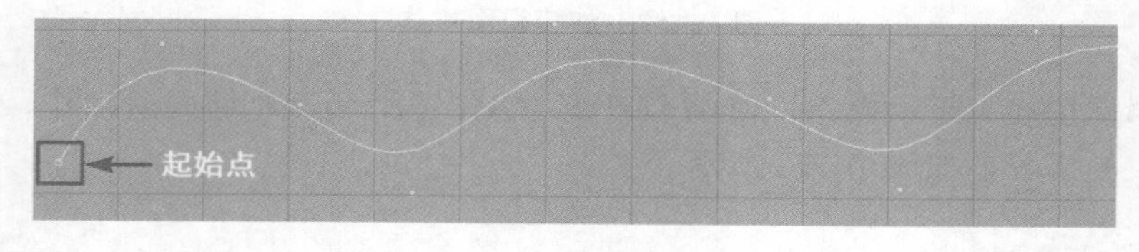

图 2—1　曲线起始点

（2）曲线的方向：以 U 字母形状进行显示曲线的方向，如图 2—2 所示。

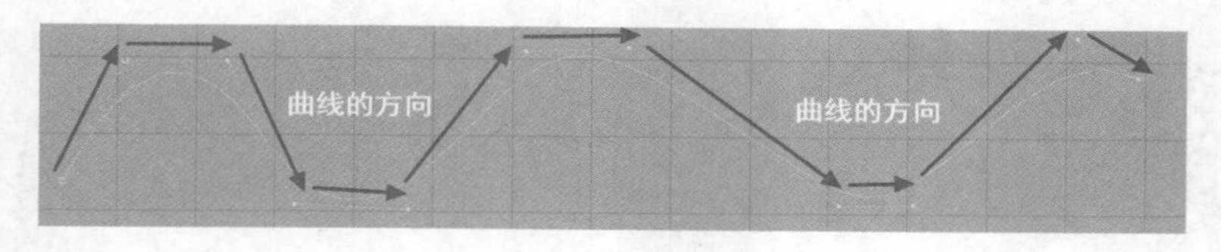

图 2—2　曲线的方向

（3）CV 控制点：控制点在曲线的周边，用来调节和控制曲线的形态，CV 控制点可以影响附近的多个编辑点，使曲线保持良好的连续性，如图 2—3 所示。

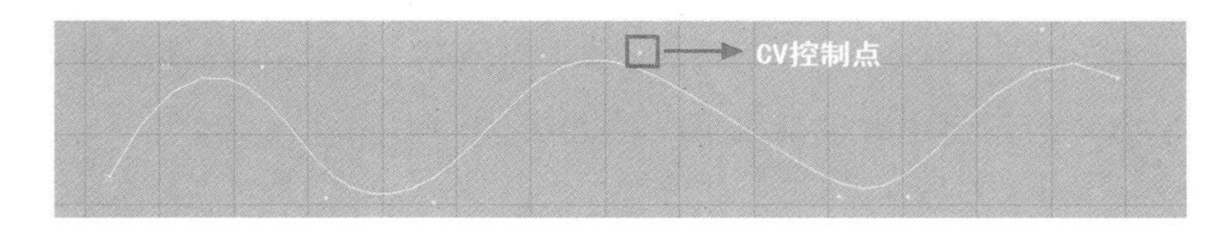

图 2—3　CV 控制点

（4）Edit Point（编辑点）：编辑点在曲线上，以十字显示节点，可通过编辑线上十字节点改变曲线的基本形状，如图 2—4 所示。

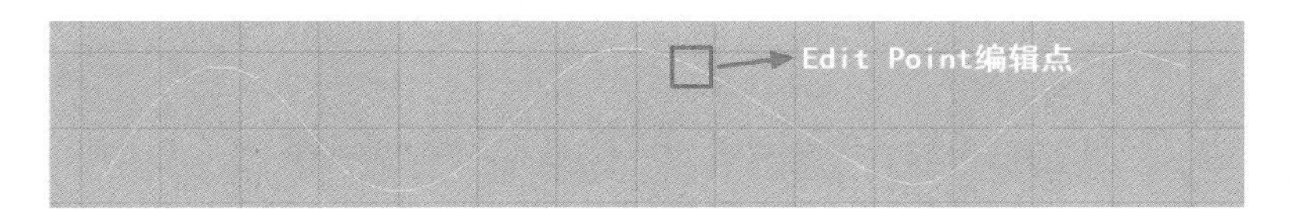

图 2—4　Edit Point 编辑点

（5）Hull（壳线）：由 CV 控制点连接起来的线，壳线的编辑能够改变曲线形状，壳能够选择一组的控制点，进行编辑曲线 U 向或 V 向的控制点，如图 2—5 所示。

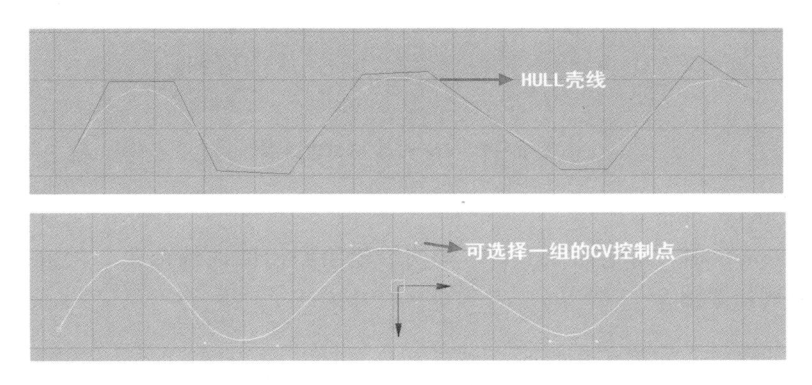

图 2—5　Hull 壳线

（6）Span（段）：两个编辑点间的曲线称之为段，段可以改变曲线的状态，如图 2—6 所示。

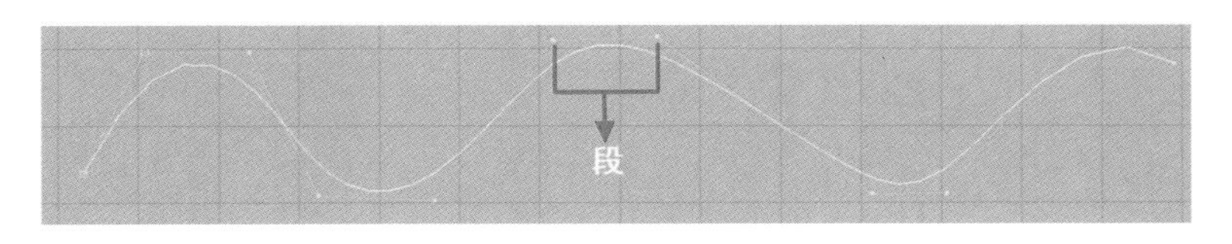

图 2—6　曲线上的段

2.1.2 曲线的创建

Maya 曲线的创建可在工具栏选择曲线工具进行创建。也可在 Create 菜单选择曲线命令进行创建曲线。

Create 菜单曲线的创建主要包括以下几种方法。

1. CV Curve Tool

CV Curve：简称 CV 曲线，它的控制点在曲线的周边，在创建曲线时使用控制点来创建曲线，编辑时可通过 CV 控制点来改变曲线的形状。

2. EP Curve Tool

EP Curve（编辑点曲线）：简称 EP 曲线，它与 CV 控制点的不同是它的控制点在曲线上，在创建曲线时使用编辑点创建曲线，编辑时可通过曲线上的点来改变曲线的形状，如图 2—7 所示。

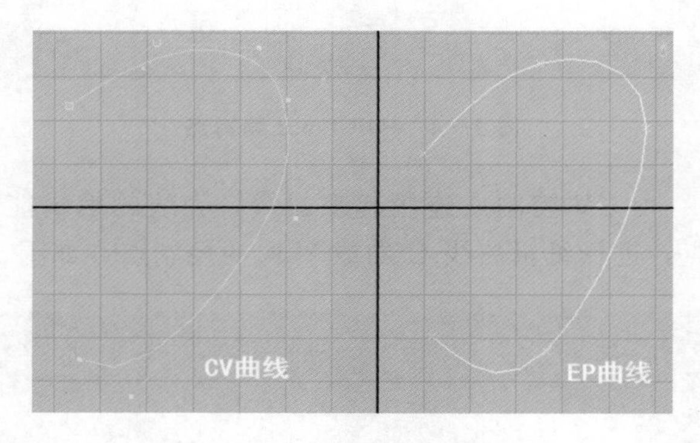

图 2—7 CV 曲线与 EP 曲线

3. Pencil Curve Tool

Pencil Curve Tool（铅笔曲线工具）如同铅笔绘制出的曲线效果，绘制时需要一次性完成曲线的绘制，如图 2—8 所示。

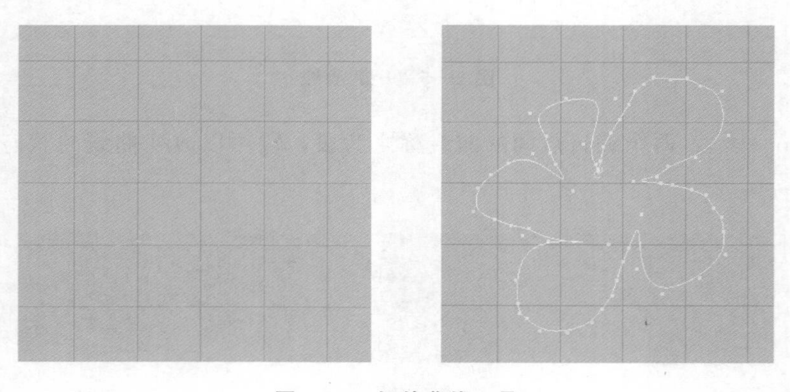

图 2—8 铅笔曲线工具

4. Arc Tools

Arc Tools（弧线工具）包括两个创建方法：Three Point Circular Arc（三点弧线创

建）和 Two Point Circular Arc（两点线弧创建）。

Three Point Circular Arc 是通过创建三个点绘制一个弧形的。

Two Point Circular Arc 是通过两个点绘制一个弧形的，如图 2—9 所示。

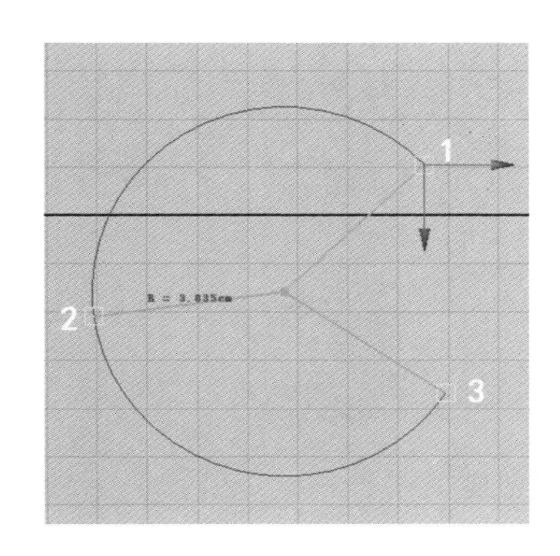

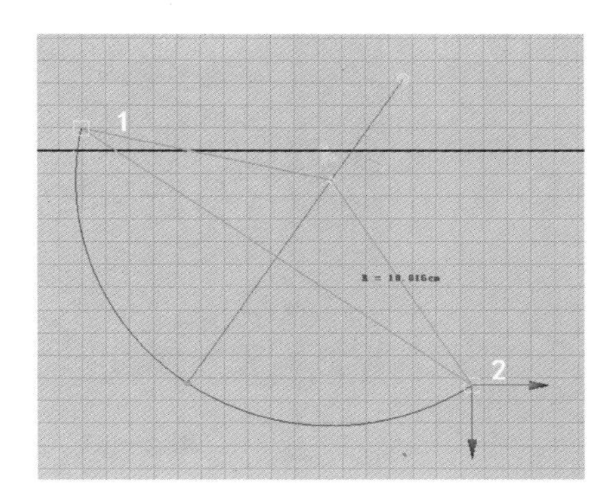

图 2—9　弧线工具

5. Text

Maya 文字字体是通过选择系统默认的字库创建的，如果需要创建特殊字体，系统需提前安装所需文字字库。

Maya 文字创建执行 Creat /Text（文字曲线工具）命令后的□按钮，在弹出文字对话框中 Text 选项输入要创建的文字。在 Font 选项创建选择字体，如图 2—10 所示。

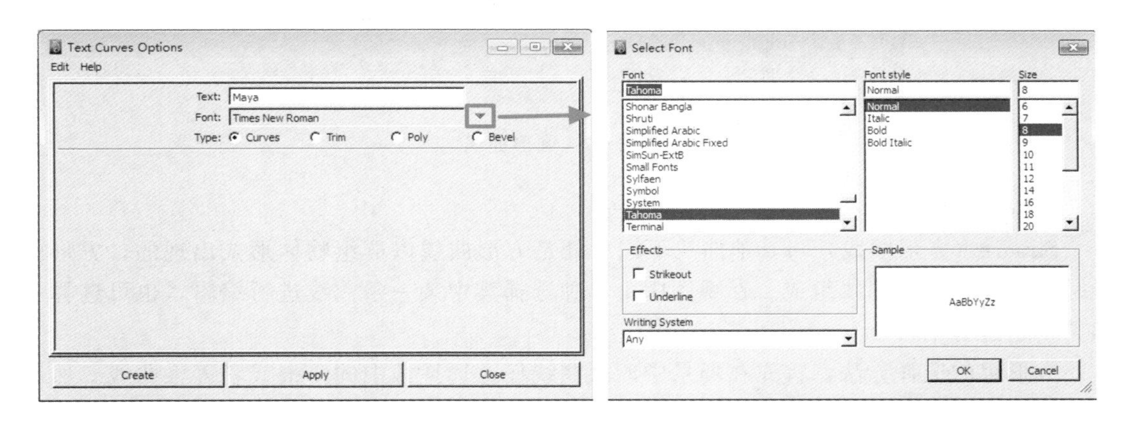

图 2—10　文字曲线工具

编辑好文字对话框后，点击对话框 Create 按钮，在视图创建出文字曲线效果，如图 2—11 所示。

图 2—11 文字曲线创建

6. Circle

Circle（圆形曲线）命令可创建出一条闭合的圆形曲线，如图 2—12 所示。

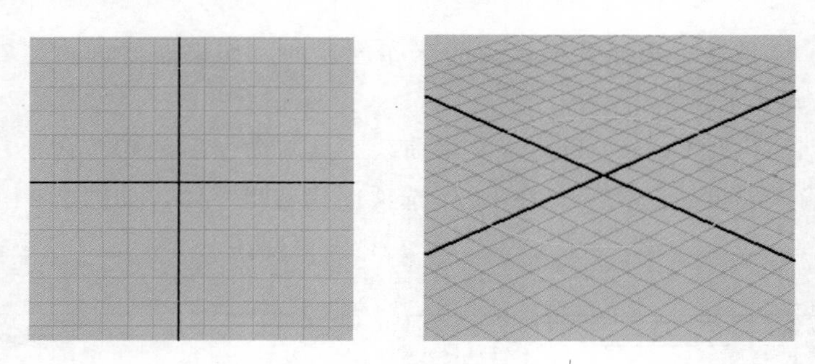

图 2—12 圆形曲线

7. Square

Square（方形曲线）与其他曲线不同之处是方形曲线以群组物体形式出现的，方形曲线是由四条独立的曲线组成。在视图中可单独选择其中某一条曲线进行编辑，也可选择方形整个组进行编辑。

方形组的选择方法，首先在场景中四根曲线任意选择其中的一根或者多根曲线，然后按键盘 ↑ 键，即可将其组全部选中，如图 2—13 所示。

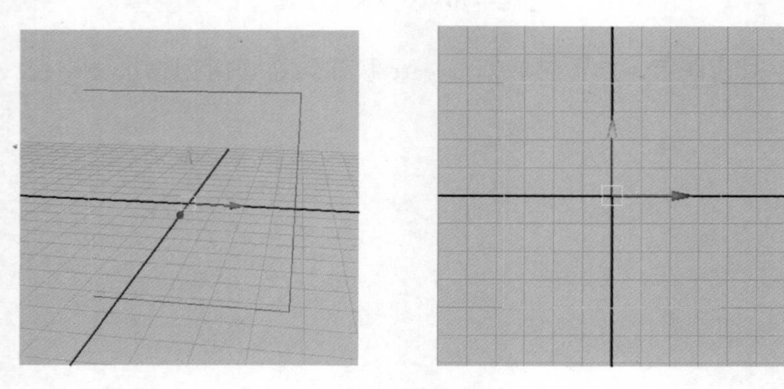

图 2—13 方形曲线

2.1.3 曲线编辑元素

编辑调整曲线可在视图中选择要编辑的曲线，再单击鼠标右键视图就会显示出曲线常用的元素编辑选项，根据编辑需要选择元素选项，如图 2—14 所示。

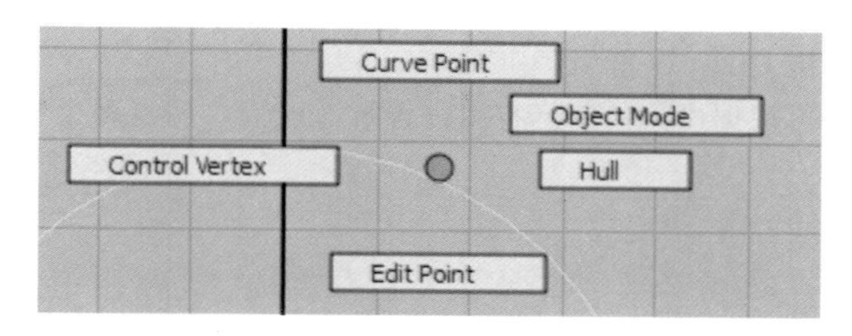

图 2—14 曲线编辑元素

这些曲线编辑元素属性为以下几点。

(1) Curve Point（曲线点）：该命令可在曲线上添加编辑点也可通过点将曲线打断。

(2) Control Vertex（控制点）：简称 CV 控制点，该控制点在曲线周边外，通过选择曲线周边控制点进行曲线编辑。

(3) Edit Point（编辑点）：简称 EP 控制点，该编辑点在曲线上，通过曲线上的点编辑曲线。

(4) Hull（壳线）：通过选择曲线外的壳线，可以选择一组 CV 控制点，编辑 U 向或 V 向的控制点。

2.1.4 Edit Curves

Edit Curves（编辑曲线）命令，是在创建好的曲线形状基础上进行编辑，编辑曲线菜单包括以下命令。

1. Duplicate Surface Curves

Duplicate Surface Curves 命令是将曲面上的线复制提取出来。

操作方法：先选择曲面上的任意一条 Iso 线，Iso 线可以选择曲面上的实线也可以选择曲面上的虚线。再执行 Duplicate Surface Curves 命令，就可将选择的 Iso 线复制提取出来，如图 2—15 所示。

图 2—15 复制曲面上的曲线

2. Attach Curves

Attach Curves（合并曲线）命令是将两条独立的曲线相邻合并为一条曲线。也可右键选择 Curve Point 进入两条独立的曲线编辑点元素状态，指定曲线某一个结束点，进行合并曲线操作，如图 2—16 所示。

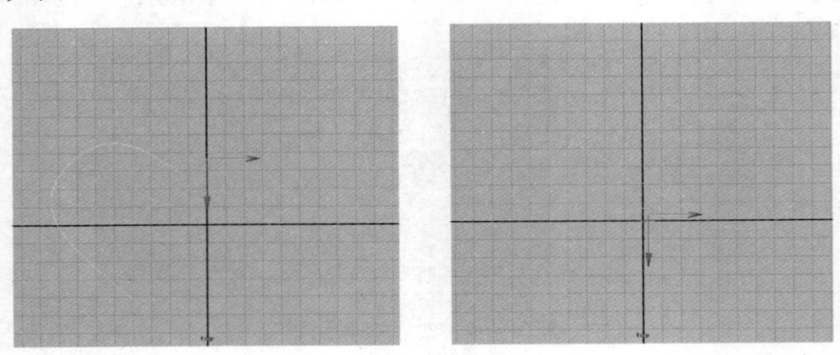

图 2—16　合并曲线

3. Detach Curves

Detach Curves（分离曲线）命令是将一条独立连续曲线分离成两条或者多条曲线线段。

操作方法一：选择曲线，点击鼠标右键选择 Edit point 选项选择点，在曲线上选择好要分离的点；执行 Detach Curves 分离命令。

操作方法二：右键选择 Curve Point 选项，在曲线任意处上选择要分离的点的位置，可选择一个或多个点，然后再执行 Detach Curves 分离命令就可将曲线分离出两条或多条曲线，如图 2—17 所示。

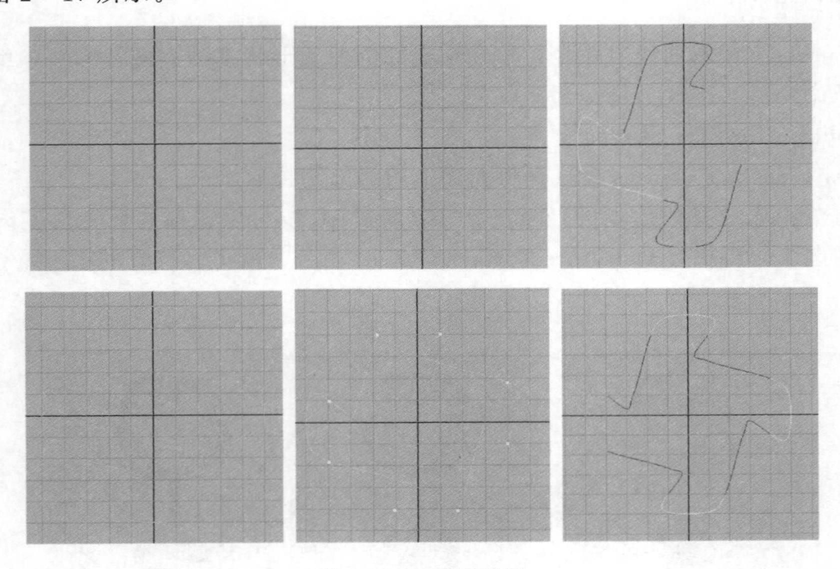

图 2—17　分离曲线

4. Align Curves

Align Curves（对接曲线）是指在两条独立线之间，建立连续性的效果，这种连续并不局限在两个端点的结合，曲线上任何点都可以作为对接点进行对接曲线。

操作方法：选择曲线点击鼠标右键选择 Curve Point 选项，在曲线上任意位置选择，再选择另外一条线的点，完成两条曲线的对接，如图 2—18 所示。

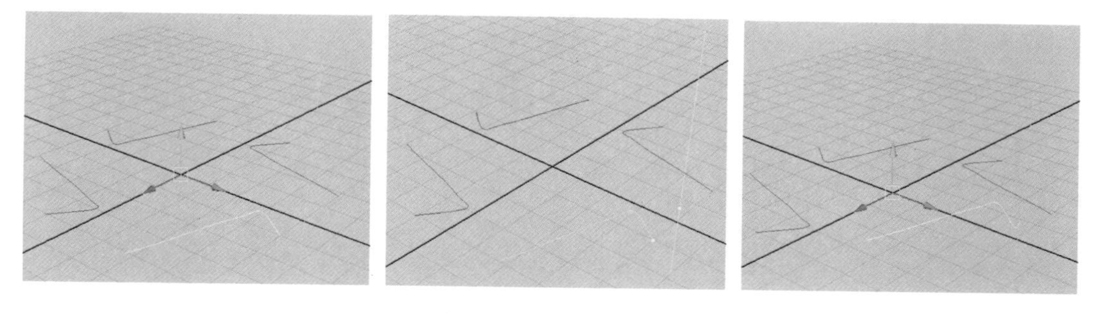

图 2—18　对接曲线

5. Open/Close Curves

Open/Close Curves（打开或闭合曲线）命令可以将一条闭合的曲线打开，如图 2—19 所示。

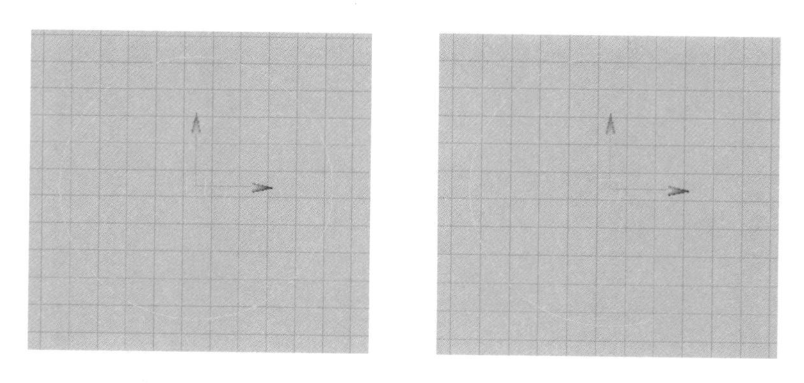

图 2—19　打开曲线

Open/Close Curves 命令还可以将一条开放的曲线闭合，如图 2—20 所示。

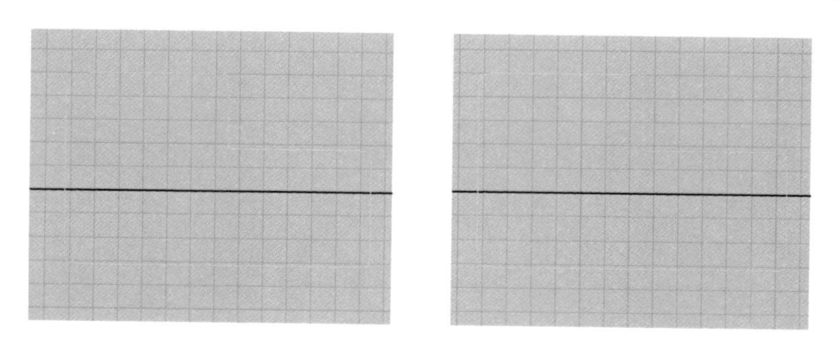

图 2—20　闭合曲线

6. Move Seam

Move Seam（移动接缝）是将一条闭合曲线接缝的位置也就是曲线的起始点的位置沿

曲线移动。操作方法：选择曲线点击鼠标右键选择 Curve Point 选项，在曲线上任意位置选择点，执行该命令。将接缝移到 Curve Point 点的位置，如图 2—21 所示。

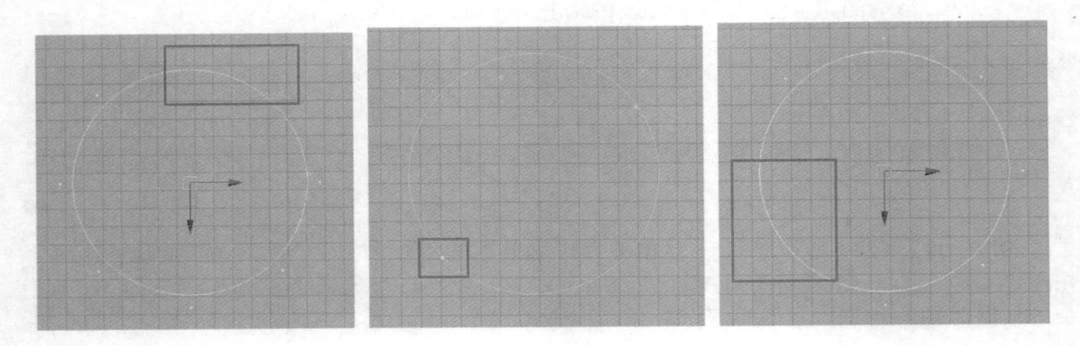

图 2—21　移动接缝

7. Cut Curve

Cut Curve（剪切曲线）是将两条以上相交的曲线，在相交处剪切开，将曲线打断分离，如图 2—22 所示。

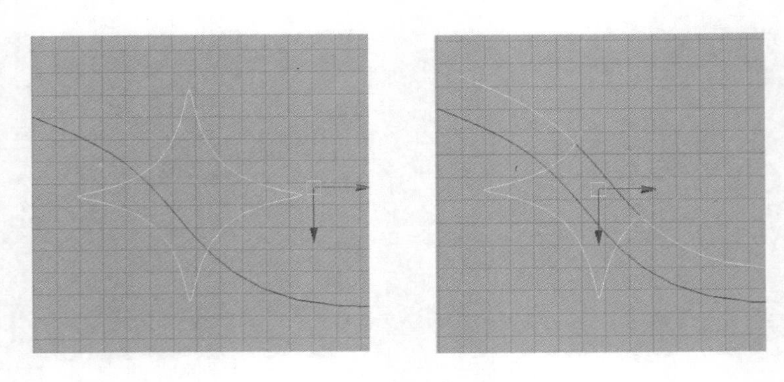

图 2—22　剪切曲线

8. Intersect Curves

Intersect Curves（相交曲线）常用于曲线的剪切操作。求出相交曲线的交叉点，如图 2—23 所示。

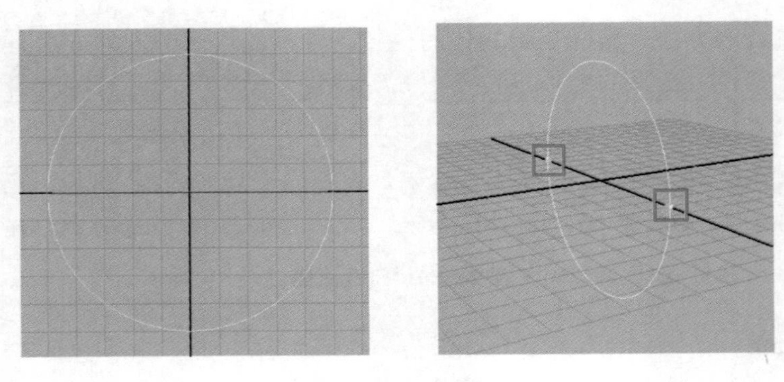

图 2—23　相交曲线

9. Curve Fillet

Curve Fillet（曲线圆角）是指在两条曲线之间制作自由圆角效果。操作方法：选择曲线，点击鼠标右键选择 Curve Point 选项，在两条曲线上任意位置各创建一个点，点击 Curve Fillet 命令，就可以在两个点之间产生圆角曲线，如图 2—24 所示。

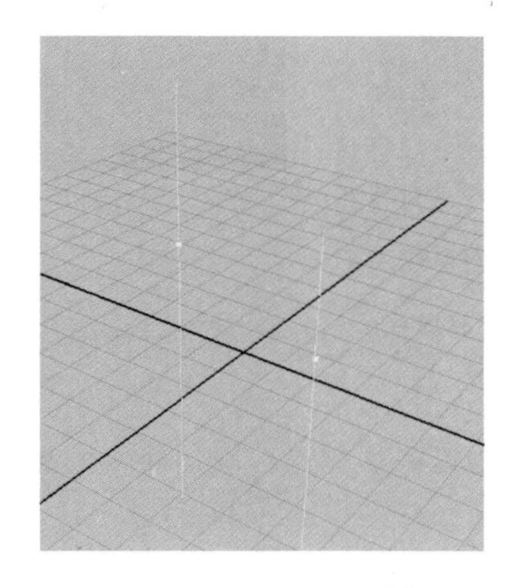

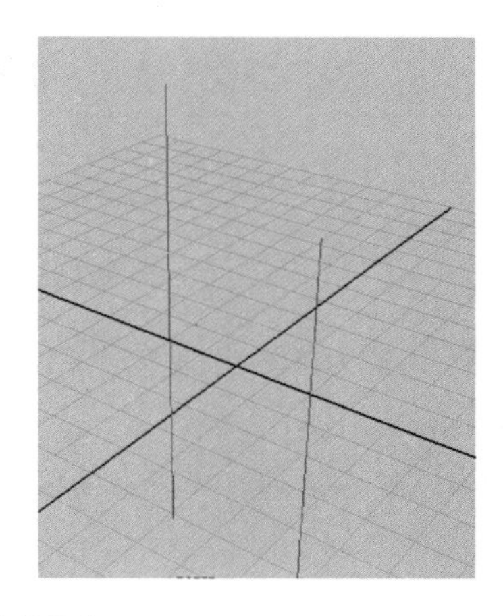

图 2—24　曲线圆角

在曲线圆角的对话框属性中，勾选修剪 ☑ Trim，只保留曲线移向圆角部分末端曲线，其他的曲线都删除，如图 2—25 所示。

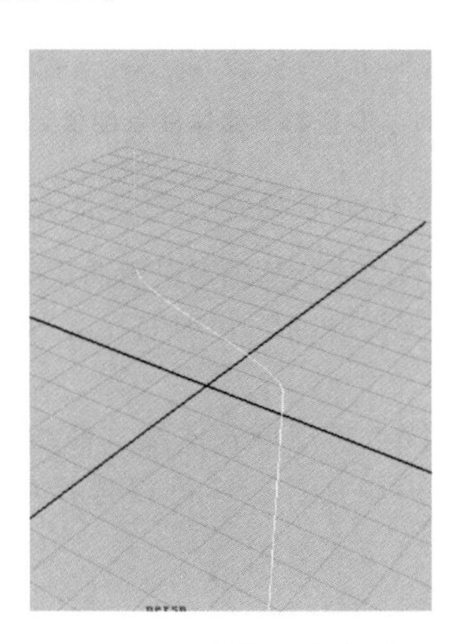

图 2—25　剪切圆角部分

在曲线圆角的对话框属性中，也可勾选连接 ☑ Join，将曲线与向圆角部分的末端曲线连接成为一条曲线，如图 2—26 所示。

图 2—26　连接曲线

10. Insert Knot

Insert Knot（插入节点）可以在曲线任意位置添加节点，增加曲线的点数，如图 2—27 所示。

图 2—27　曲线插入节点

11. Extend

Extend（扩展）是将曲线在原有的形状基础上沿着曲线的起始点与曲线结束点扩展伸长。

扩展命令包括 Extend Curve（扩展曲线）和 Extend Curve on Surface（扩展曲面上的线）两种。

Extend Curve 是在原始的曲线上扩展延长曲线。曲线扩展可选择曲线起始点位置扩展延长，也可选择曲线结束点位置扩展延长，还可以选择起始点和结束点部分一起扩展延长，如图 2—28 所示。

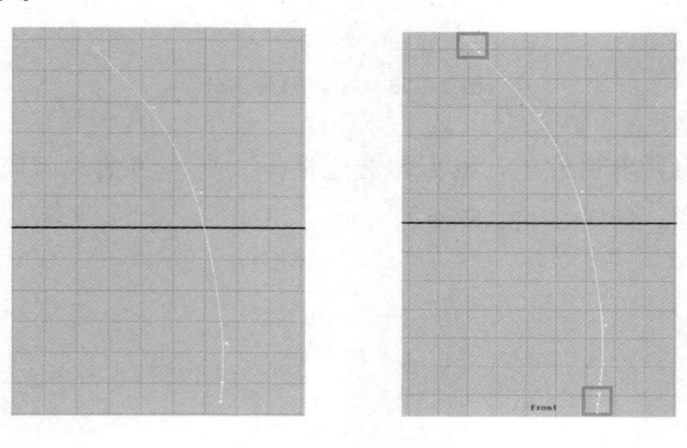

图 2—28　扩展曲线

Extend Curve on Surface 只针对依附于曲面的线进行延长扩展。曲面上的曲线在扩展时同样可选择曲线起始点位置扩展延长，也可选择曲线的结束点位置扩展延长，还可以选择起始点和结束点部分一起扩展延长，如图 2—29 所示。

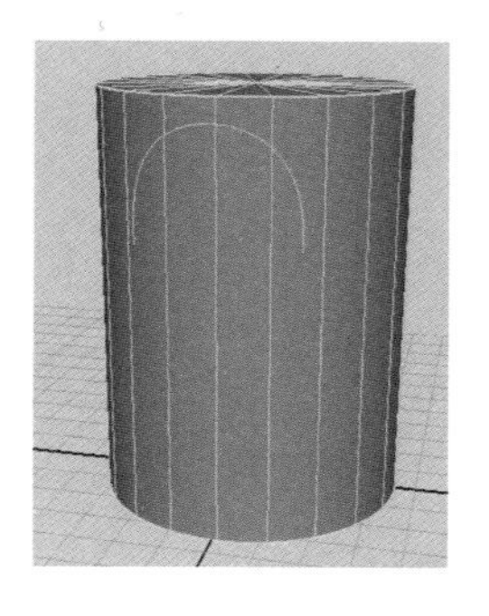
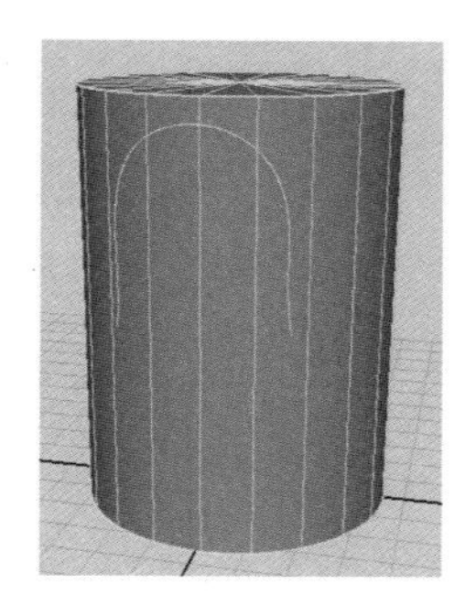

图 2—29　扩展曲面上的线

12. Offset

曲线在原有的位置上进行一定距离的偏移并创建出一条新的曲线，偏移包括 Offset Curve（偏移曲线）和 Offset Curve On Surface（偏移曲面上的线）两种。

Offset Curve 是在原有的曲线位置上创建出一条新的曲线，并进行一定距离的曲线偏移，如图 2—30 所示。

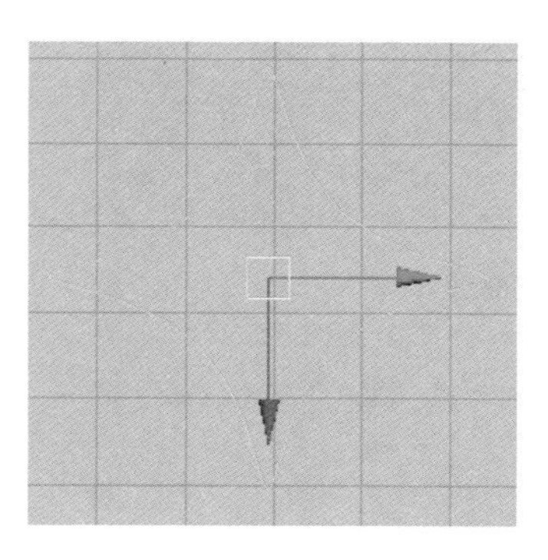
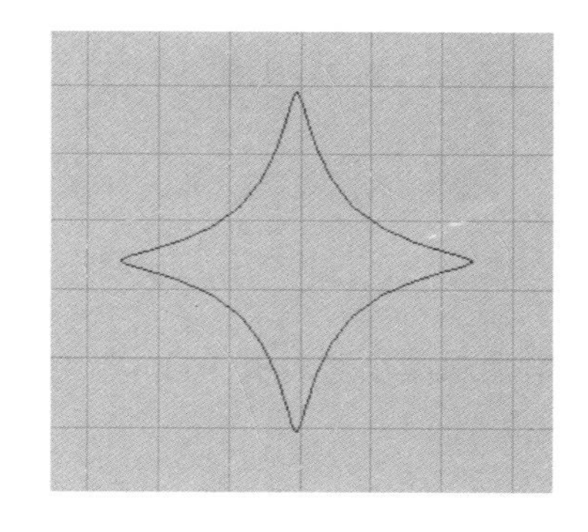

图 2—30　偏移曲线

Offset Curve On Surface 是在原有的曲面上选择曲线，继而创建出一条新的曲线，并进行一定距离的曲线偏移，如图 2—31 所示。

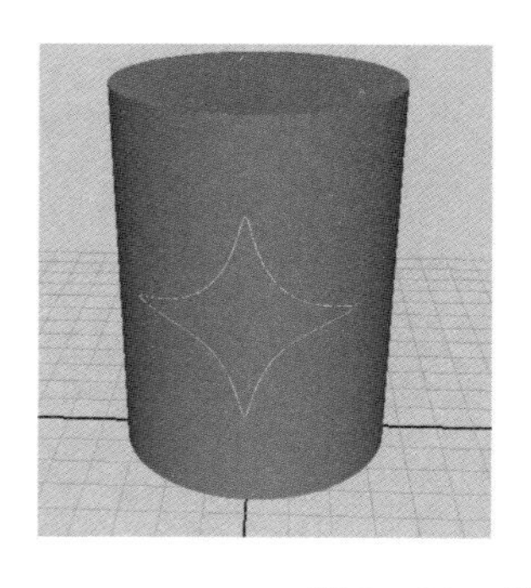
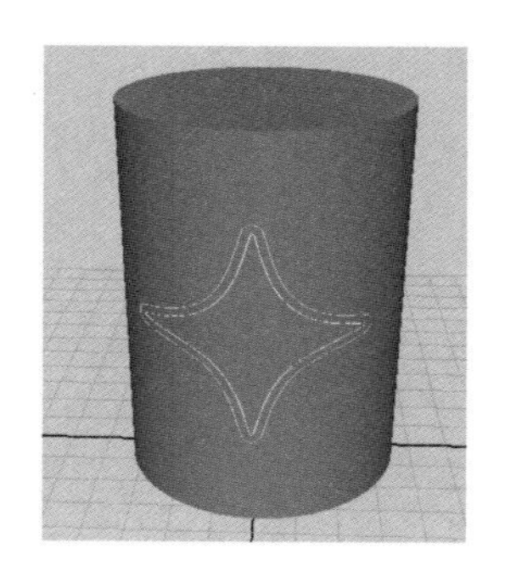

图 2—31　偏移曲面上的线

13. Reverse Curve Direction

Reverse Curve Direction（反转曲线方向）是将曲线的起始点的位置与结束点的位置进行反转，如图 2—32 所示。

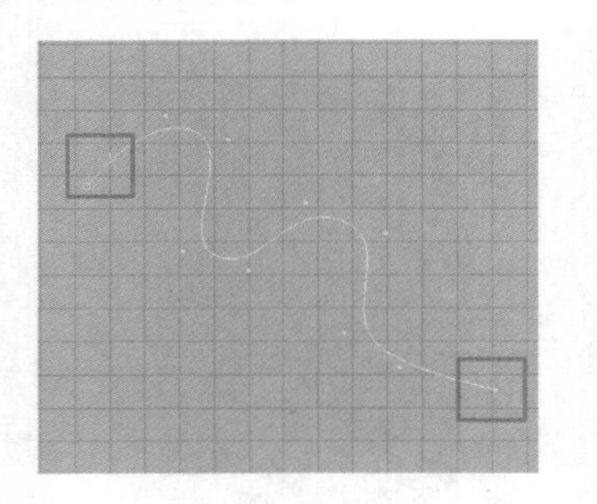
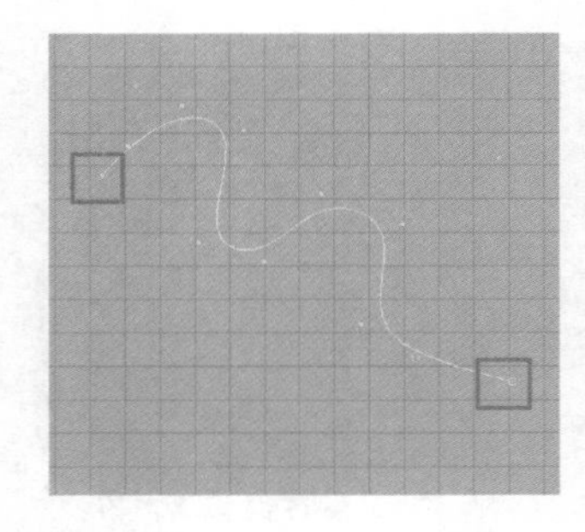

图 2—32　反转曲线方向

14. Rebuild Curve

Rebuild Curve（重建曲线）是指在原有曲线形状基础上减少或增加控制点，对曲线上的控制点进行重新分配，如图 2—33 所示。

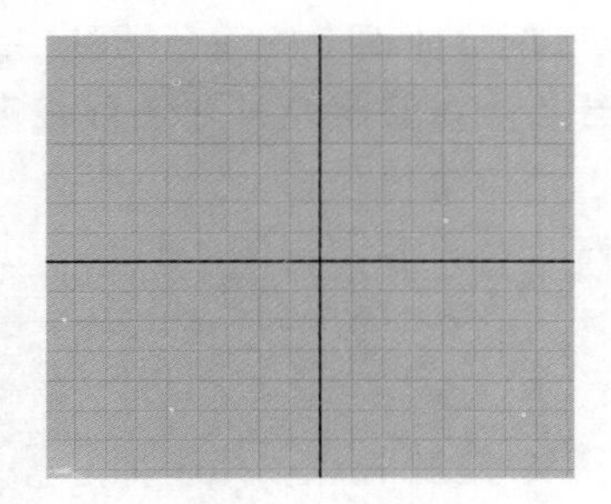
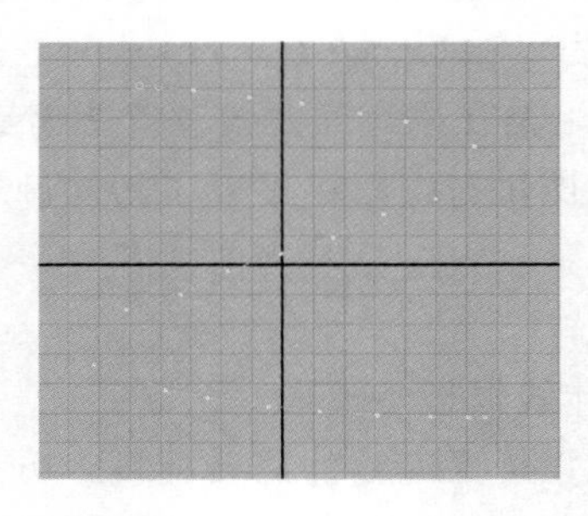

图 2—33　重建曲线

控制点的增加和减少需打开 Rebuild Curve 属性对话框进行编辑设置。

15. Fit B-Spline

Fit B-Spline（B 样条曲线匹配）主要是转化曲线的 Degree 值。

Degree 值为 1 的线性值或其他 Degree 值，可以转为 Degree 值为 3 的曲线。

Degree 值为 3 的曲线，可以转为 Degree 值为 1 的线性值，但是系统是以 Degree 值为 3 的曲线进行显示。

当从其他系统中输入模型到 Maya 中时，有可能按原有的 Degree 值进行输入的。以下是将其他 Degree 值转化为 3 的曲线效果，如图 2—34 所示。

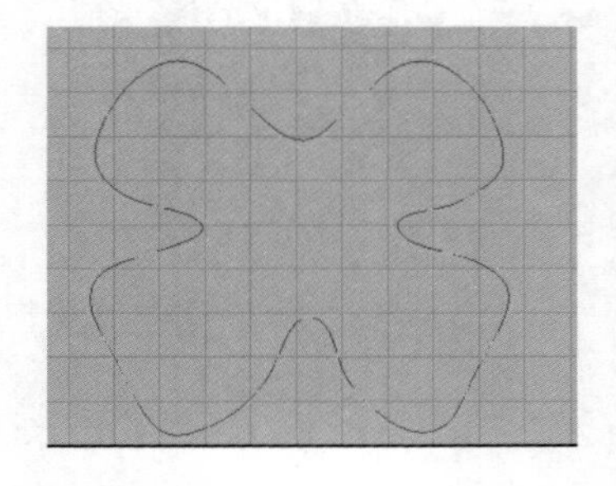

图 2—34　B 样条曲线匹配

16. Smooth Curve

Smooth Curve（光滑曲线）在曲线原有的形状基础上，对曲线进一步进行光滑。光滑后点数不会增加，只会在原有的点数基础上进行点的位置移动让曲线看起来更加光滑。如果需要曲线点数精简可以选择 Rebuild Curve 进行编辑，如图 2—35 所示。

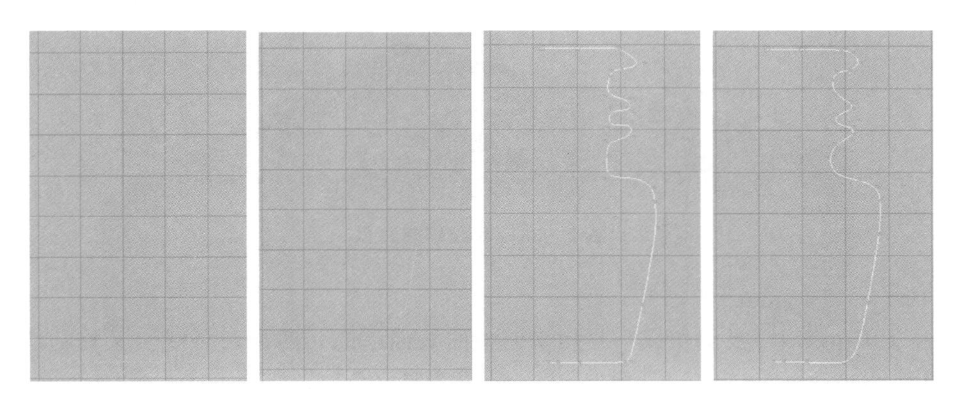

图 2—35　光滑曲线

17. CV Hardness

CV Hardness（控制点硬度）是适合编辑一些需要硬角边的曲线。

控制点硬度可将选择的 CV 控制点从圆角改变为硬角效果，该命令只适合 Degree（度数）值为 3 的曲线。操作方法：选择曲线，右键选择 CV 控制点模式，选择一个需要转化为硬度的点，执行该命令，如图 2—36 所示。

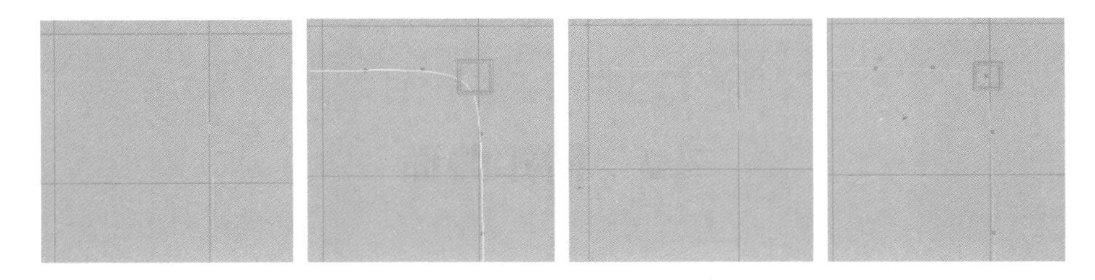

图 2—36　控制点硬度

18. Add Points Tool

Add Points Tool（加点工具）可以接着之前画完的曲线末端点继续绘制曲线，如图 2—37 所示。

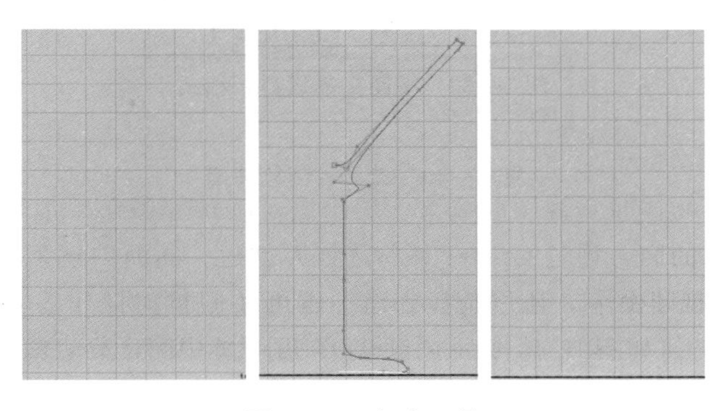

图 2—37　加点工具

19. Curve Editing Tool

Curve Editing Tool（曲线编辑工具）可以不用进入到曲线的编辑点模式就可以编辑曲线。该工具通过手柄控制曲线任意位置并进行修改编辑，如图 2—38 所示。

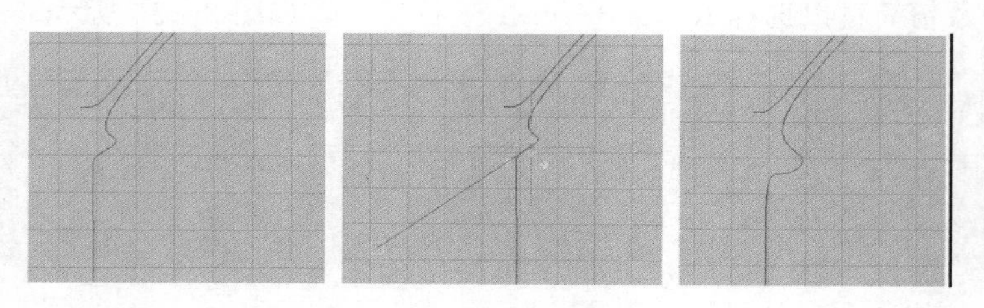

图 2—38　曲线编辑工具

20. Project Tangent

Project Tangent（投影切线）是用来调整曲线曲率的，匹配两条线交叉处的曲率，如图 2—39 所示。

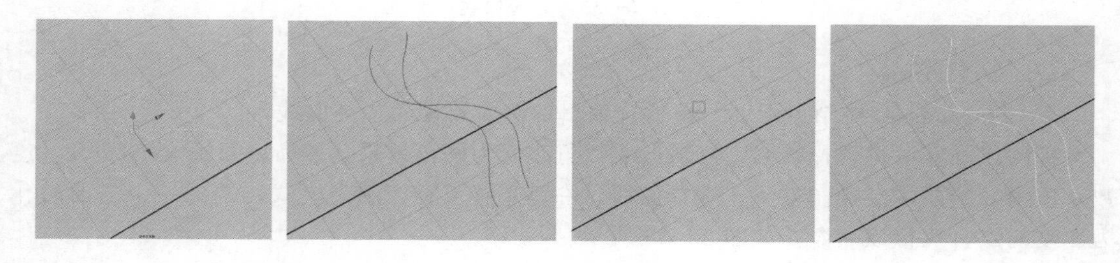

图 2—39　投影切线

2.2　创建曲面

2.2.1　创建曲面基础

Maya 曲面的创建包括工具栏创建、菜单栏创建以及曲线转化为曲面的创建。

（1）工具栏创建曲面：通过工具栏 Surface 标签创建曲面，Surface 曲面标签提供了 6 个常用基本几何体曲面，如图 2—40 所示。

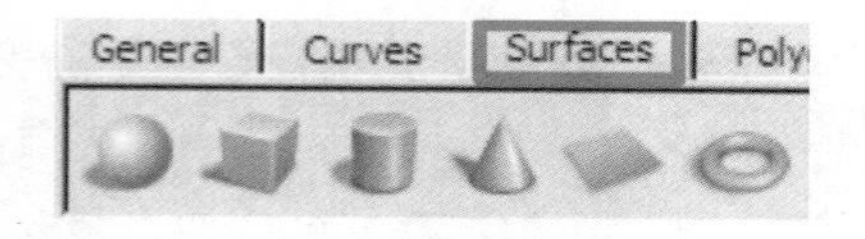

图 2—40　工具栏创建曲面

（2）菜单栏创建曲面：通过 Create 菜单选择并创建。曲面创建菜单提供了 Maya 所有 NURBS 基本几何体创建命令，通过选择创建。也可在创建前打开基本几何体的属性设置对话框，编辑设置几何体基本属性后创建基本几何体 NURBS，曲面基本几何体包括

Sphere（球体）、Cube（立方体）、Cylinder（圆柱体）、Cone（圆锥）、Plane（平面）、Torus（圆环）、Circle（圆形线）、Square（方形线），如图 2—41 所示。

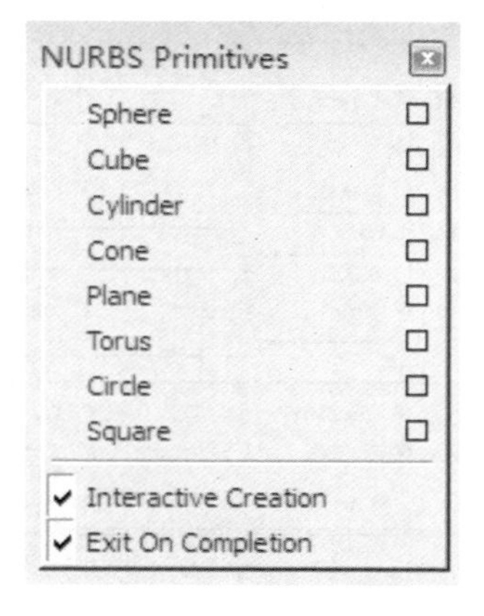

图 2—41　菜单创建曲面

（3）曲线转化为曲面的创建：Maya 曲面除了系统提过的 NURBS 基本几何体外，NURBS 大部分不规则曲面的创建是在创建编辑好曲线的基础上，通过 Surface 菜单将曲线创建转化为曲面命令来完成的。

2.2.2　Surface 曲面菜单

Surface 曲面菜单包括将曲线转化为曲面的所有命令。

1. Revolve

Revolve（旋转）命令是指曲线围绕一个特定的轴向旋转创建出一个曲面。

操作方法：创建好物体轮廓曲线，选择曲线执行 Revolve，如图 2—42 所示。

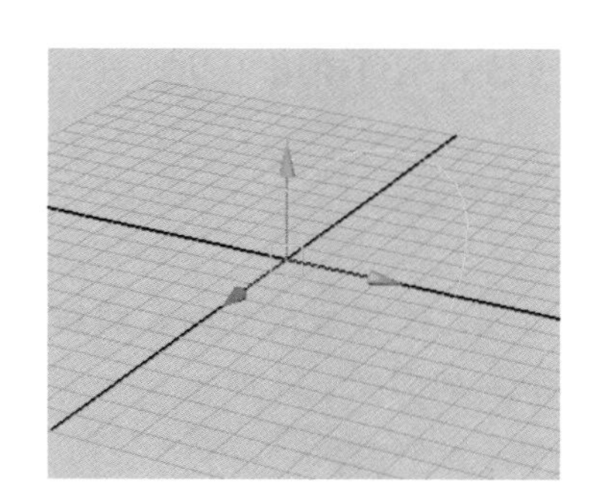

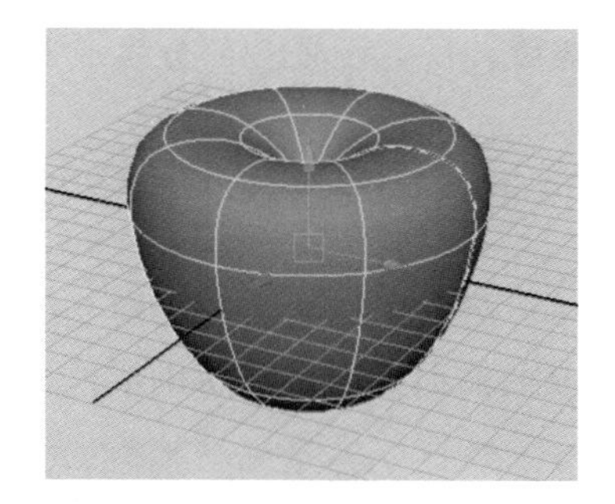

图 2—42　旋转

曲面生成时的状态可以在命令选项对话框中进行设置，Revolve 旋转命令对话框的主要设置参数，如图 2—43 所示。

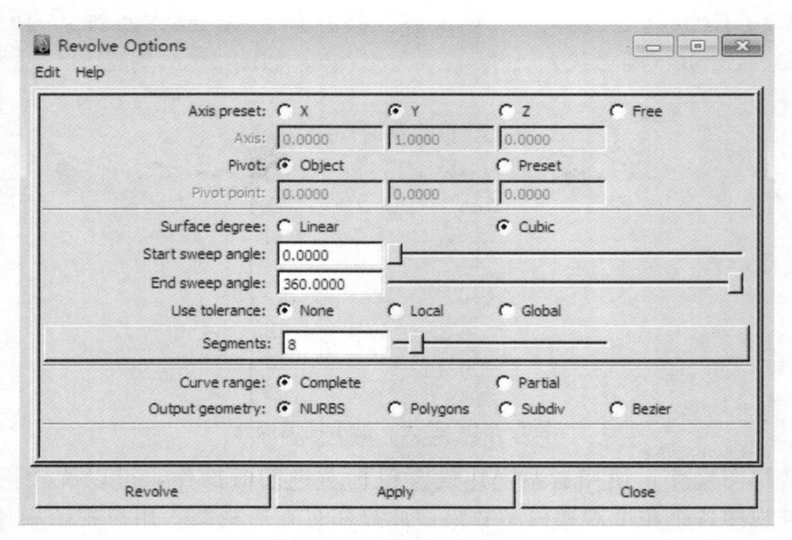

图 2—43 旋转命令对话框

（1）Axis Preset：轴向，设置指定曲面旋转的轴向。

（2）Pivot：曲面轴心，用来控制旋转出来的曲面轴心。其中，Object/Preset 是指曲面轴心位置是以轮廓线的轴心位置为准，还是通过自定义的方式确定轴心的位置。

（3）Surface degree：生成曲面的维度，其中包括 Linear、线性维度、Cubic、曲线维度。

（4）Start sweep angle：曲面旋转起始角度的设置。

（5）End sweep angle：曲面旋转结束角度的设置。

（6）Use tolerance：生成的曲面的精度。

（7）Segments：旋转出面的分段数。

（8）Curve range：曲面生成的形状。其中包括 Complete，曲线旋转后整体生成曲面；Partial，让曲线旋转后，设置一部分生成曲面的位置；也可使用 T 快捷键，在视图中调整需要的局部位置。

（9）Output geometry：决定最终输出的曲面的类型。

2. Loft

Loft（放样）命令是指在两个或两个以上的曲线之间形成的曲面，曲线可以是任意的形状，最终生成的曲面是以曲线所围成的形状生成，如图 2—44 所示。

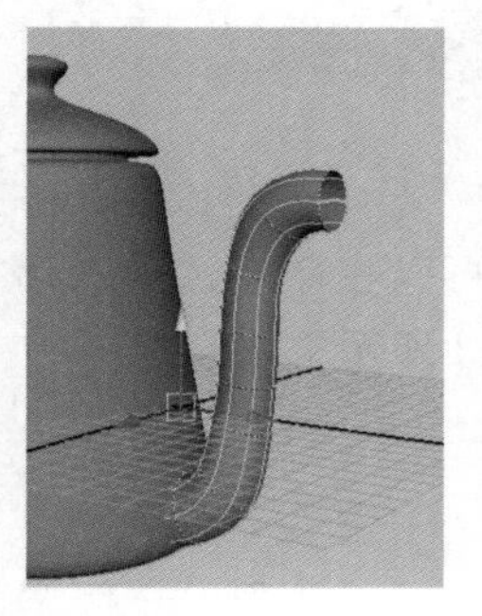

图 2—44 放样

使用放样命令时，应该尽量让曲线具有相同的分段数，否则生成的曲面表面结构线会很凌乱。

创建放样曲面，选择曲线的顺序也很重要，如果不按顺序依次选择，会对曲面产生的结果有很大的影响，通常是按顺序选择创建。

Loft 命令对话框的主要设置参数，如图 2—45 所示。

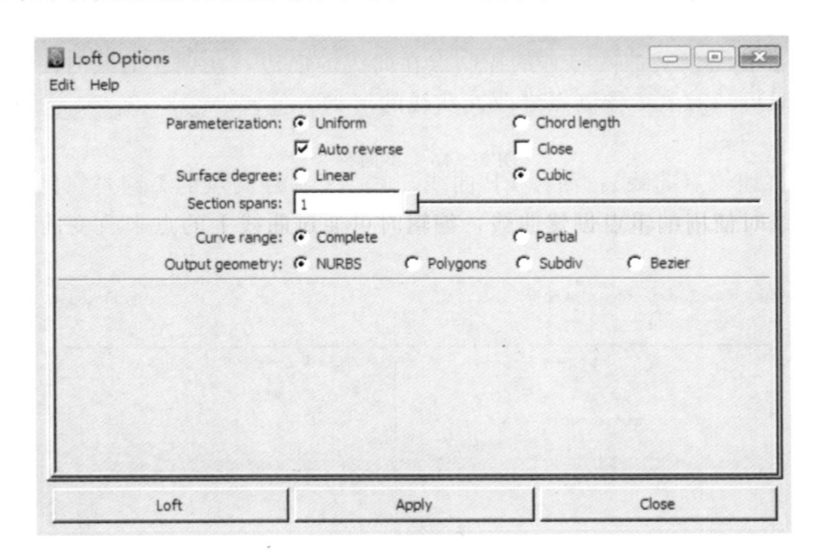

图 2—45　放样命令对话框

（1）Parameterization：参数化。其中包括 Uniform 决定创建曲面表面参数的类型为统一方式；Chord length 决定创建曲面表面参数的类型为弦长方式。通常是指曲线形状、点数等，如全部具备相同参数，那么放样出来的曲面都有相同的片段数。如果放样的曲线参数不匹配，系统就以曲线参数多的进行放样曲面。

（2）Auto reverse：在放样成面时，如果轮廓线的方向相反，勾选此选项后，轮廓线会自动进行方向上的匹配。

（3）Close：勾选此选项，生成的放样曲面在曲面方向上自动成为闭合曲面。

（4）Surface degree：生成曲面的维度。其中包括 Linear，线性维度。Cubic，曲线维度。

（5）Section spans：设置每两个轮廓线之间生成的曲面的段数。

（6）Curve range：曲面生成的形状。其中包括 Complete，曲线放样后生成整体曲面。Partial，该参数可用让曲线放样后只是生成一部分曲面，该参数也可在曲面放样好后，在通道盒构成历史部分设置曲面的位置，或者可按键盘中的“T”键，在视图调整需要的部分局部的位置。

（7）Output geometry：决定生成的曲面的类型。

3. Planar

Planar（平面）命令，是将一条闭合曲线生成一个平面。该命令要求曲线上的点必须在同一个平面上，并且曲线必须是闭合曲线才能生成平面，如图 2—46 所示。

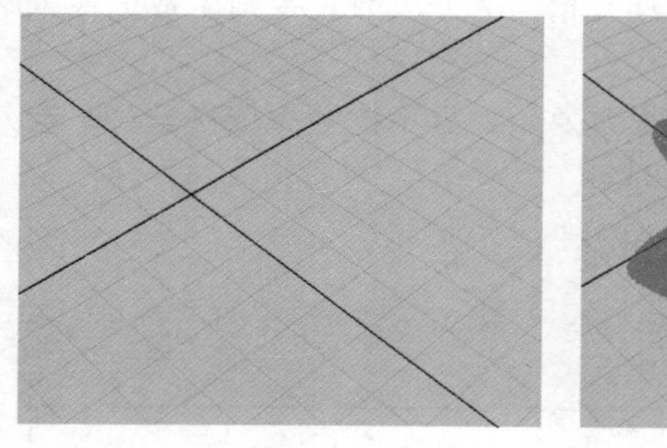

图 2—46　平面命令

Planar 命令对话框的主要设置参数，如图 2—47 所示。

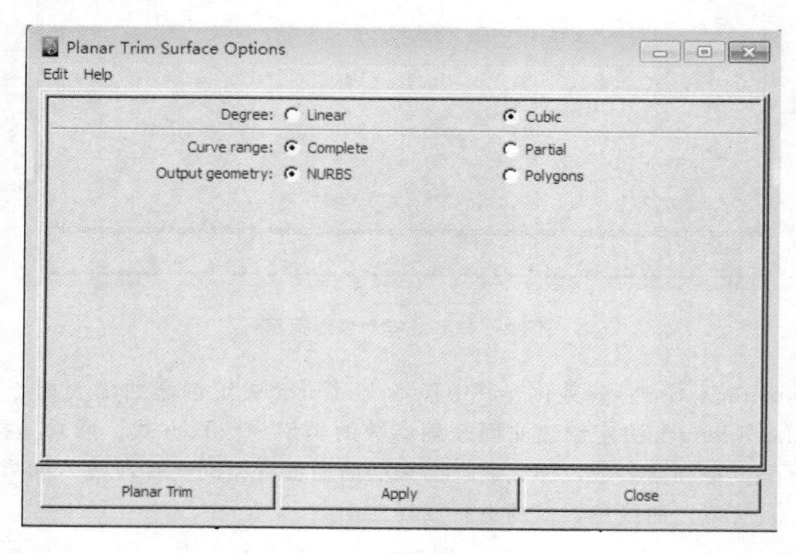

图 2—47　平面命令对话框

(1) Degree：生成曲面的维度。其中包括 Linear，线性维度。Cubic，曲线维度。

(2) Curve range：曲面生成的形状。其中包括 Complete，曲线整体生成曲面。Partial，曲线生成平面后只是曲线的一部分生成曲面，但是 Planar 命令，要求曲线上的点必须在同一个平面上，曲线必须是闭合曲线才能生成平面，所以基本上不选择 Partial 选项制作平面。

(3) Output geometry：决定生成的曲面的类型。

4. Extrude

Extrude（挤出）命令可通过一条轮廓曲线沿着一条路径曲线挤出曲面。

操作方法：先选择图形轮廓曲线，再加选路径线执行此命令。也可将创建一条轮廓线在 Extrude 命令对话框输入参数挤出，如图 2—48 所示。

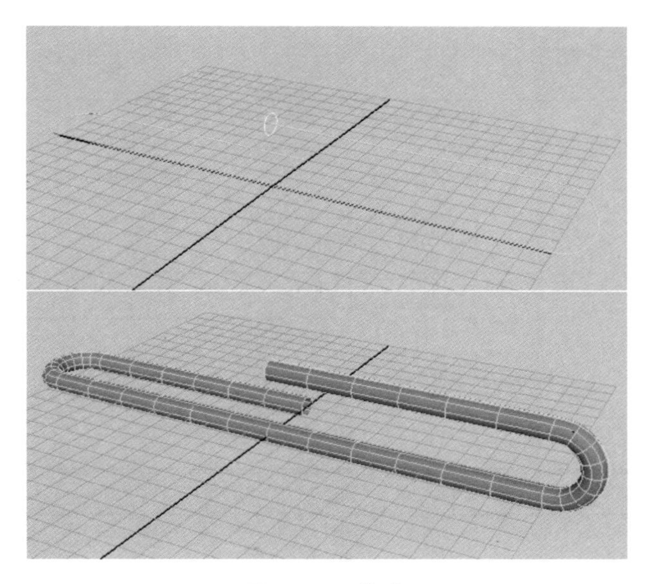

图 2—48　挤出

Extrude 命令对话框的主要参数设置，如图 2—49 所示。

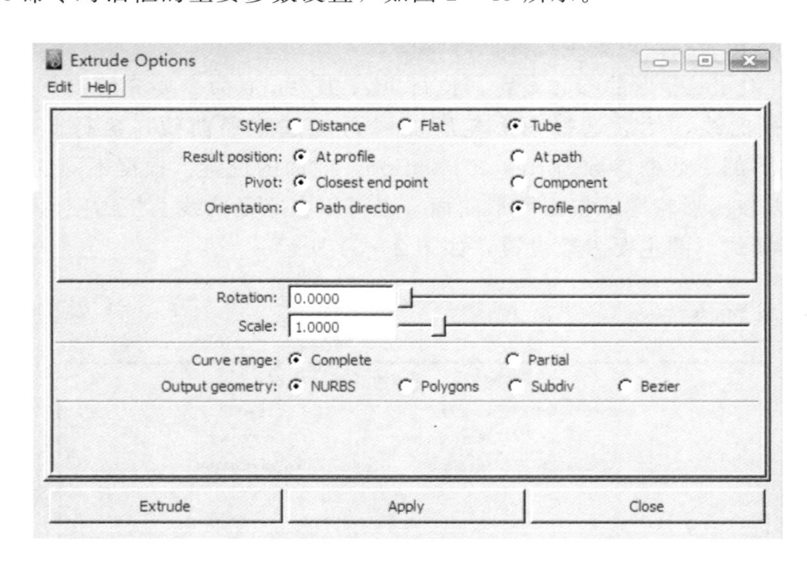

图 2—49　挤出命令对话框

（1）Style：类型。挤出的类型包括 Distance，距离模式；Flat，平坦；Tube，管形。根据不同的类型，选择不同的参数模式。Distance 距离模式，通过一条图形轮廓曲线，设置曲面的长度参数，然后挤出曲面。Distance 距离模式下的主要参数设置，如图 2—50 所示。

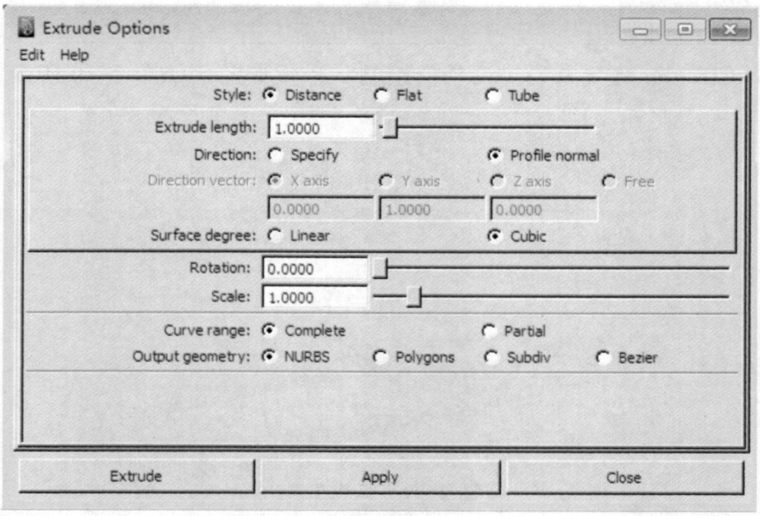

图 2—50　挤出命令对话框 Distance 距离模式

（2）Extrude length：设置挤出来的曲面的长度。

（3）Direction：设置曲面挤出的方向。

（4）Surface degree：设置生成曲面的维度。

Flat 平坦与 Tube 管形的参数设置，执行 Flat 或 Tube 命令要先绘制好一条图形轮廓曲线和一条路径曲线，然后选择图形轮廓曲线再加选路径曲线，执行此命令。Flat 和 Tube 距离模式下的对话框参数为 Result Position，曲面的位置。根据不同的需要来决定曲面的位置，可以在图形轮廓线挤出图形曲面，也可以在路径曲线上挤出图形曲面。

Tube 管形模式下的主要参数设置，如图 2—51 所示。

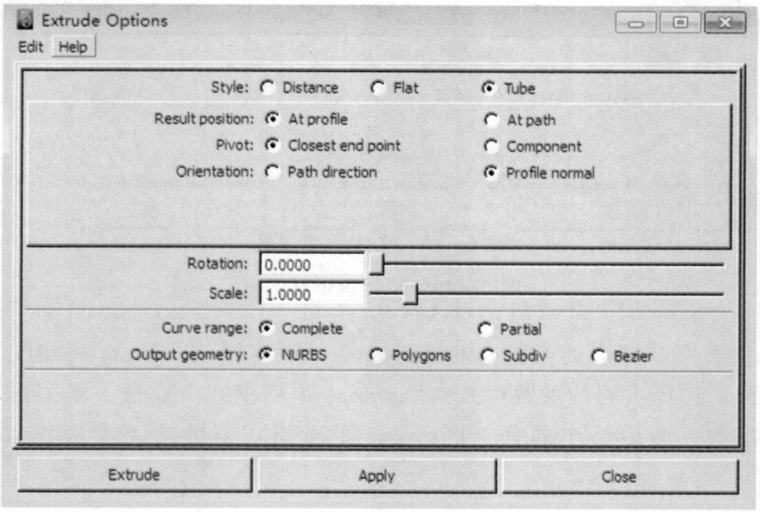

图 2—51　挤出命令对话框 Tube 管形模式

（1）Pivot：轴心。Tube管形模式下专用的参数。通过轴心点的方法对轮廓曲线挤出路径进行定位。其中包括Closest end point，沿着路径曲线上最靠近轮廓线边界盒中心的末点作为挤出的轴心点。Component沿着轮廓曲线各自的轴心点进行挤出。

（2）Orientation，方向。Tube管形模式下专用的参数。其中包括Path direction，路径方向，指图形沿着路径方向挤出曲面。Profile normal：轮廓法线，指自动依照轮廓线法线的方向挤出曲面。

（3）Rotation：旋转，轮廓曲线在挤出的同时进行自身旋转的参数设置。

（4）Scale：缩放，设置轮廓曲线在挤出的同时进行自身缩放的参数设置。

（5）Curve range：曲面挤出的形状。其中包括Complete，曲线挤出曲面。Partial，让曲线挤出成曲面后，只是轮廓线或者路径曲线的一部分挤出成曲面。挤出后按快捷键T，在视图中调整需要的曲面局部的位置。

（6）Output geometry：决定生成的曲面的类型。

5. Birail

Birail（双轨）命令是指用一条或者多条轮廓曲线与两条轨道线结合生成曲面。该命令要求轮廓曲线某一端起始点或末端点，必须与导轨曲线的某一端点相交才能完成曲面创建，如图2—52所示。

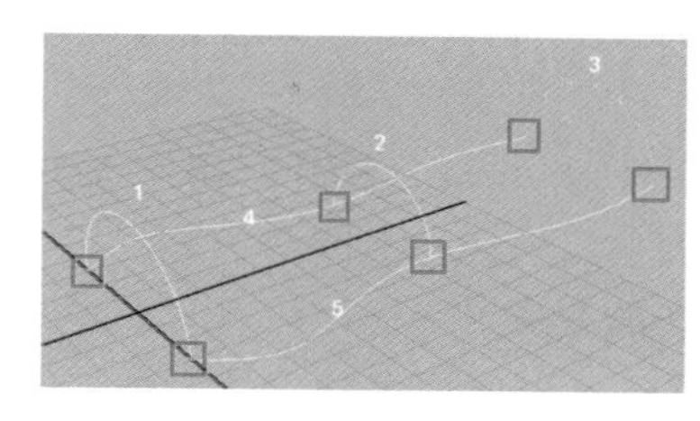

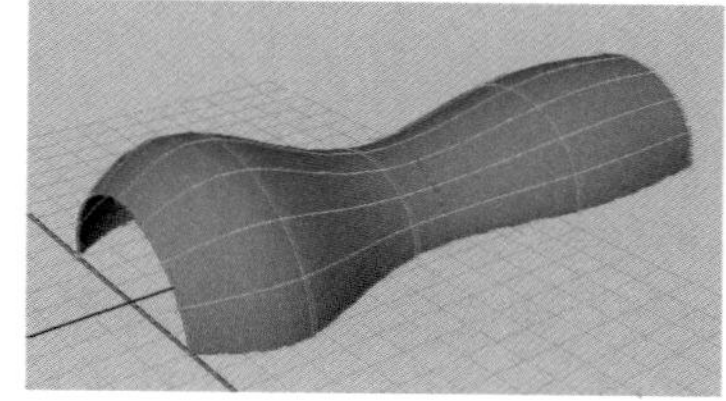

图2—52　双轨

Birail组包含了3个命令，分别为Birail 1 Tool、Birail 2 Tool和Birail 3 Tool，命令中的数字代表了轮廓线的数量。在使用Birail 1 Tool命令时，需要有一条轮廓线和两条轨道线绘制曲面制作；使用Birail 2 Tool命令时，需要有两条轮廓线和两条轨道线完成曲面制作；使用Birail 3 Tool命令时，需要有3条或3条以上轮廓线和两条轨道线完成曲面制作。

Birail 1 Tool命令和Birail 2 Tool命令的操作方法类似：首先选择轮廓曲线，按住Shift键分别加选另外两条轨道线，执行命令即可。使用Birail 3 Tool命令时，先依次选择所有的轮廓线，按回车键，再分别选择两条轨道线，再次按下回车键完成曲面的创建。

Birail命令3个属性设置对话框参数大致相同，对话框的主要设置参数，如图2—53所示。

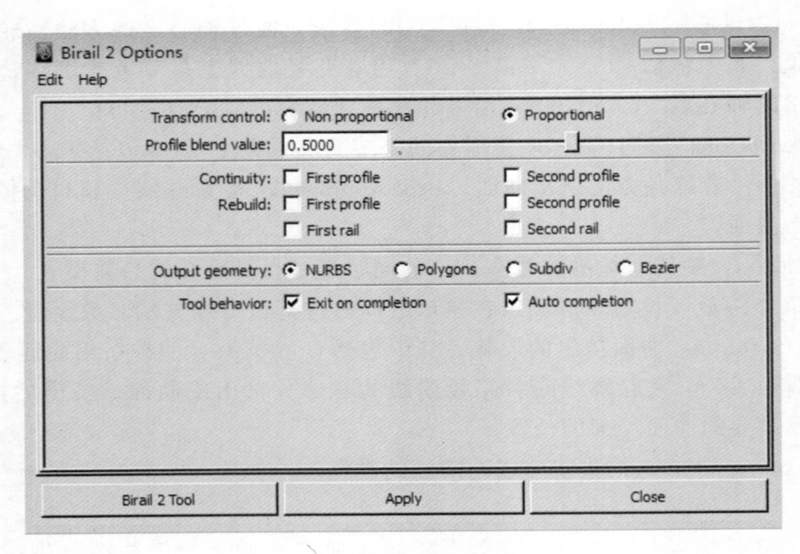

图 2—53 双轨命令设置对话框

（1）Transform control：变换控制，设置轮廓曲线扫描方式。其中包括 NonProportional，不成比例方式，产生直线过渡；Proportional，成比例方式，产生圆弧状过渡曲面。

（2）Profile Blend Value：轮廓融合值。只针对 Birail2 工具，用于改变两侧轮廓曲线对中间过渡曲线的影响力。

（3）Continuity：连续性。控制各轮廓曲线的开关。

（4）Rebuild：重建。曲线在建模前进行重建。以便更多的曲线参数控制曲面。

（5）Output geometry：决定生成的曲面的类型。

（6）Tool behaviour：工具的使用方式。

6. Boundary

Boundary（边界）命令可以在由三条或四条曲线围成的区域空间，生成新的曲面。在默认状态下，Boundary 命令对曲线的摆放位置不一定是一个封闭的空间，曲线之间也不一定是相交的，如图 2—54 所示。

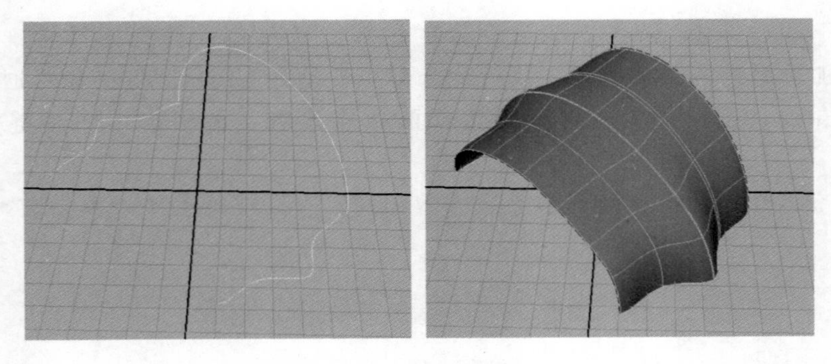

图 2—54 边界效果

Boundary 命令设置对话框的主要设置参数，如图 2—55 所示。

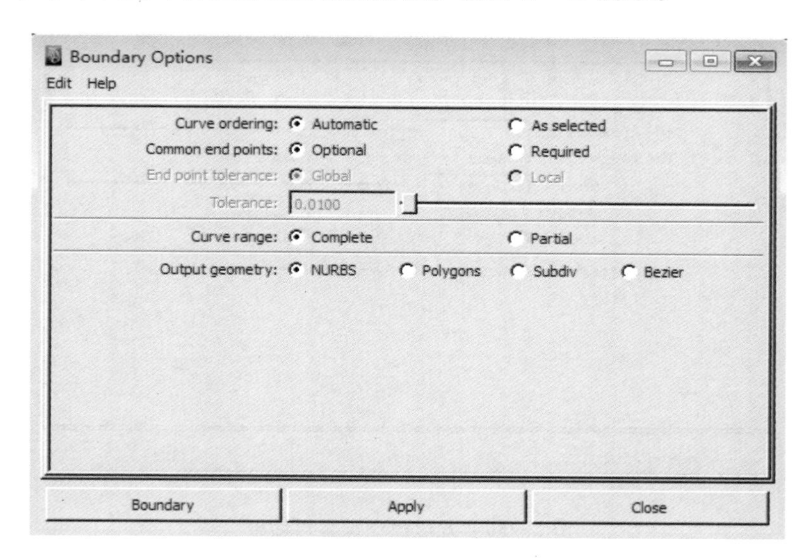

图 2—55 边界命令设置对话框

（1）Curve ordering：曲线的顺序。选择边界线的顺序不同，会对生成面的曲面状态产生影响。其中包括 Automatic，以系统默认设置创建边界曲面，此时不需要按顺序选择曲线，可框选曲线，系统会自动生成曲面。As selected，按照选择边界曲线顺序生成的曲面。

（2）Common end points：公共端点，是指创建边界曲线的端点是否必须要相交。其中包括 Optional，曲线上的端点不匹配也会生成曲面。Required，曲线上的端点必须相交才能生成曲面。

（3）End point tolerance：用以设置判断边界曲线末端相交的精度。也就是说，当曲线末端之间的距离小于设置的值时，即认为末端是相交的。Common end points 勾选为 Required 时，边界曲线末端必须相交，此选项才可用。

（4）Curve range：边界曲线生成曲面时，可以将所有边界曲线的全部生成曲面，也可以只通过边界曲线的一部分来生成曲面的设置。

（5）Output geometry：决定生成的曲面的类型。

7. Square

Square（方形）命令对三条或四条相交的边界曲线，创建为一致连续性的曲面。边界曲线必须相交形成一个封闭的空间才能生成曲面。操作时必须按照顺时针或逆时针依次选择曲线，不能跳跃选择曲线。

Square 命令对话框的主要参数设置，如图 2—56 所示。

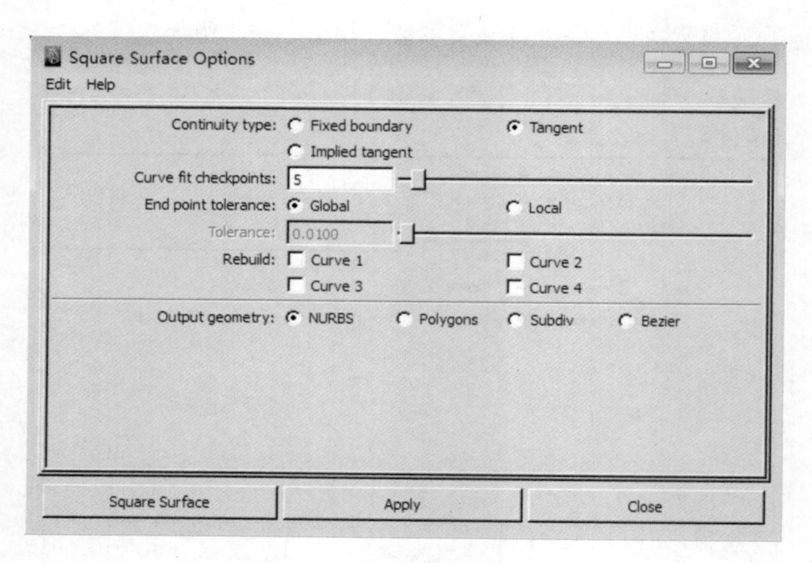

图 2—56　方形命令设置对话框

（1）Continuity type：连续性类型。此选项确定生成的曲面与周围相连的曲面匹配程度。包括三种类型：Fixed boundary，Tangent 和 Implied tangent。Fixed boundary，固定边界，指生成的曲面同周围相连接的曲面不进行匹配操作；Tangent，切线。指生成的曲面与周围的曲面进行切线匹配，将生成与周围的面光滑连接的曲面；Implied tangent，间接切线。基于选择曲线所在平面的法线，创建曲面的切线。

（2）Curve fit checkpoints：曲线适配核对点。针对 Tangent，切线选项使用，可以决定生成的曲面，通过表面的多条结构线来匹配周围的曲面。数值越高，得到的曲面的连续性就越高。

（3）End point tolerance：设置相交的末点之间容差值。

（4）Rebuild：重建。确定某条曲线可以重建，以便提供更多的参数来控制曲线。

（5）Output geometry：决定生成的面的类型。

8. Bevel

Bevel（倒角）成面，可以通过独立的轮廓曲线或者物体表面的结构线生成倒角曲面。在命令的选项对话框中可以设置生成的倒角曲面的形态，如图 2—57 所示。

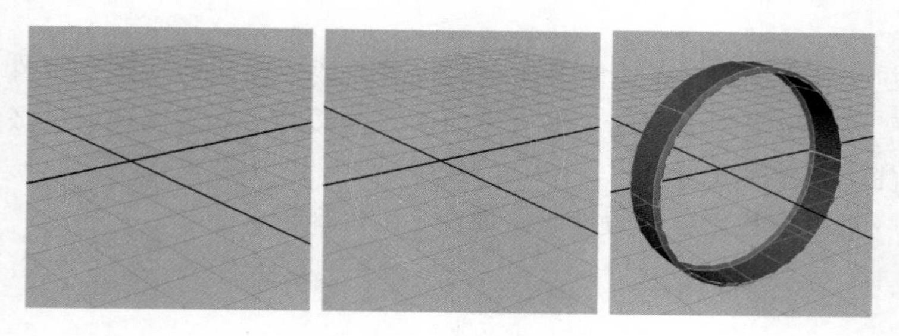

图 2—57　倒角

Bevel 命令的设置对话框，如图 2—58 所示。

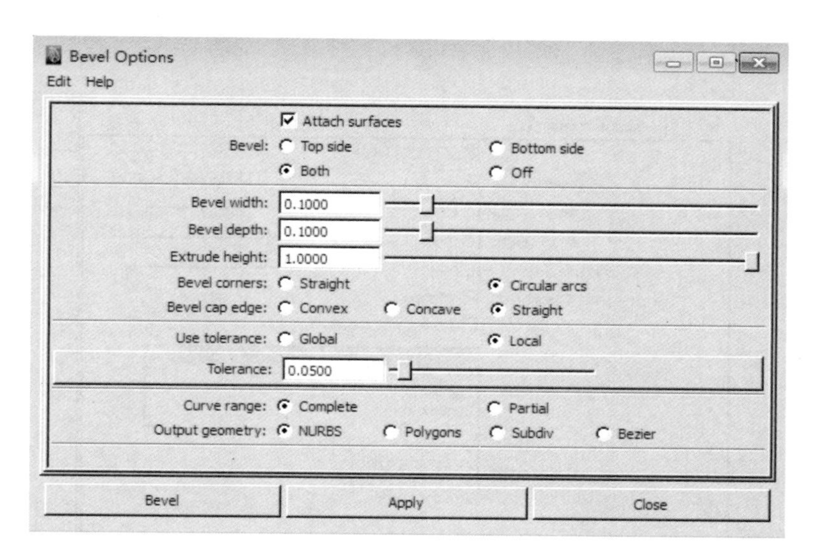

图 2—58　倒角命令设置对话框

（1）Attach surfaces：将生成倒角曲面的各部分，结合成一个整体。

（2）Bevel：倒角控制项。其中包括 Top side，顶侧生成倒角；Bottom side，底侧生成倒角；Both，顶侧和底侧同时生成倒角；Off，不产生倒角。

（3）Bevel width：倒角的宽度参数设置。

（4）Bevel depth：倒角的深度参数设置。

（5）Extrude height：倒角的高度参数设置。

（6）Bevel corners：制作方形倒角曲面时，可以将倒角设置为直角，也可以设置为圆弧形倒角。

（7）Bevel cap edge：可设置倒角面的形状为：凸圆面、凹圆面或是直面。

（8）Use tolerance：设置生成倒角面时的精度。

（9）Curve range：设置生成曲线的倒角范围。可设置全部生成倒角，也可设置为将曲线的一部分生成。

（10）Output geometry：输出倒角面的类型。

9. Bevel Plus

Bevel Plus（倒角插件）可以生成形态更加丰富的倒角曲面，如图 2—59 所示。

图 2—59　Bevel Plus 倒角插件

Bevel 倒角命令主要参数设置对话框，如图 2—60 所示。

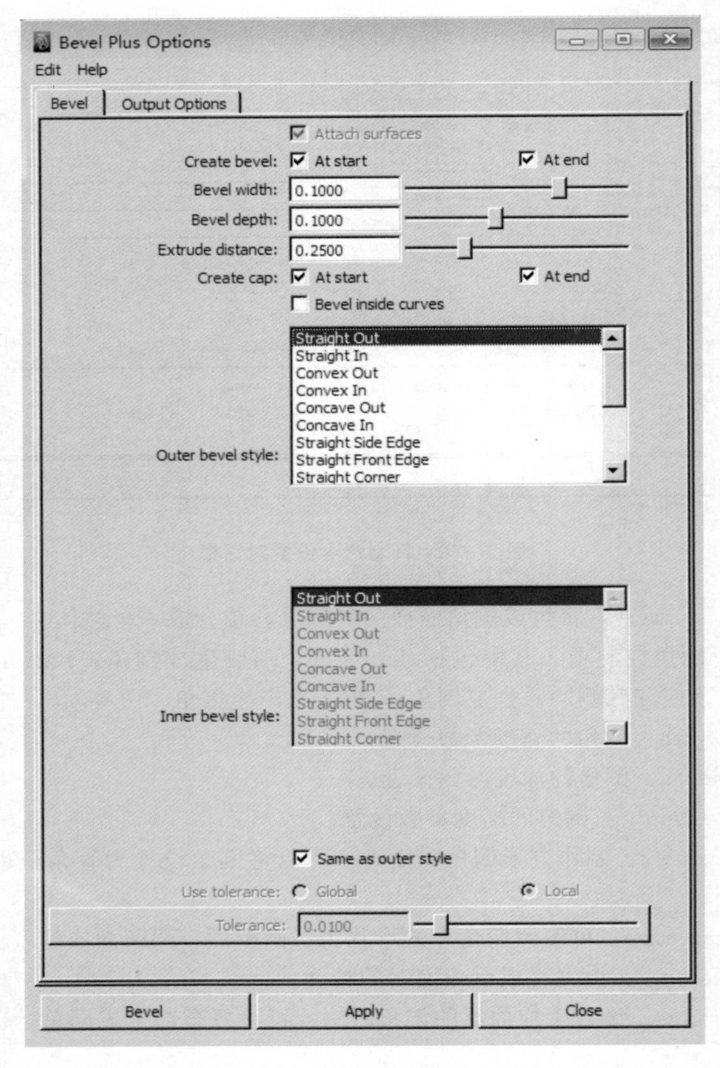

图 2—60　Bevel Plus 倒角插件命令设置对话框

（1）Create bevel：创建倒角的位置。

（2）Bevel width：倒角的宽度参数设置。

（3）Bevel depth：倒角的深度参数设置。

（4）Extrude distance：倒角的高度参数设置。

（5）Create cap：设置在倒角的两侧是否创建面的设置。

（6）Outer bevel style：外倒角类型，Maya 系统预设了各种外倒角形状方案，选择即可创建此种形式的倒角。

（7）Inner bevel style：内倒角类型，Maya 系统预设了各种内倒角形状方案，选择即可创建此种形式的倒角。

（8）Output Options：输出倒角面的类型。

2.3 曲线建模实例

2.3.1 制作灯

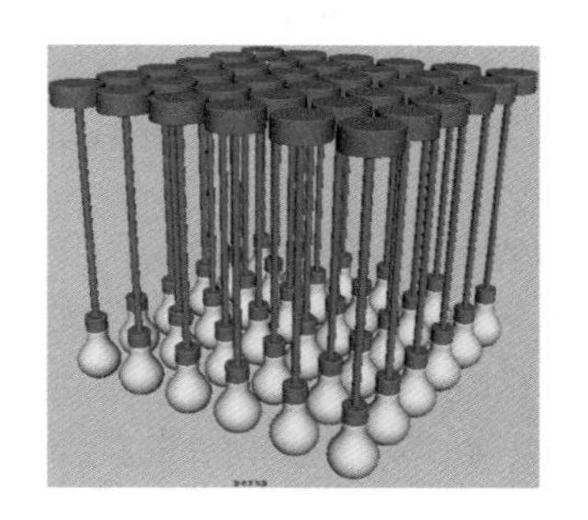

1. 创建灯泡曲线

激活 Front 视图，选择 Create/CV Curve Tool（控制点曲线）命令，创建一条 CV 曲线，注意曲线画到最后一个结束点时，要吸附在中间黑色栅格线上。可按键盘“X”键，将点吸附在栅格上。曲线画好后按回车结束曲线绘制，如图 2—61 所示。

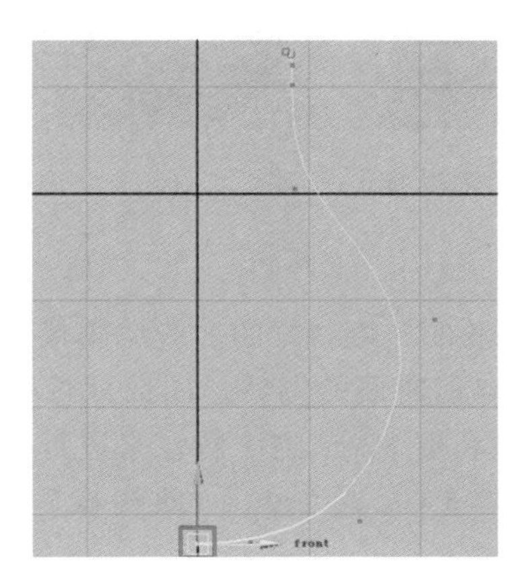

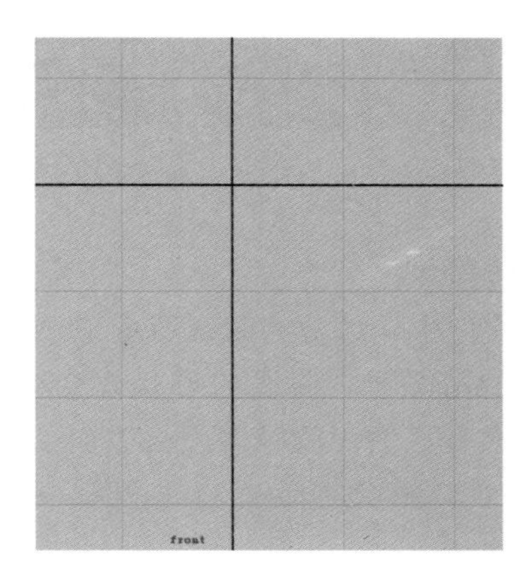

图 2—61 创建灯泡曲线

如果对绘制的曲线不满意，可在曲线上点击鼠标右键选择 Control Vertex 控制点，移动编辑曲线上的点，调整出曲线的形状。

2. 旋转曲线

选择绘制好的曲线，执行菜单 Surface/Revolve 命令，将曲线旋转成曲面，制作出灯泡的上半部分形状。

注意：旋转曲线命令默认旋转轴向是 Y 轴，该曲线是在 Front 视图创建的，正好曲面是以曲线 Y 轴为中心进行旋转，所以不需要更改旋转轴向。旋转出的效果如图 2—62 所示。

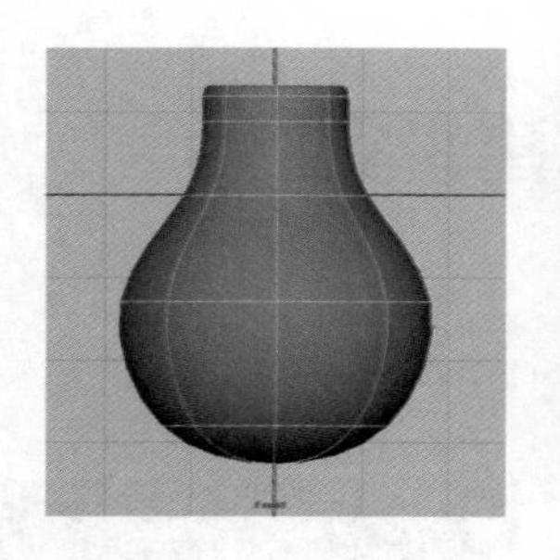
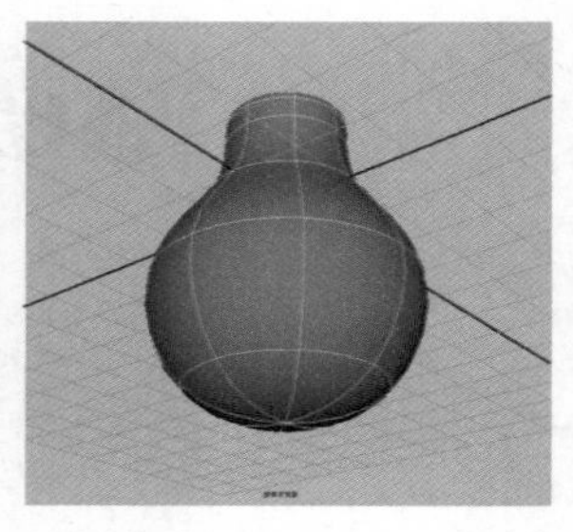

图 2—62 旋转曲线

3. 制作灯泡螺帽部分

接下来继续在 Front 视图中绘制灯泡的螺帽部分的曲线。注意：绘制该曲线的第一个点和最后一个结束点时，要吸附在中间黑色栅格线上，当画第一个点和最后一个点时可按键盘“X”键完成吸附。最后回车结束曲线绘制。

选择绘制好的螺帽曲线，执行 Revolve 命令完螺帽曲面成旋转，如图 2—63 所示。

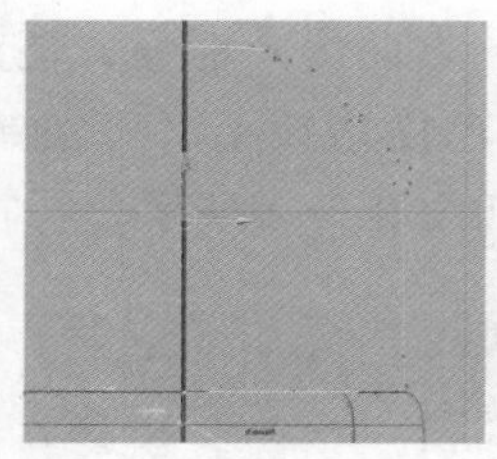

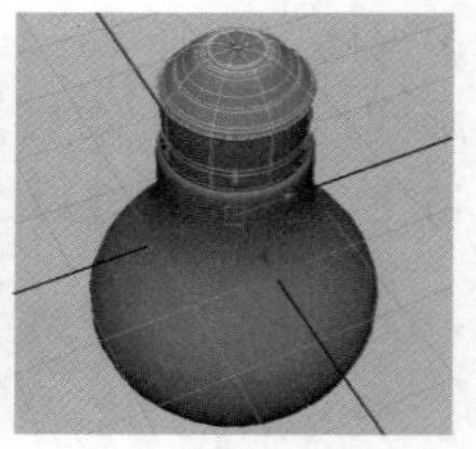

图 2—63 制作灯泡螺部分

4. 修改螺帽曲线

在 Maya 软件中，通常的默认历史记录是打开的。绘制好的曲线编辑成曲面后，在不删除历史记录的情况下，曲线的形状改变会影响到曲面的形状。曲面就像是曲线的子物体，曲线怎么改变，曲面就跟着怎么改变。可以利用 Maya 这个特性来进行灯泡螺口的细化。选择灯泡螺口部分曲线，点击鼠标右键选择 Curve Point（曲线点），在曲线上添加点。

也可以按 Shift 键一次性添加多个创建点，执行 Edit Curves（编辑曲线菜单）/Insert Knot 命令，就可以完成曲线上点的插入。调整插入点的位置，完成灯泡的创建，如图 2—64 所示。

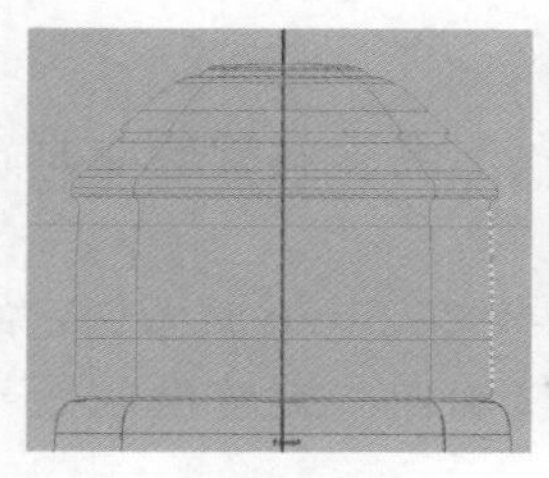
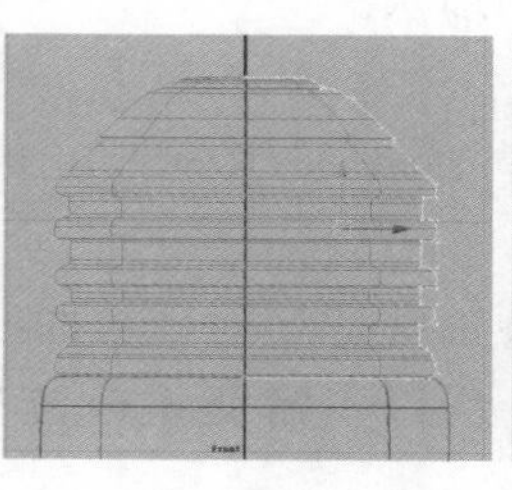
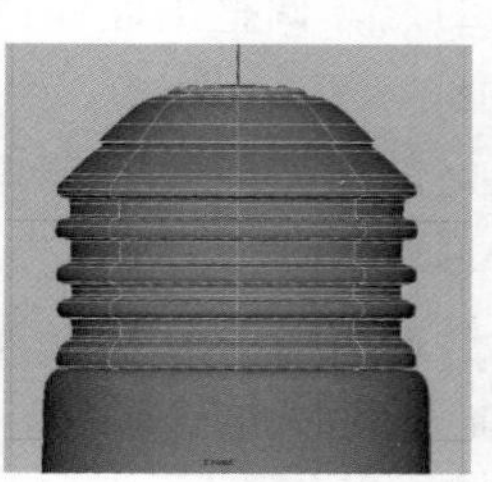

图 2—64 修改螺帽曲线

5. 制作灯罩

在 Font 视图螺口上方绘制灯罩曲线。注意：第一个点和最后一个点要吸附在中间黑色栅格线上，回车结束曲线绘制。

选择该曲线，使用 Revolve 命令，将曲线旋转成曲面，制作好灯罩，如图 2—65 所示。

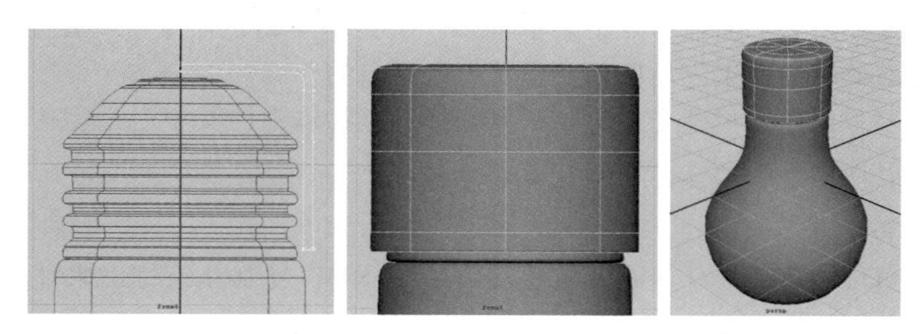

图 2—65　制作灯罩

6. 制作灯泡吊绳

在工具栏中选择圆柱创建按钮，在 TOP 顶视图创建圆柱几何体，并移动到灯泡的顶端，制作出处灯泡吊绳曲面，如图 2—66 所示。

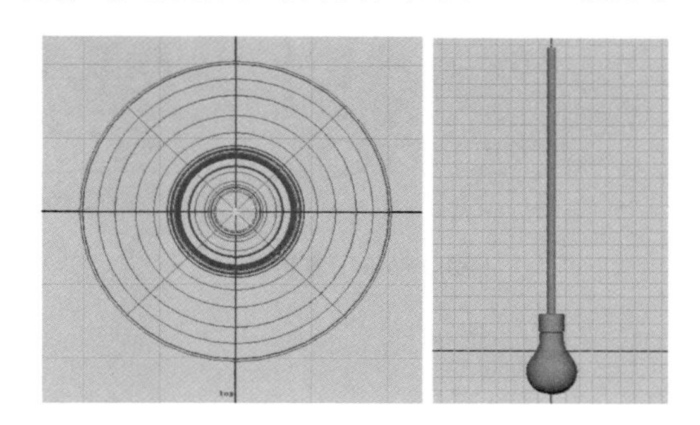

图 2—66　制作灯泡吊绳

7. 制作吸顶部分

在 Front 视图圆柱的底端绘制一条曲线，注意曲线的第一个点和最后一个点要吸附在中间黑色栅格线上。绘制完毕后选择曲线，使用 Revolve 命令完成曲线旋转成曲面制作，如图 2—67 所示。

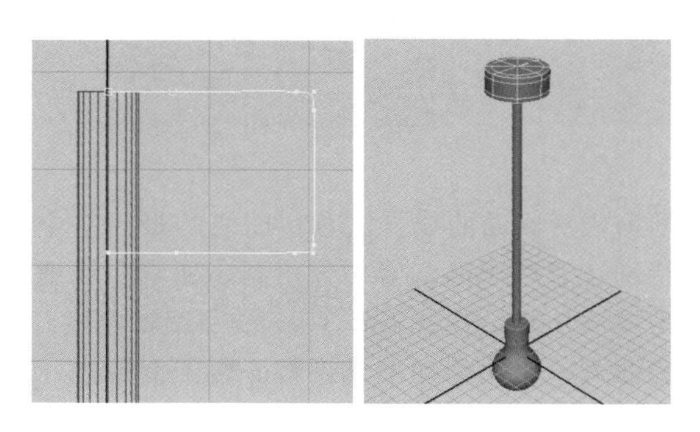

图 2—67　制作吸顶部分

8. 删除历史记录

灯泡模型制作完毕后，在视图中的选择所有的曲面，执行 Edit/Delete by Type/History（删除曲面历史记录）命令，删除曲面的历史；选择所有绘制曲线将其删除。

9. 群组物体

在视图中选择所有的曲面，点击菜单 Edit/Group（群组）命令，或者按快捷键 Ctrl＋G 将选择的曲面群组。群组好的曲面显示状态是绿色的。

注意：如果下次要选择整个组时，只要选择这组物体中的其中一个物体，然后再按键盘 ↑ 键就可以将整个组选择。

10. 复制灯

执行 Edit/Duplicate 命令，或者按快捷键 Ctrl＋D，复制几组灯出来并移动到相对应的位置，最终效果如图 2—68 所示。

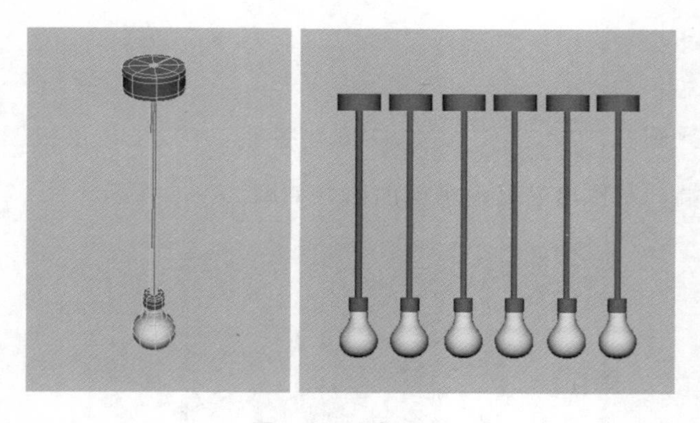

图 2—68　复制灯

2.3.2　制作可口可乐瓶

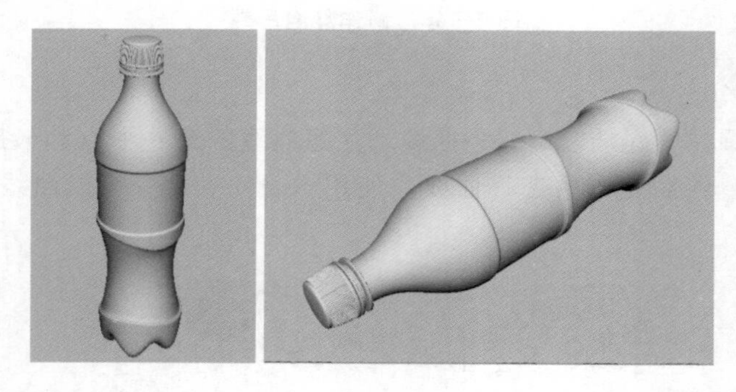

1. 绘制瓶身曲线

在 Front 视图绘制可乐瓶身侧面曲线，注意：曲线的最后一个点要吸附在中间黑色栅格线上。在绘制的时要特别注意瓶子的细节部分绘制，通常曲线细节部分点要多一些。

曲线绘制好后，如需要添加点，选择 Edit Curves（编辑曲线）/Insert Knot（插入点）命令，在曲线上进行点的插入。使用移动工具调整好瓶子上的点，完成瓶子曲线绘制，如图 2—69 所示。

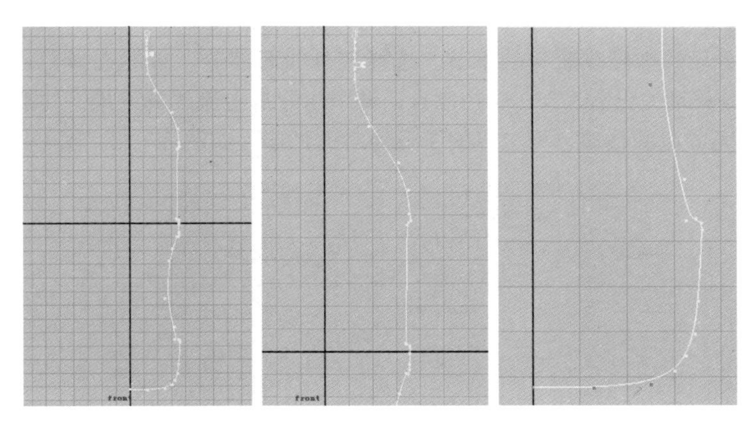

图 2—69　绘制瓶身曲线

2. 旋转曲线

选择绘制好的瓶身曲线，选择菜单 Surface/Revolve 命令，对曲线进行 Y 轴旋转。旋转出可乐瓶身，如图 2—70 所示。

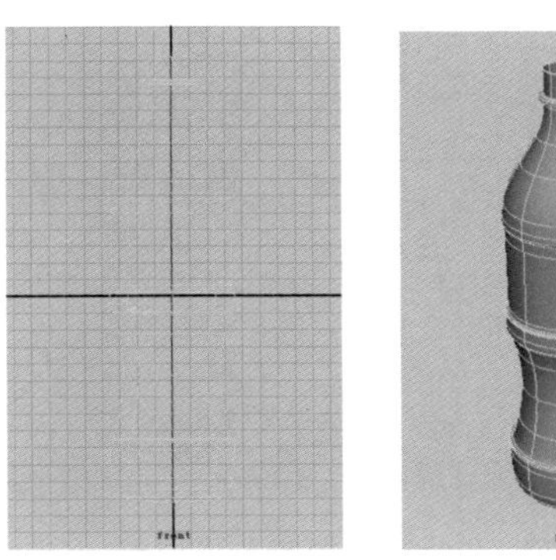

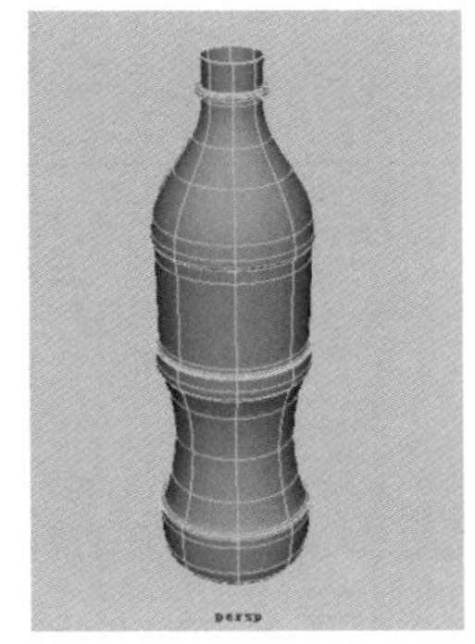

图 2—70　旋转曲线

3. 修改曲面段数

旋转好后选择曲面，点击通道盒按钮，在物体创建的构建历史，修改旋转出面的分段数。默认旋转为 Sections：8，根据瓶身和瓶底细节调整的需要将分段数改为 Sections：20，如图 2—71 所示。

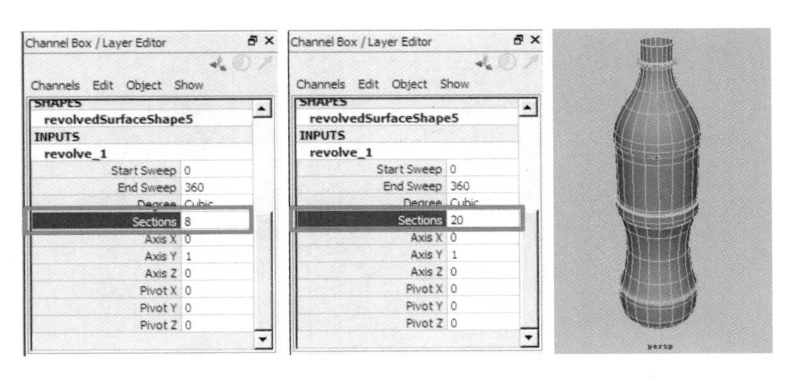

图 2—71　修改曲面段数

4. 调整细节

根据新增的分段数来修改瓶身的细节。选择瓶身曲面部分，右键选择 Control Vertex 控制点，使用移动工具移动 Control Vertex 控制点，调节出瓶身上流线的效果。注意要结合 Front 视图和 Side 视图来完成点的移动，调整出的图形为对称弧形，如图 2—72、图 2—73 所示。

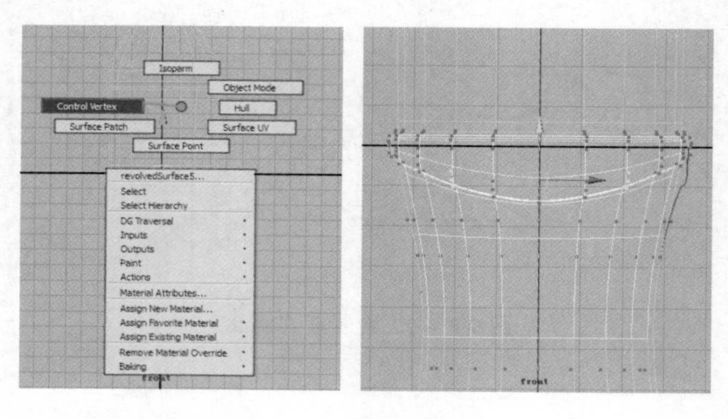

图 2—72　Front 视图瓶身曲面调整

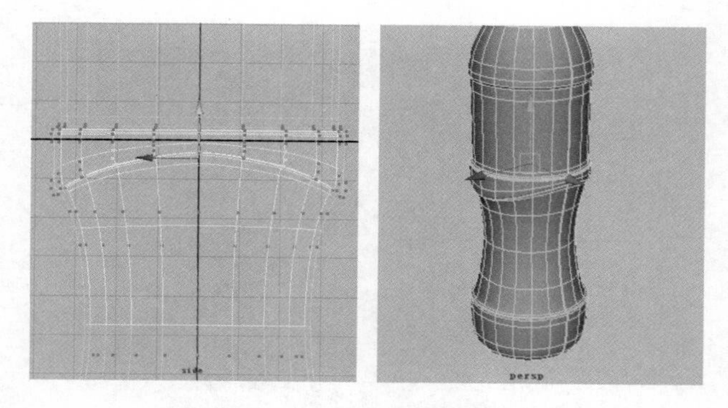

图 2—73　Side 视图瓶身曲面调整

修改瓶身下半部分的曲面效果，选择瓶身在通道盒中更改 Rotate Y：45；将瓶身沿着 Y 轴旋转 45 度，选择瓶身曲面并右键选择 Control Vertex 控制点，在 Front 视图和 Side 视图两个视图调整出对称弧形形状，如图 2—74、图 2—75 所示。

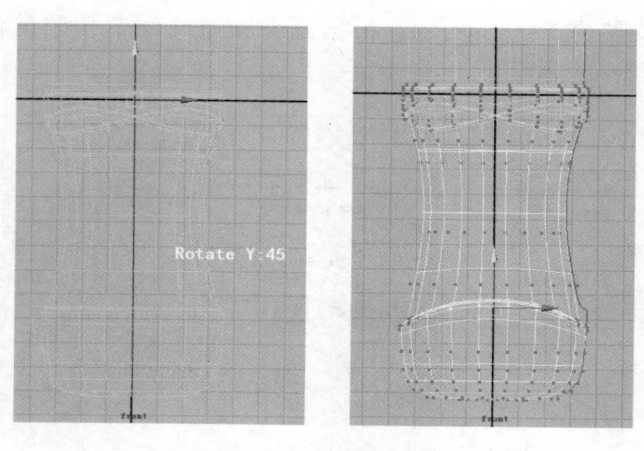

图 2—74　Front 视图瓶身曲面下半部分调整

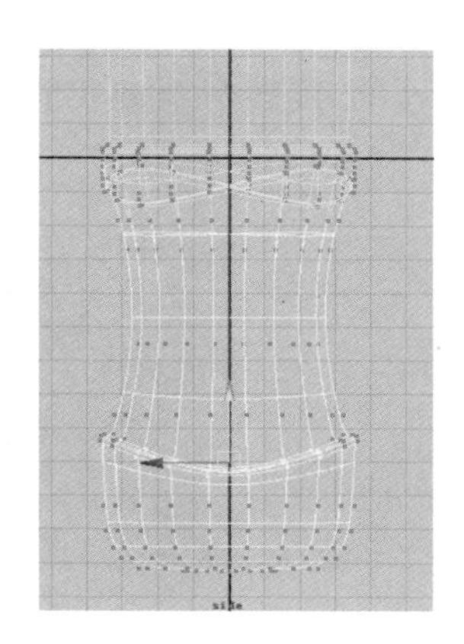

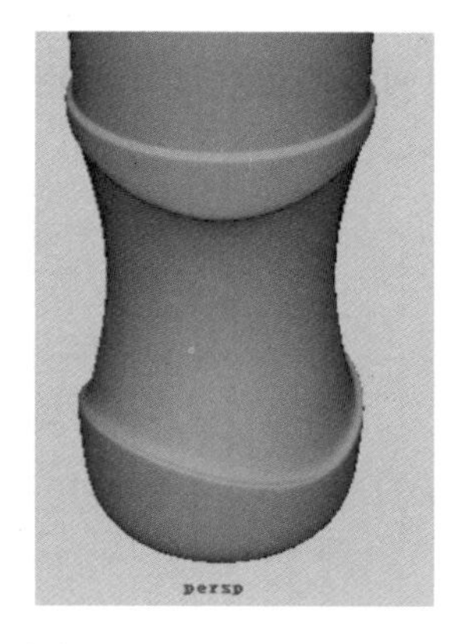

图 2—75　Side 视图瓶身曲面下半部分调整

5. 调整瓶子底部

调整制作瓶子底部，选择 Top 顶视图，用 Shift 键加选瓶底的 Control Vertex 控制点，如图 2—76 所示。

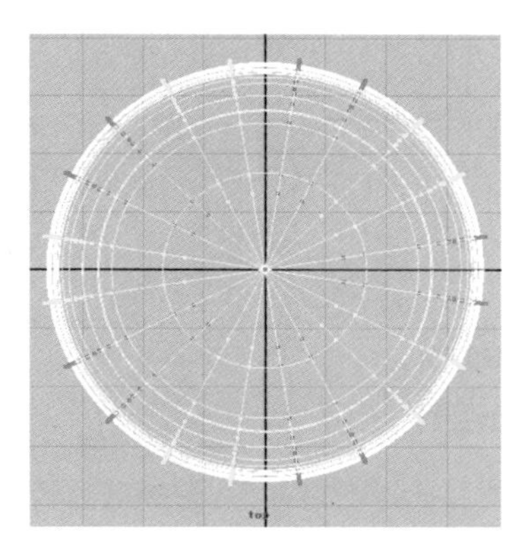

图 2—76　调整瓶子底部点

在 Front 视图或 Side 视图，按 Ctrl 键减选瓶身底部侧面不需要调整的控制点。向下移动选择好的点，调整出瓶底效果。调节点时要注意左右点的对称，如图 2—77 所示。

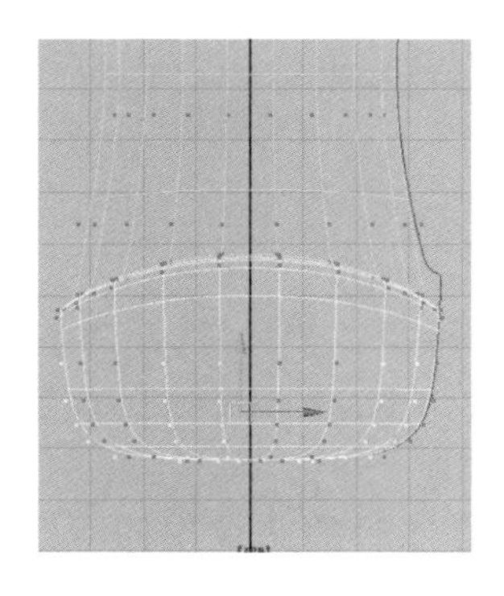

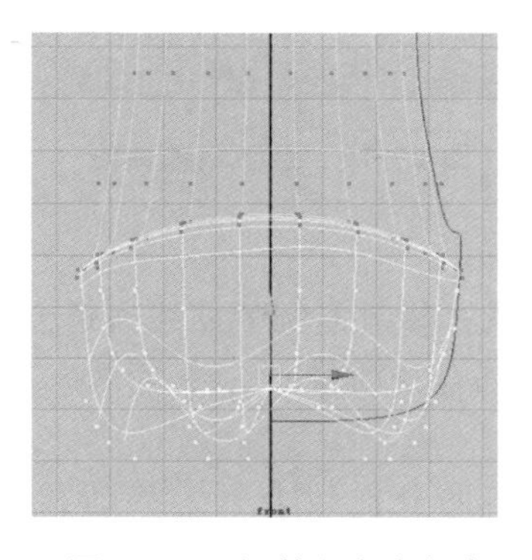

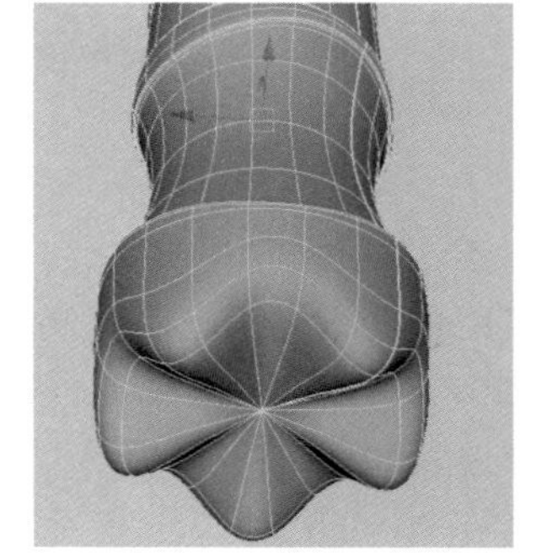

图 2—77　调整瓶身底部点

6. 制作瓶盖基本型

在 Front 视图创建两条瓶盖曲线，使用 Revolve 旋转命令旋转曲线，完成瓶盖基本型制作，如图 2—78 所示。

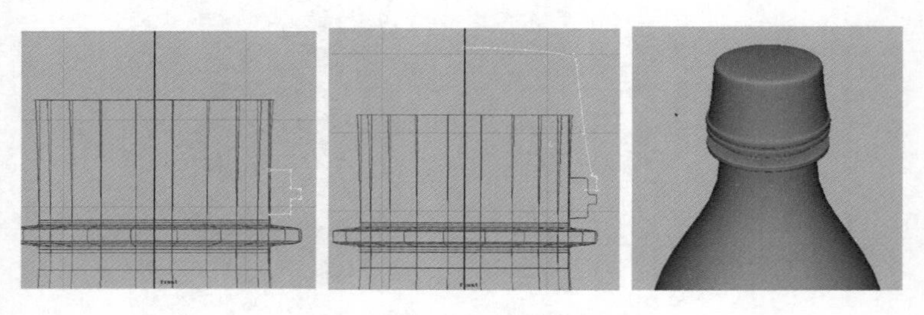

图 2—78　制作瓶盖基本型

7. 制作瓶盖细节

在 TOP 顶视图创建圆形曲线，更改通道盒属性参数，设置圆形曲线的点为 Sweep：90，分段数为 Sections：20；选择曲线并右键选择 Control Vertex 控制点，选择曲线间隔点，使用移动命令调整效果如图 2—79 所示。

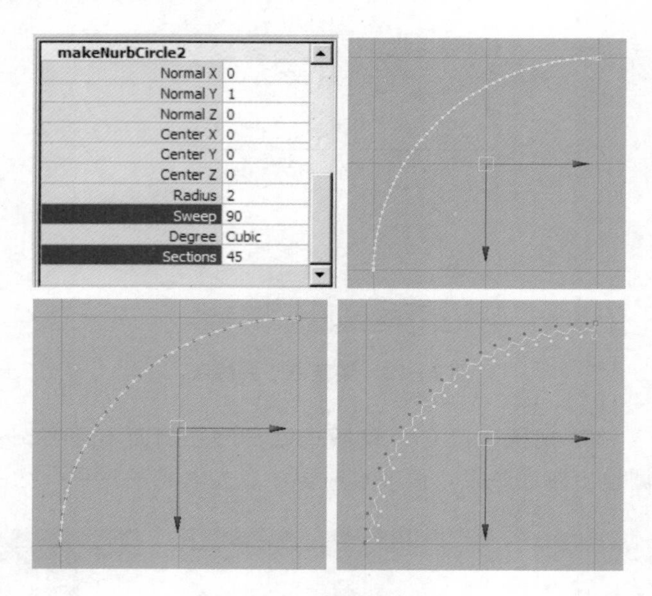

图 2—79　绘制瓶盖曲线

8. 合并曲线

使用快捷键 Ctrl+D 复制曲线，修改复制的曲线通道盒 Scale X：−1。选择两条曲线，打开 Edit Curves/Attach Curves（合并曲线）命令对话框，取消 Keep originals 保留原始线的勾选，如图 2—80 所示。

执行 Attach Curves 命令，将两条曲线合并。移动调整合并后的曲线中间点，如图 2—81 所示。

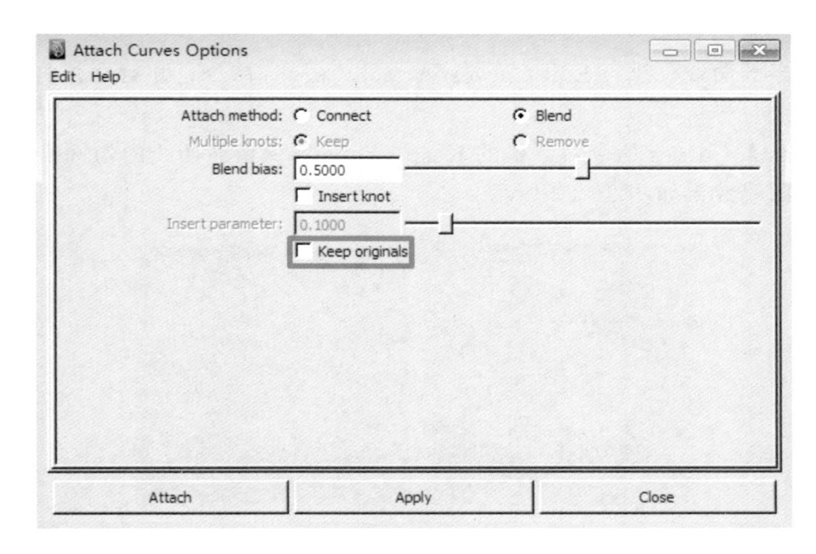

图 2—80 合并曲线对话框

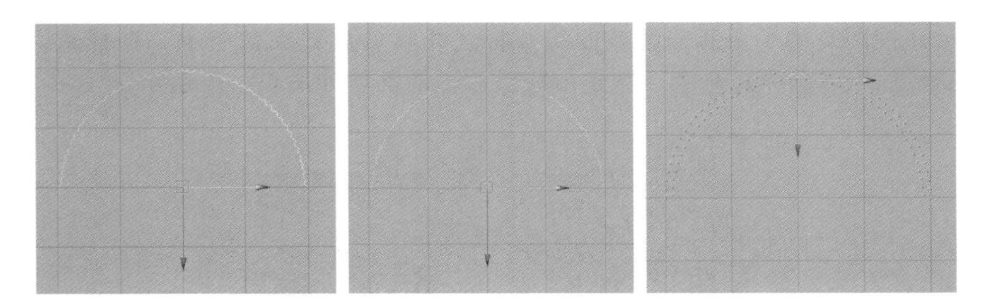

图 2—81 合并曲线

9. 反转曲线方向

选择合并后的半圆曲线，使用快捷键 Ctrl＋D 再复制出一条曲线，更改复制曲线通道盒 Scale Z：－1。

在视图中选择两条曲线并右键进入到 Control Vertex 控制点模式，这时两条线的起点对起点，终点对终点，该显示是不能完成合并曲线命令的。要合并曲线，首先要将其中一条曲线的方向进行反转。操作方法：选择其中的一条线，执行 Edit Curves/Reverse Curve Direction（反转曲线方向）命令，更改其中的一条曲线的起始点位置，反转曲线方向，如图 2—82 所示。

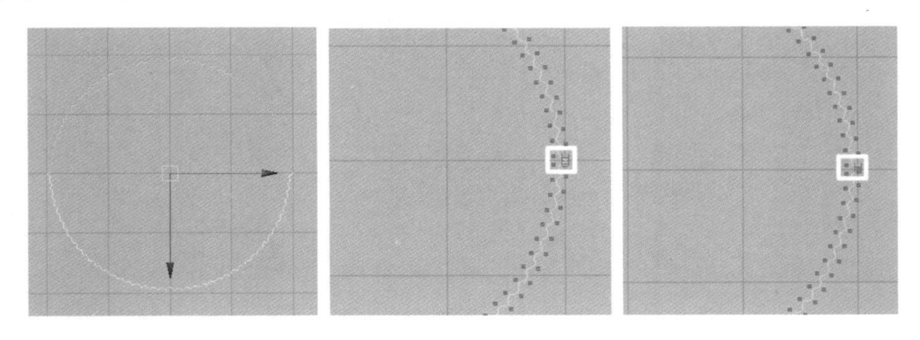

图 2—82 反转曲线方向

10. 合并曲线

选择两条半圆曲线，执行 Edit Curves/Attach Curves 命令，并对合并曲线的中间点进行调整。

注意：Attach Curves 命令对话框的 Keep originals 保留原始线的勾选要取消。

合并后的曲线效果如图 2—83 所示。

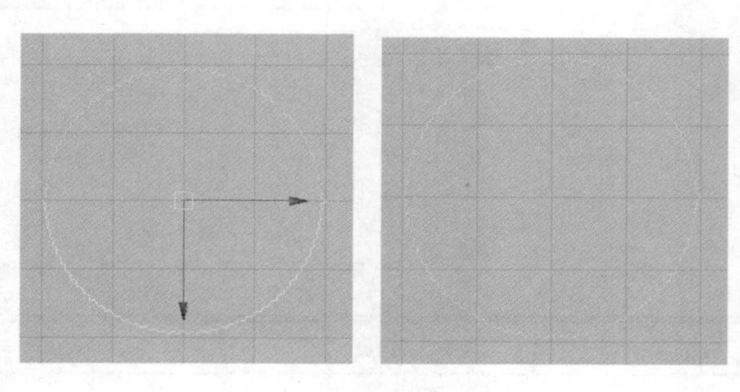

图 2—83 合并曲线

11. 放样曲面

在 Front 视图复制一条瓶盖细节曲线，将曲线移动放置在盖子上，选择这两条曲线。执行 Surface/Loft（放样）命令，创建出瓶盖放样曲面，如图 2—84 所示。

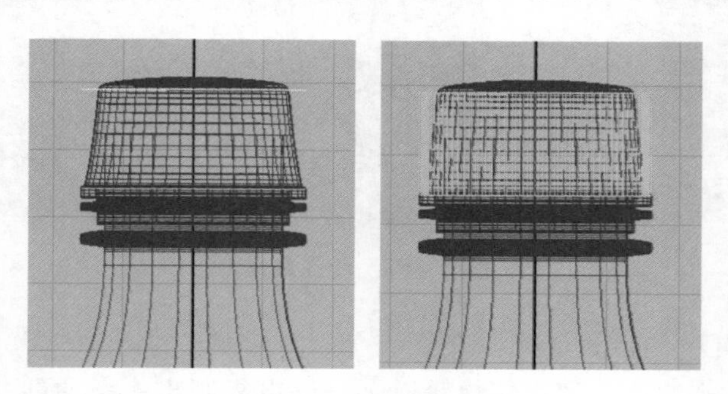

图 2—84 放样曲线

12. 调整瓶盖曲面

选择瓶盖曲面，右键进入曲面 Hull 壳模式，选择瓶盖曲面最上方的壳，使用缩放工具沿中心缩小，调整曲面与盖子外形匹配。完成可乐瓶盖的制作，如图 2—85 所示。

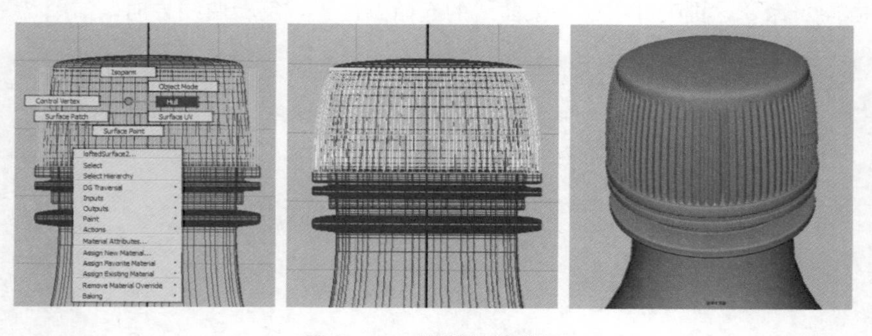

图 2—85 调整瓶盖曲面

2.3.3 制作煤油灯

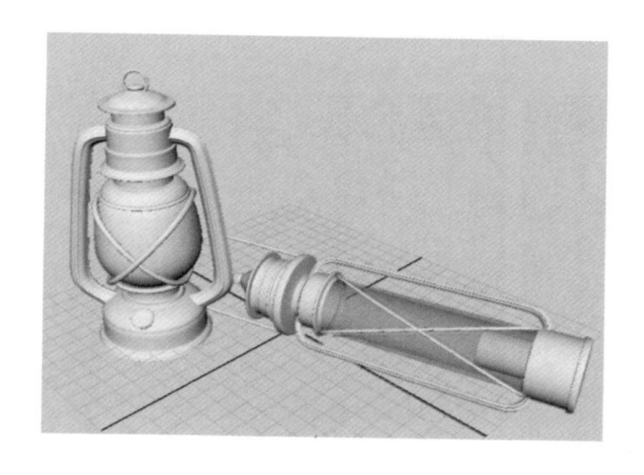

1. 制作煤油灯底座

在 Front 视图，绘制煤油灯底座曲线。

注意：曲线的第一个点和最后一个点要吸附在中间黑色栅格线上。

曲线绘制完毕后选择曲线，使用 Revolve 命令完成曲线旋转，制作出煤油灯底座效果，如图 2—86 所示。

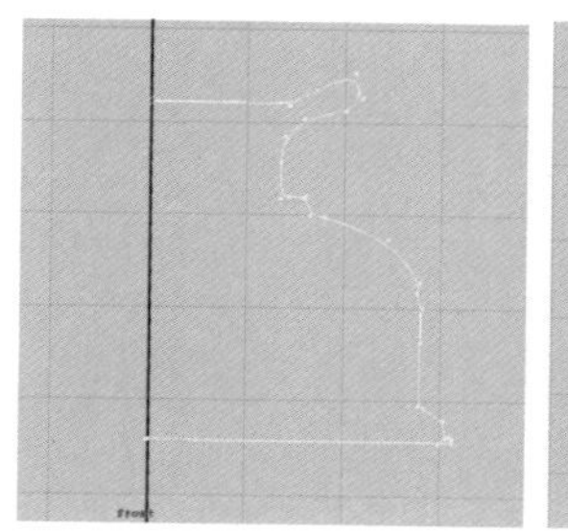
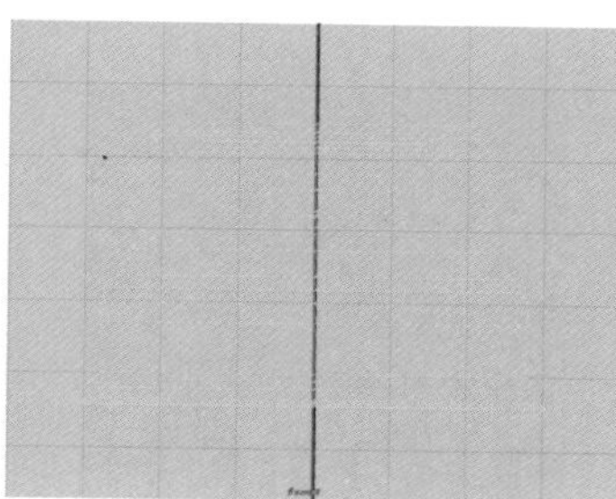
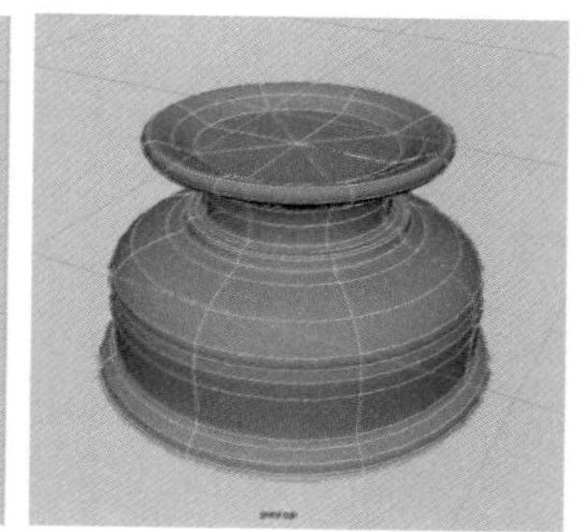

图 2—86 制作煤油灯底座

2. 创建煤油灯玻璃曲面

在 Front 视图创建煤油灯玻璃部分的曲线，注意绘制的曲线是非闭合状态，要执行曲线闭合命令将曲线闭合。

执行菜单 Edit Curves/Open/Close Curves（打开或者闭合曲线）命令，将曲线闭合。

执行 Revolve 命令完成曲面旋转，如图 2—87 所示。

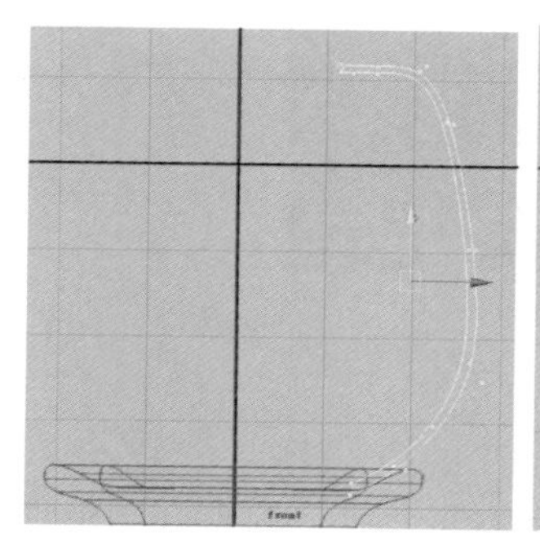
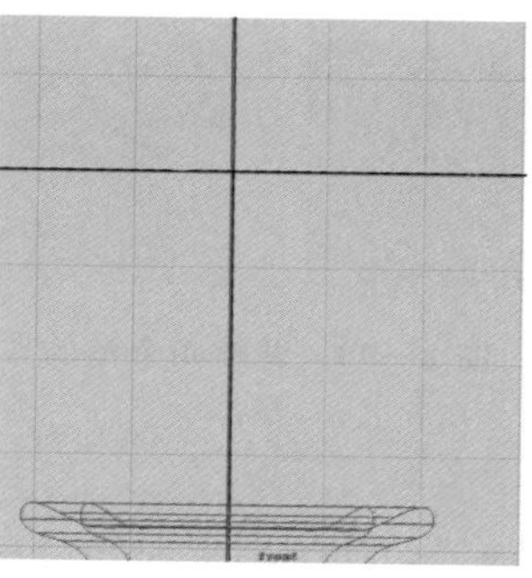
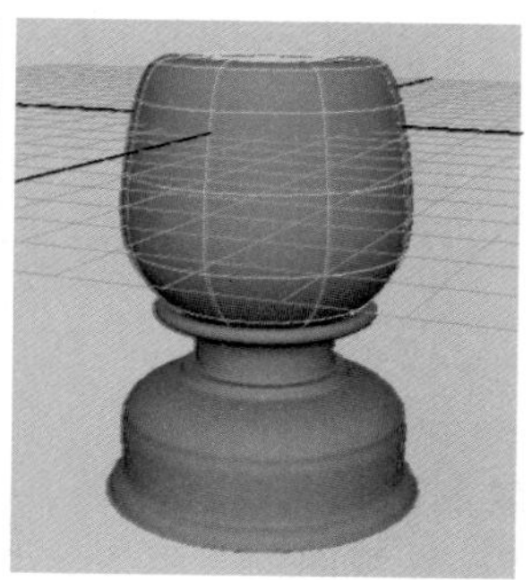

图 2—87 创建煤油灯玻璃曲面

3. 创建煤油灯盖曲面

在 Front 视图创建出煤油灯盖曲线，执行 Revolve 命令完成曲线旋转，如图 2—88 所示。

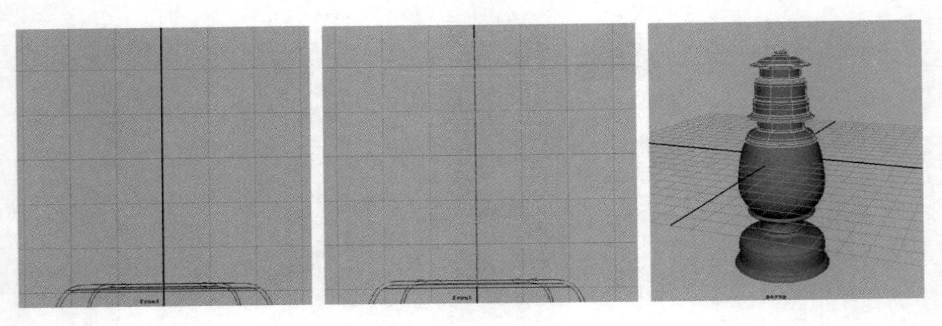

图 2—88 创建煤油灯盖曲面

4. 创建煤油灯把手圆形曲线

在 TOP 顶视图创建圆形曲线 General Curves 。更改圆线的点数，在视图中选择圆线，打开圆形曲线属性通道盒 ，将圆的点数设置 Sections：32，如图 2—89 所示。

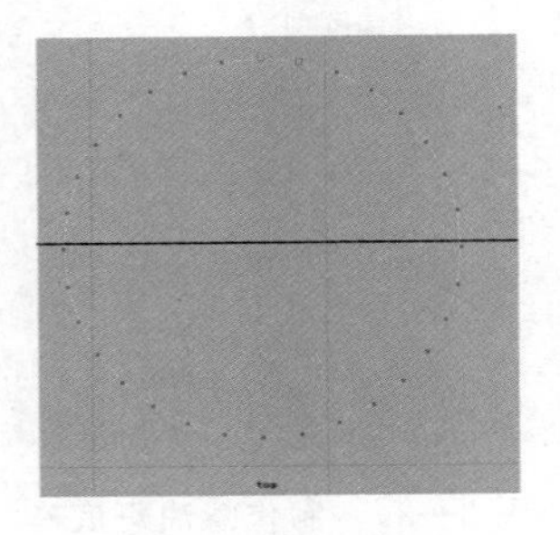

图 2—89 修改圆形曲线点数

选择四个角的各 5 个点进行编辑，调整点的形状，如图 2—90 所示。

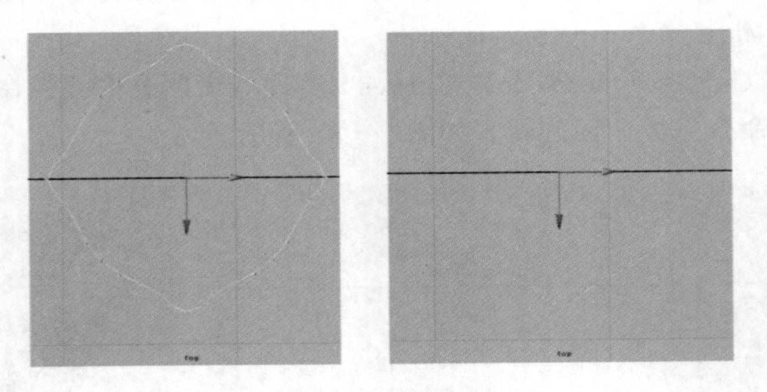

图 2—90 调整四个角的点

5. 复制圆形曲线

在 Front 视图创建两条参考曲线，用于圆形曲线复制的参考线。调整好圆形曲线的位置，按快捷键 Ctrl+D 复制多个圆形曲线，结合移动、旋转、缩放等工具进行调整。复制后的效果如图 2—91 所示。

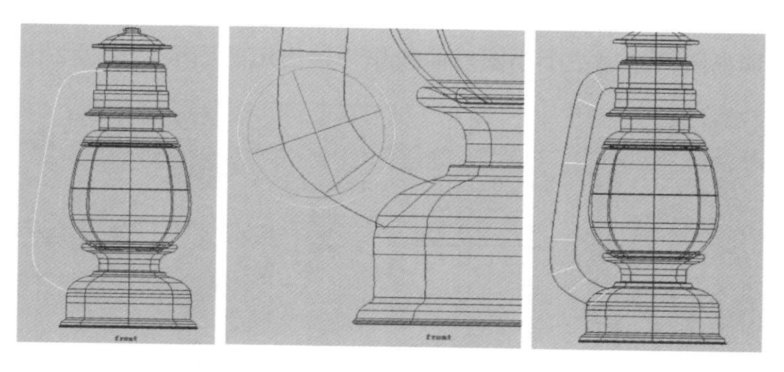

图 2—91　复制圆形曲线

6. 放样曲面

按顺序从上到下，或者从下到上依次选择圆形曲线，执行 Surface/Loft 命令，放样出煤油灯左边把手部分曲面，如图 2—92 所示。

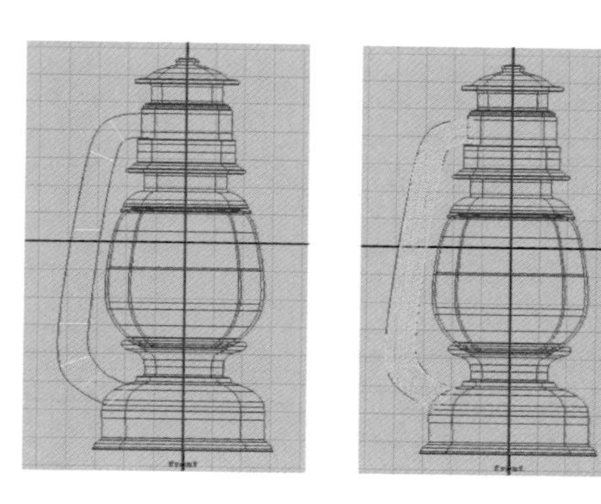

图 2—92　放样曲面

按快捷键 Ctrl+D 复制把手，在通道盒更改 Scale X：−1，镜像把手并移动到相应的位置，完成把手制作，如图 2—93 所示。

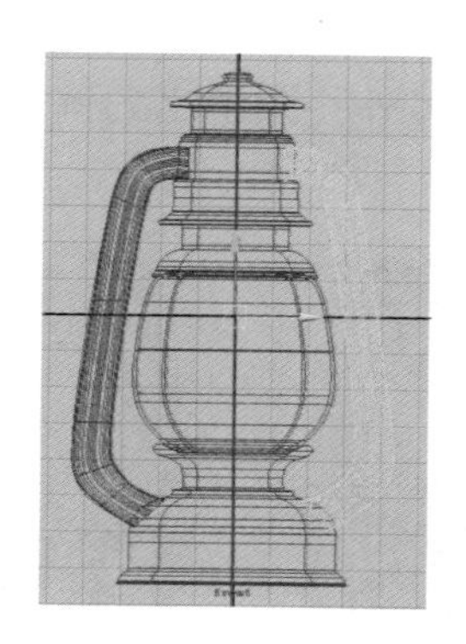

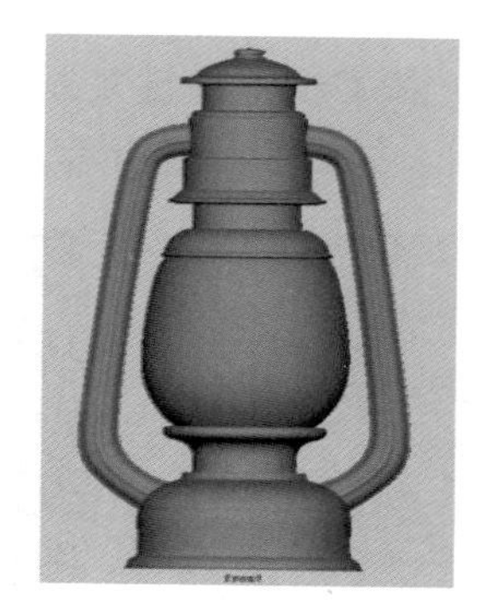

图 2—93　复制把手曲面

7. 挤出圆形曲线

在 TOP 顶视图创建一个圆形曲线，通过缩放、旋转工具调整圆形，将其包裹煤油灯壶身体部分。

再在 TOP 顶视图再创建一个小圆形曲线作为挤出用的图形，如图 2—94 所示。

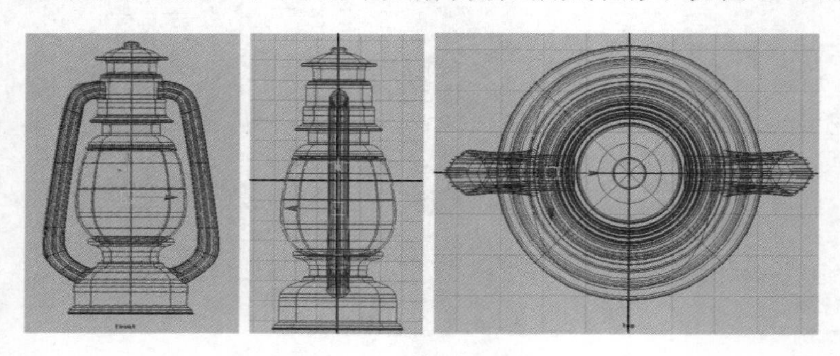

图 2—94 创建圆形曲线

先选择小圆形曲线，再按 Shift 键加选包裹煤油灯壶身体部分的大圆曲线，点击菜单 Surface/Extrude 命令属性对话框。修改 Result position 挤出类型选择为：At path；Pivot 轴心点选择 Component，执行该命令，如图 2—95 所示。

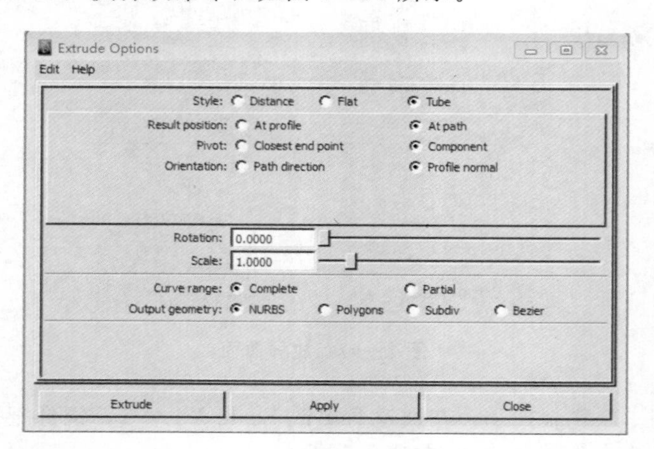

图 2—95 挤出参数设对话框置

完成挤出曲面操作，按 Ctrl＋D 键复制出另外一条挤出的圆形曲面，在通道盒更改 Scale X：－1，镜像曲面，如图 2—96 所示。

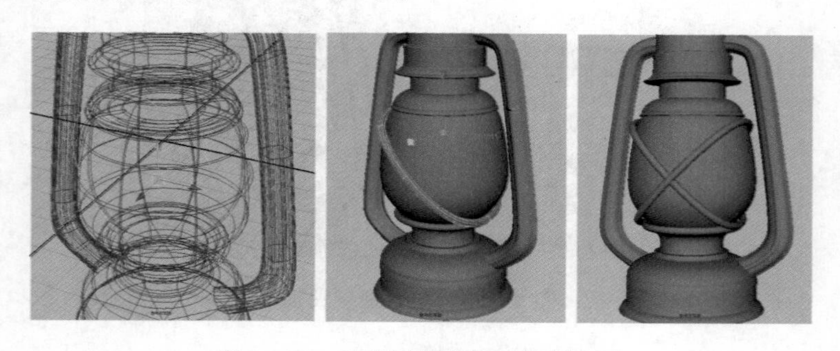

图 2—96 挤出圆形曲线、复制曲面

8. 制作螺帽

在 Side 边视图绘制一条曲线，注意曲线要围绕着 Side 边视图的横向的黑色栅格线进行绘制，如图 2—97 所示。

图 2—97 绘制曲线

绘制好曲线后选择 Surface（曲面菜单）/Revolve 命令并打开旋转属性对话框，选择 Axis preset：Z 轴，执行旋转命令完成螺帽制作，如图 2—98 所示。

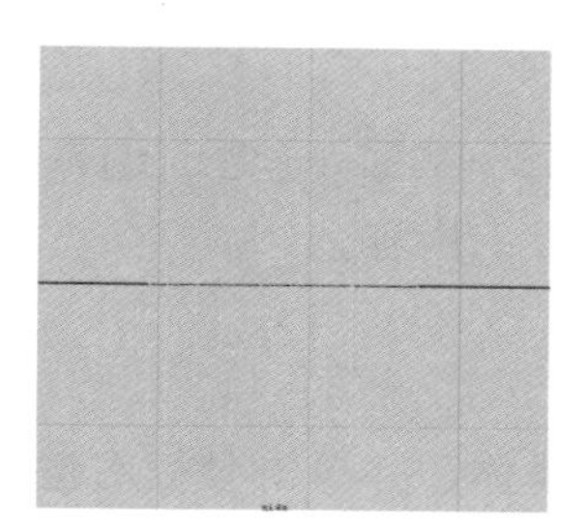

图 2—98 旋转曲线

9. 制作提手

在 Front 视图创建一个圆形曲线作为煤油灯的提手路径曲线，在 Top 视图创建一个较小的圆形曲线为煤油灯提手的挤出图形部分，先选择小的圆形曲线再加选大提手圆形曲线，执行 Extrude 命令，挤出提手曲面，如图 2—99 所示。

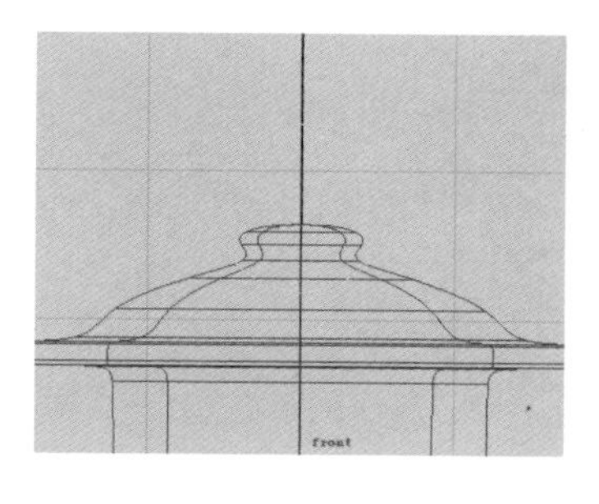

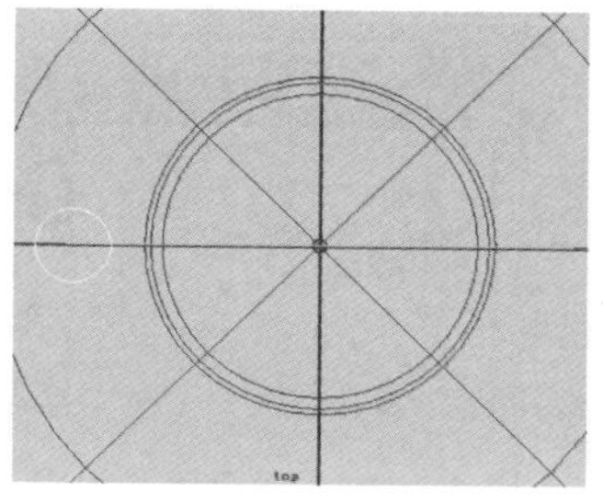

图 2—99 制作提手

完成煤油灯模型制作，如图 2—100 所示。

图 2—100　煤油灯模型

2.4　编辑曲面

Edit NURBS 菜单包括了曲面编辑的所有命令。Maya 曲面编辑命令很多的工具与曲线编辑命令操作几乎相同，编辑曲面主要包括以下内容。

2.4.1　曲面元素

通常用户编辑曲面元素都是在视图中选择物体，并单击鼠标右键进入曲面元素编辑属性，如图 2—101 所示。

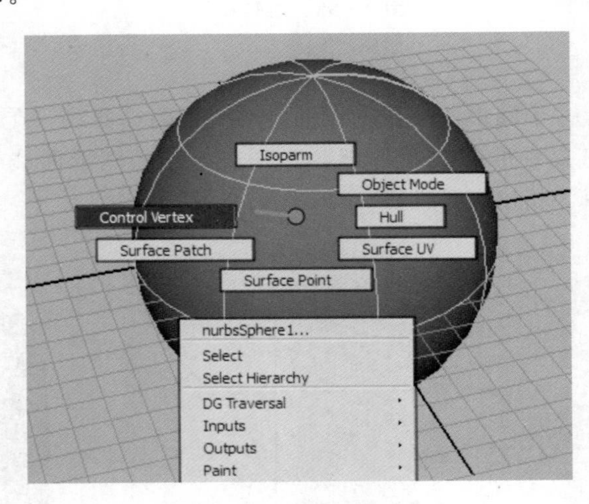

图 2—101　曲面元素编辑

这些曲面元素主要包括以下几点。

(1) Control Vertex：CV 控制点，可以选择曲面上的 CV 控制点，对曲面进行变换操作。

(2) Isoparm：Iso 参数线，可以选择曲面上的线，也可以在曲面上任意选择一个不存在的曲线，进行添加或者分离曲面。该选项不能直接进行变换操作，要结合编辑曲面命令完成操作。

（3） Surface Patch：曲面面片。该选项只能进行曲面的选择，不能进行其他变换操作，是用来结合编辑曲面命令完成一些操作。

（4） Hull：可以选择 U 向和 V 向的一列控制点。通过选择一列控制点对物体进行变换操作和编辑。

（5） Surface Point：曲面点，在曲面上可以自由选择曲面的点，该选项不能进行变换操作，要结合编辑曲面命令才能完成一些操作。

2.4.2 编辑曲面命令

1. Duplicate NURBS patches

Duplicate NURBS patches（复制曲面上的面）是将曲面的某个局部的曲面单独复制出来，成为一个独立的曲面。操作方法：右键进入到曲面的模式，选择要复制的局部曲面，执行此命令，完成的独立曲面如图 2—102 所示。

图 2—102 复制曲面上的面

2. Project Curve on Surface

Project Curve on Surface（曲线投射到曲面）命令，这条投射在曲面上的曲线可以用来制作剪切、对接曲面、制作路径动画等效果。

曲线投射时的参考方向，可在 Project Curve on Surface 投射曲线到该曲面的属性对话框进行设置。打开对话框：Active view，指以选择好的视图观察的视角为方向，将曲线投射到曲面；Surface normal，以曲面的法线方向投射到曲面。

操作方法：先选择好投射视图，选择曲线并 Shift 加曲面，执行此命令完成曲线投射到曲面操作，如图 2—103 所示。

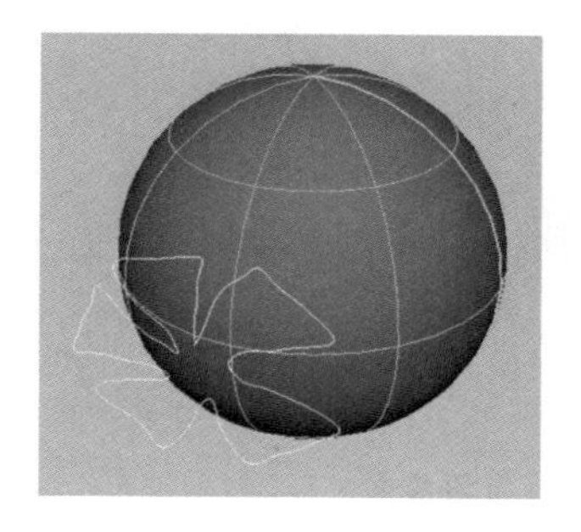
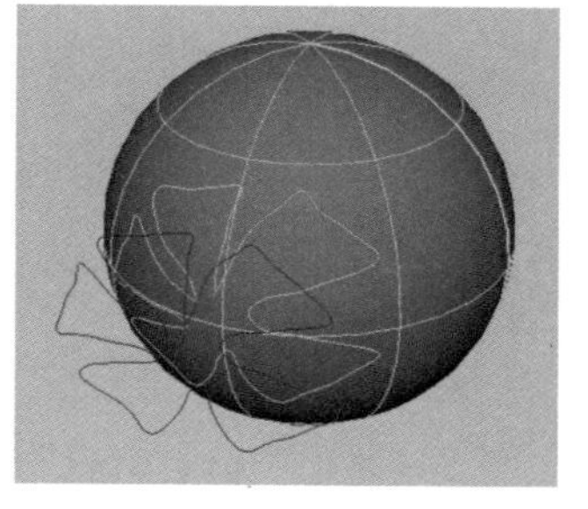

图 2—103 曲线投射到曲面

3. 相交曲面

曲面相交，可以求出两个曲面的相交的曲线，相交的曲线依附在曲面上，如图 2—104 所示。

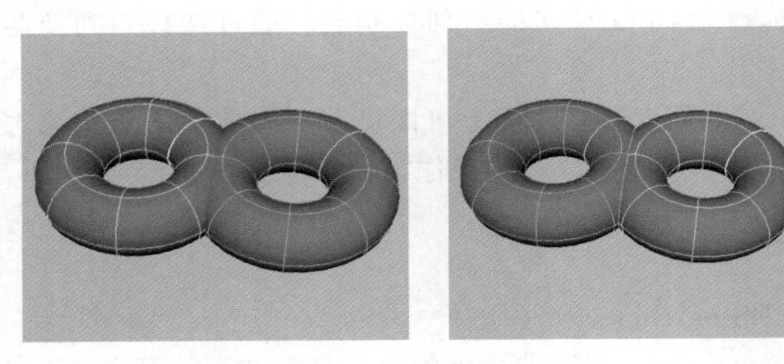

图 2—104 相交曲面

该命令可结合剪切命令配合使用，通过相交曲面生成相交线，执行剪切命令可剪出相交后的图形效果。

4. Trim Tool

Trim Tool（剪切工具）可以剪出曲面上的封闭曲线。

操作方法：选择曲面，选择该工具，这时曲面会变成白色网格的形态。使用鼠标左键点击需要保留部分的面，点击后会出现标记点，需要几个面就选择几个面，选择完曲面后按回车键即可完成曲面剪切，如图 2—105 所示。

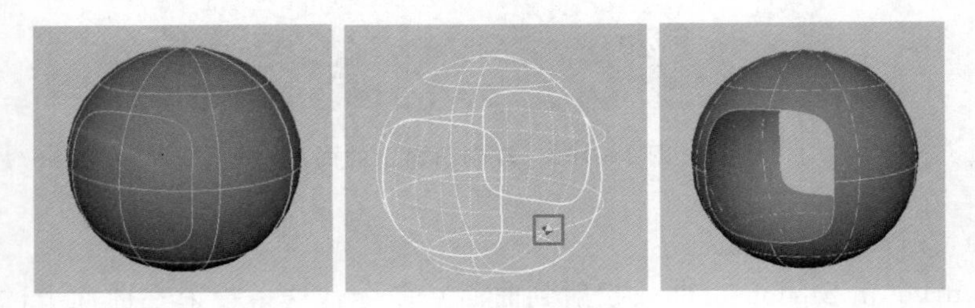

图 2—105 剪切工具

5. Untrim Surfaces

Untrim Surfaces（还原剪切曲面）是指将已经执行了 Trim Tool 命令后的曲面，恢复到剪切前的状态，如图 2—106 所示。

注意：剪切时如果该设置对话框打开了 Shrink surface 收缩曲面，剪切将无法还原。

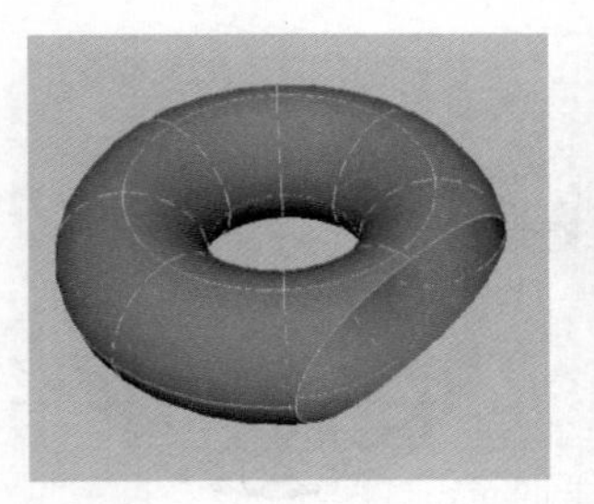

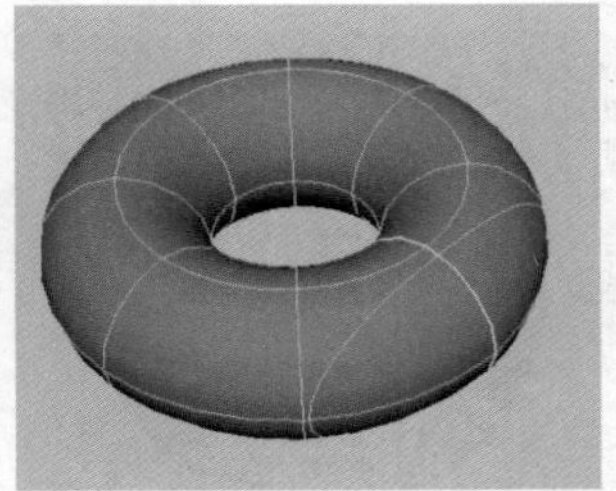

图 2—106 还原剪切曲面

6. Booleans

Booleans（布尔运算）命令包含了曲面的 Union（并集）、Difference（差集）和 Intersection（交集）三种布尔运算方法。它可以计算出两个相交的曲面之间的并集、交集或者差集的运算效果。

（1）Union：是指两个面相交，布尔运算让两个相交的 NURBS 曲面合并为一个整体，相交的部分自动清除。

（2）Difference：是指两个相交面，通过布尔运算后只保留两个相交的曲面，一个减去另外一个多边形剩下的部分。

（3）Intersection：是指两个相交面，通过布尔运算后只保留相交曲面的部分，其他部分的曲面自动删除，如图 2—107 所示。

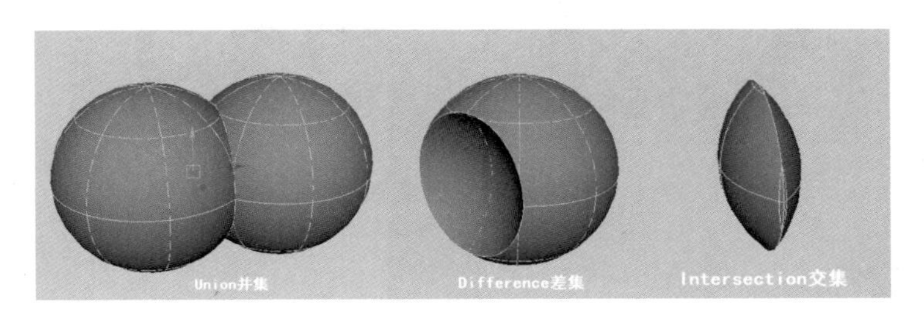

图 2—107　布尔运算

操作方法：选择 Booleans 布尔运算命令，点击需要运算的一个物体按回车键，再点击另一个物体按回车键，完成布尔运算。

7. Attach Surfaces

Attach Surfaces（合并曲面）是将两个独立的 NURBS 曲面合并为一个独立的曲面。此操作选择两个曲面上指定的 Iso 线执行命令。

合并曲面连接的方式有 Connect 连接方式和 Blend 融合方式两种。

Connect 连接方式，不会改变曲面的形状进行合并。

Blend 融合方式，两个面之间合并会产生光滑的过渡面，原始的曲面部分产生略微的变形，如图 2—108 所示。

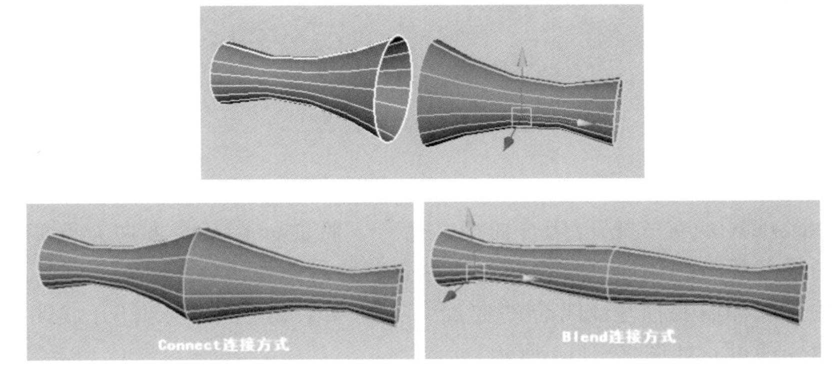

图 2—108　合并曲面

8. Detach Surfaces

Detach Surfaces（分离曲面）是将一个完整的曲面分离开成若干个部分。

操作方法：选择曲面右键选择的 Iso 线选项，在 Iso 结构线选择的模式下，选择曲面要分离部分的 Iso 线，执行分离曲面命令，即可将一个完整的曲面分成若干个独立曲面，如图 2—109 所示。

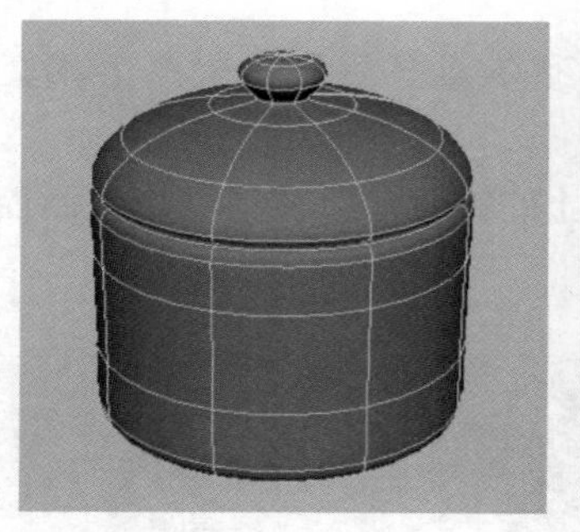
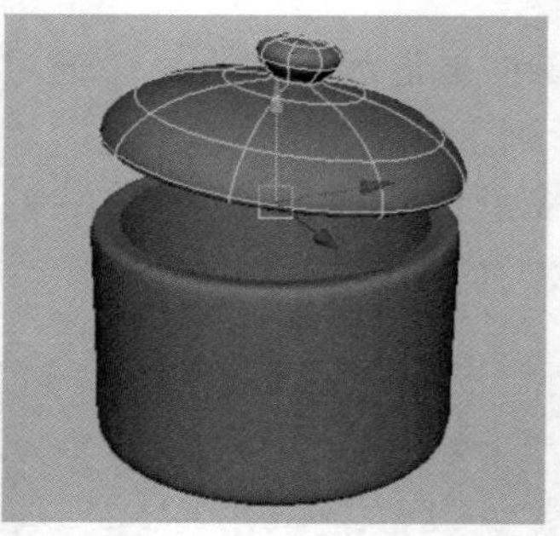

图 2—109　分离曲面

9. Align surface

Align surface（对接曲面）是将两个独立曲面按照指定的 Iso 线进行对接，并保持两个面的连续性，形成无缝结合。

对接后，系统默认将先选择的曲面移动到后选择的曲面上，此操作也可在对接参数对话框进行更改。

对接后的面也可以在对接曲面属性对话框进行设置对接的面是两个独立的面，还是将两个独立的曲面结合为一个独立物体，如图 2—110 所示。

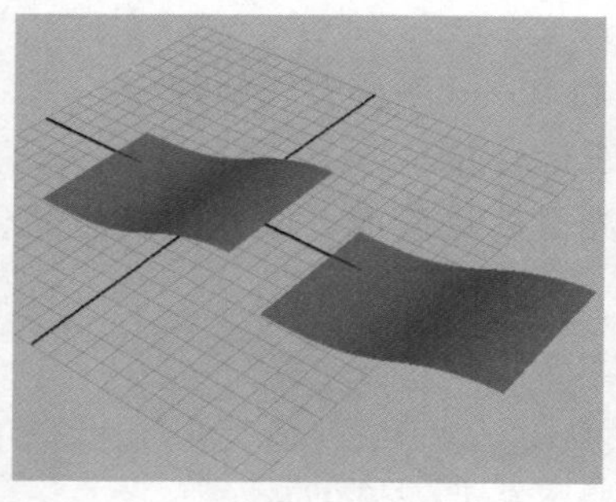
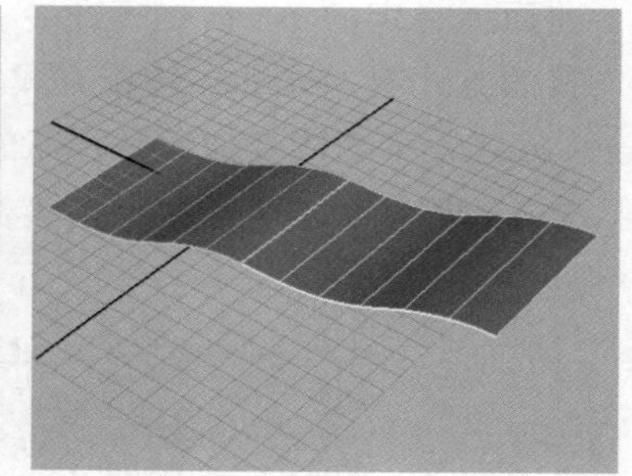

图 2—110　对接曲面

10. Open/Close Surfaces

Open/Close Surfaces（打开/闭合曲面）命令，将曲面在某个方向有开阔的曲面进行闭合曲面。如果是封闭的曲面，将会在起点处打断并打开曲面。

操作方法：选择需要打开或闭合的曲面，在选项对话框中指定打开或闭合的方向设置，执行此命令即可，如图 2—111 所示。

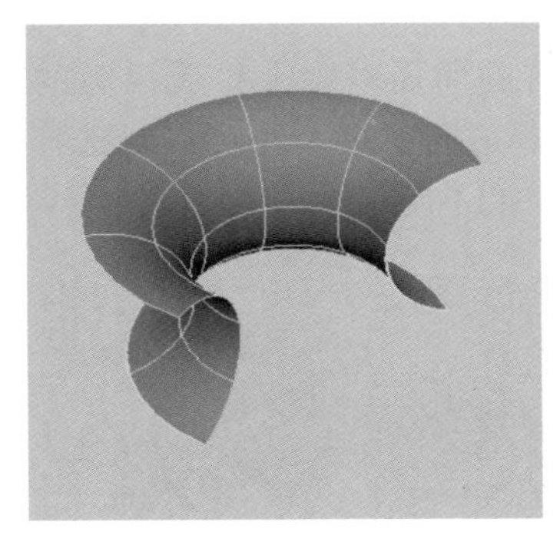
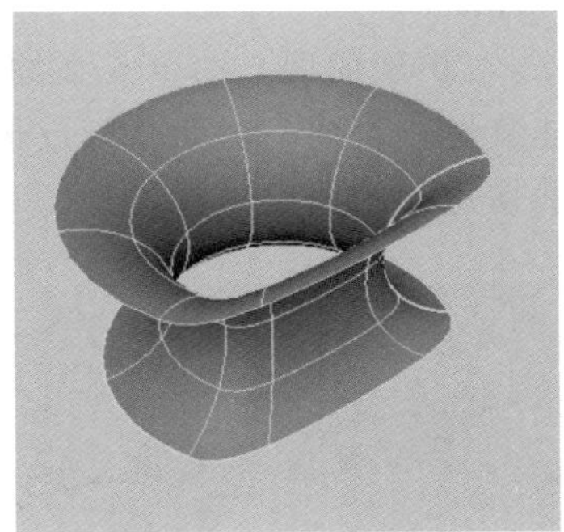

图 2—111　闭合曲面

11. Move Seam

Move Seam（移动表面接缝）的操作方法是选择曲面并右键选择 Iso 线，在曲面上选择一条 Iso 曲线，执行命令即可移动接缝到制定的 Iso 线位置上，如图 2—112 所示。

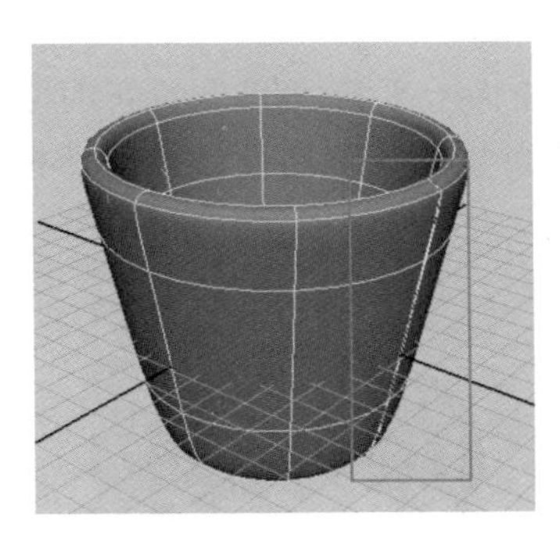
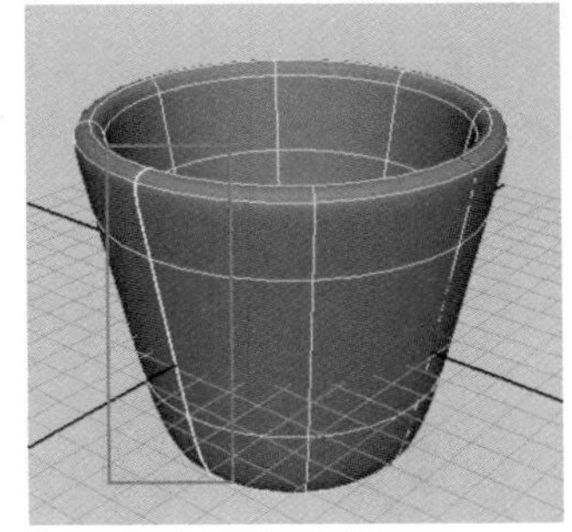

图 2—112　移动表面接缝

12. Insert Isoparms

Insert Isoparm（插入 Iso 线）命令是指在不改变曲面形状的基础上，对曲面需要细节的地方增加曲线。通过添加的 Iso 结构曲线，能够更方便对曲面精细部分的修改。

操作方法：选择曲面，右键选择 Iso 曲线模式，在曲面上插入 Iso 线，也可配合 Shift 键，同时加选多根 Iso 线，执行此命令即可插入曲线，如图 2—113 所示。

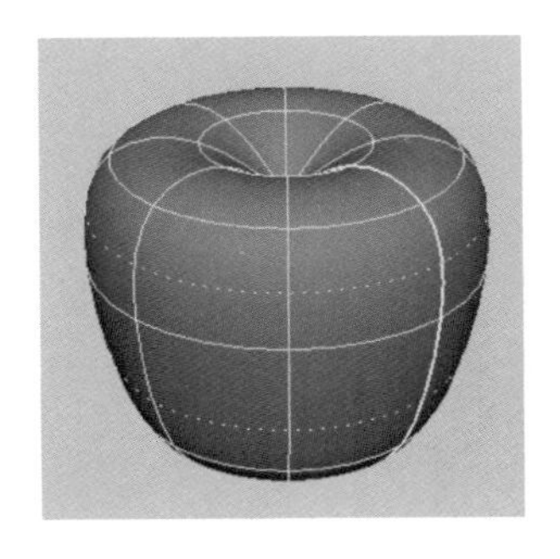
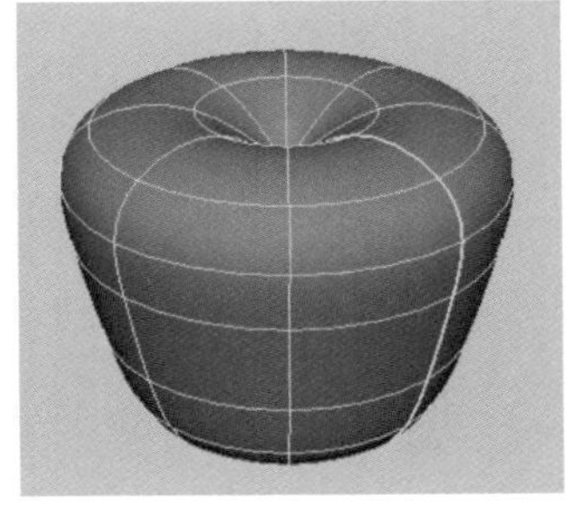

图 2—113　插入 Iso 线

13. Extend Surface

Extend Surface（扩展曲面）命令是在原有的曲面基础上扩展出新的曲面的部分，并保持与原曲面的连续性。可同时对四个开放边界进行扩展，也可以对选择的某个边界进行扩展，但不针对剪切边界的曲面扩展，如图 2—114 所示。

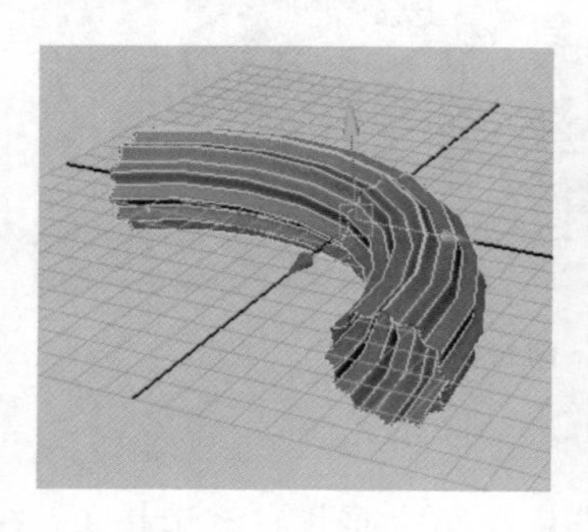
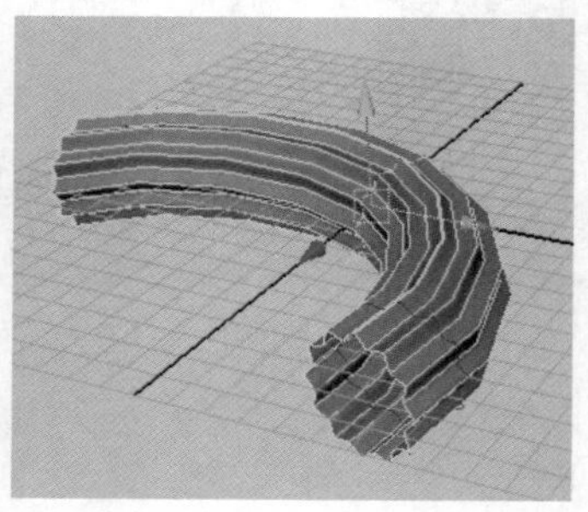

图 2—114　扩展曲面

14. Offset Surfaces

Offset Surfaces（偏移曲面）是在原有的曲面上平行复制出的新的曲面，复制出来的曲面与原有的曲面产生一定的距离，偏移距离可以在偏移曲面参数对话框进行设置，如图 2—115 所示。

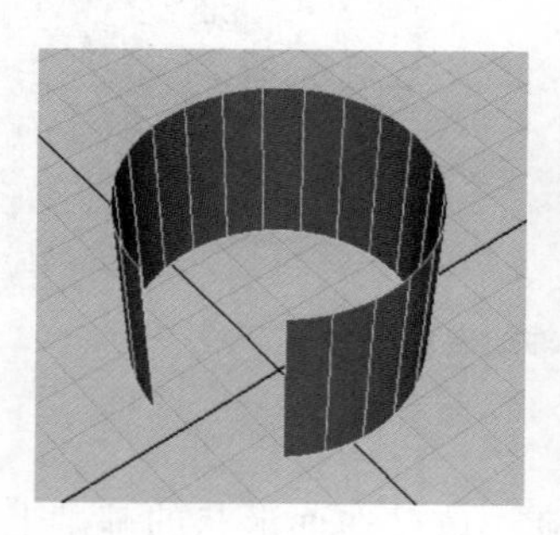
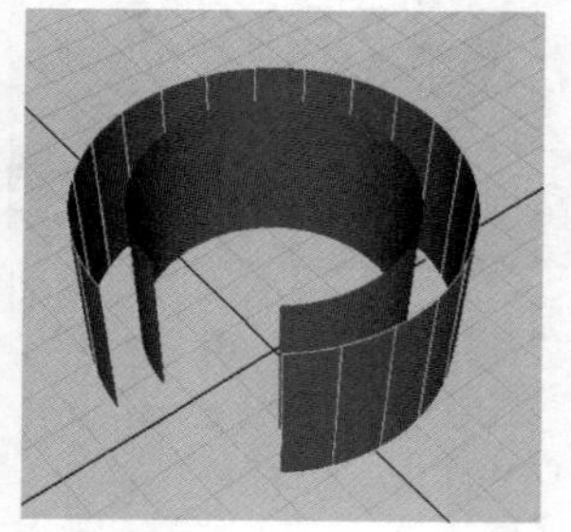

图 2—115　偏移曲面

15. Reverse Surfaces Direction

Reverse Surfaces Direction（反转曲面方向）是用来改变曲面 UV 方向，反转曲面的法线方向的，如图 2—116 所示。

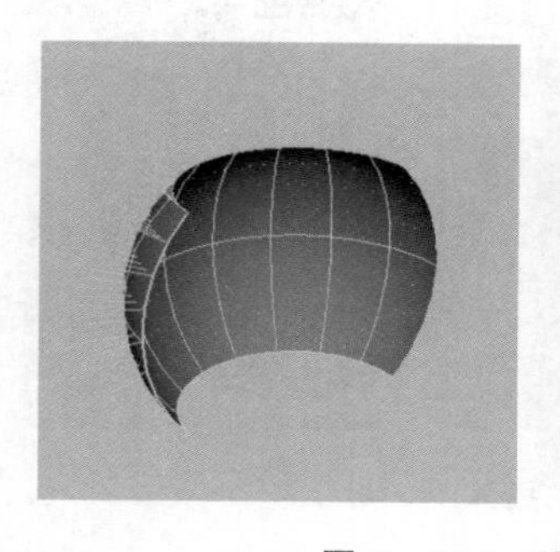
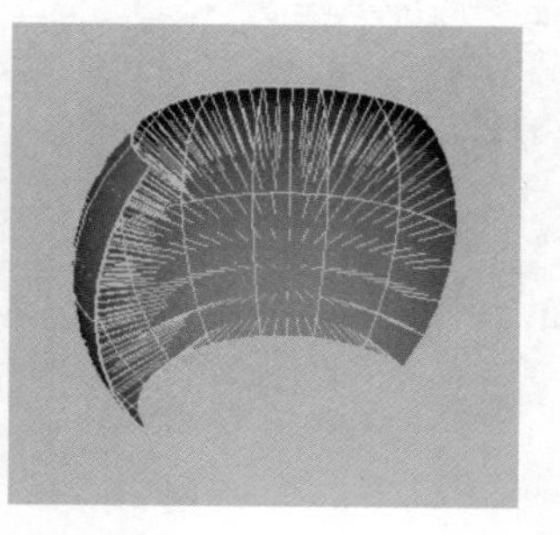

图 2—116　反转曲面方向

16. Rebuild Surfaces

Rebuild Surfaces（重建曲面）是指曲面在原有的 Iso 参数线数目的基础上，重新分布设置曲线参数。在原始曲面形状不变的基础上，可增加或者精简曲线，如图 2—117 所示。

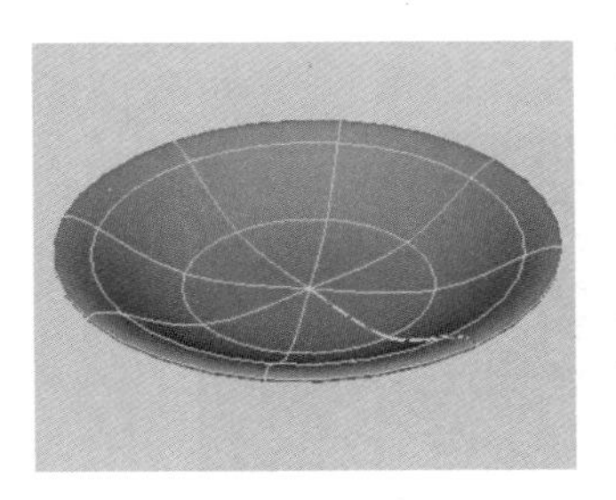
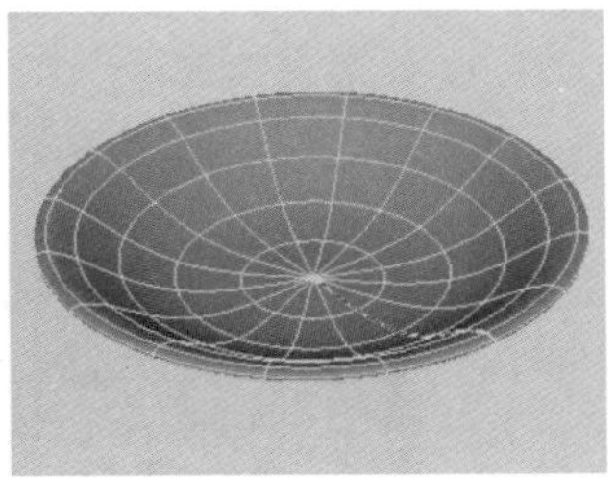

图 2—117　重建曲面

17. Round Tool

Round Tool（圆角工具）指在两个曲面的共享边界处创建一个圆形角，形成光滑的曲面。

操作方法：鼠标在共享的边界拖曳绘制两个面，会出现一个黄色的半径调节器出来，调节好后回车完成圆角曲面创建；也可以右键选择两个面的边界线，再选择该命令，同样会出现一个黄色的半径调节器出来，调节好后回车完成圆角曲面创建，如图 2—118 所示。

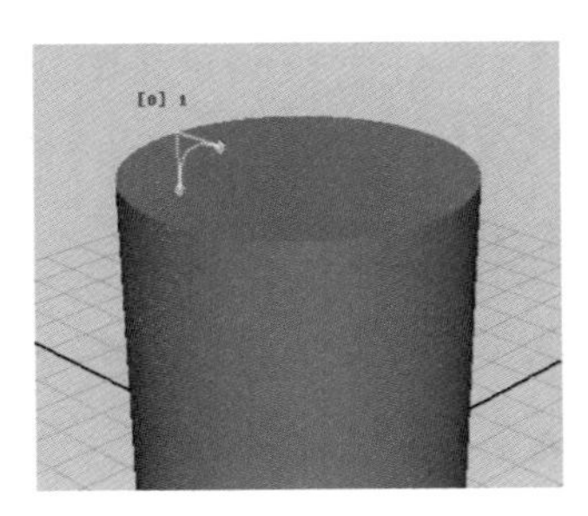

图 2—118　圆角工具

18. Surfaces Fillet

Surfaces Fillet（曲面圆角）是指在曲面间创建光滑的过渡曲面，它包含了三个工具：Circular Fillet（圆形填角）、Freeform Fillet（自由圆角）和 Fillet Blend（填角融合）。

（1）Circular Fillet：将两个相交的曲面之间创建制作出光滑的圆角曲面，如图 2—119 所示。

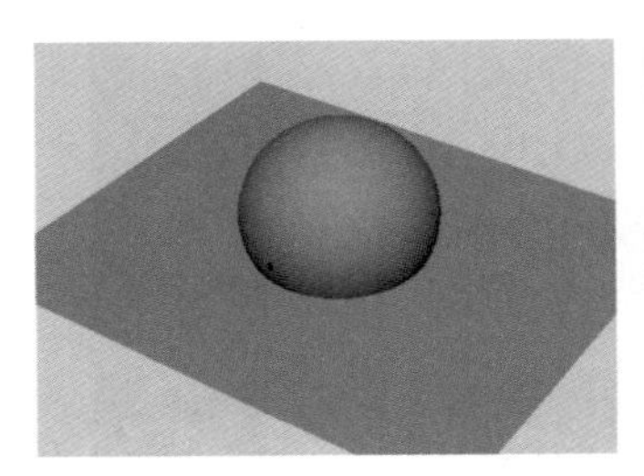

图 2—119　曲面圆角

（2）Freeform Fillet：是指两个指定的曲线之间产生圆角。两个曲面之间可以是相交的，也可以是不相交的。

操作方法：配合 Shift 键选择两条曲面需要产生圆角的线，右键选择线时根据需要选择，有时是选择曲面的 Iso 线，有时是选择曲面的剪切边线，执行自由圆角命令，效果如图 2—120 所示。

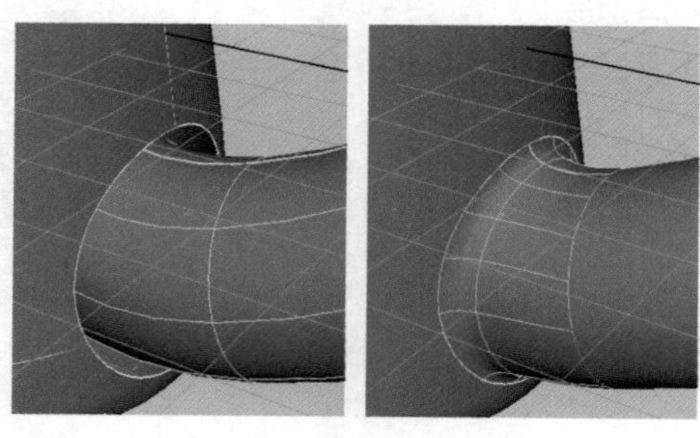

图 2—120　自由圆角曲面

（3）Fillet Blend：在曲面上选择曲线进行圆角过渡面。可以同时在多个面、多条线、多类曲线之间创建融合曲面。操作方法：选择第一组曲线选好后回车，再选第二组选好后回车，完成曲面创建，如图 2—121 所示。

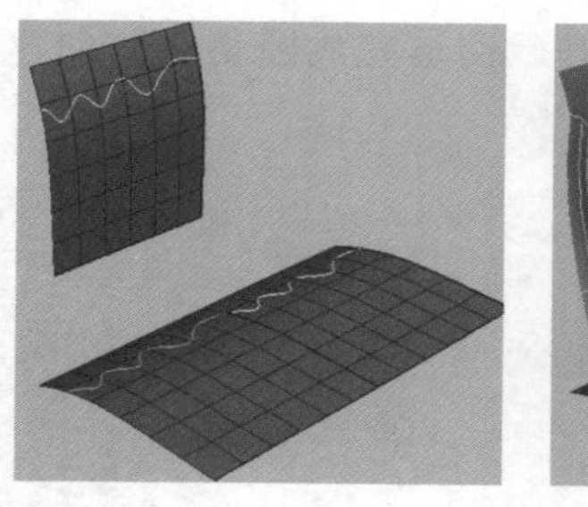

图 2—121　填角融合曲面

19. Stitch

Stitch（缝合）是将两个曲面缝合在一起，相互之间会受到影响。该命令不会创建出新的曲面，只是将曲面缝合在一起。

缝合曲面包括三种：Stitch Surfaces Points（缝合曲面点）、Stitch Edges Tool（缝合曲面边）和 Global Stitch（全局缝合）。

（1）Stitch Surfaces Points：根据选择两个面上的两个点进行缝合。操作方法：选择其中一个曲面上的点，然后按 Shift 键加选另外一个曲面上的点，执行该命令，如图 2—122 所示。

图 2—122　缝合

(2) Stitch Edges Tool：将两个曲面的边界缝合在一起。

操作方法：选择其中一个曲面上的边界线按回车键，再按 Shift 键加选另外一个曲面面上的边界线按回车键，完成此命令。注意：缝合曲面边命令只对曲面 Iso 边界线进行缝合，不能作用剪切边，如图 2—123 所示。

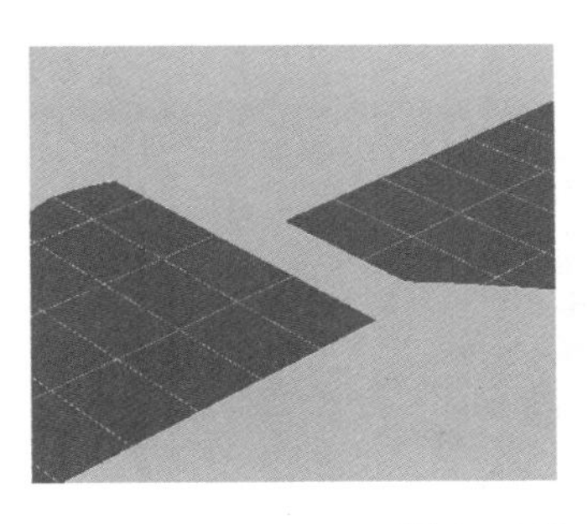
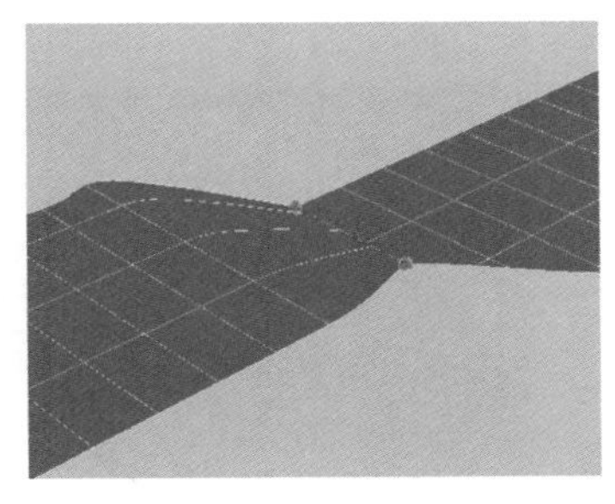

图 2—123　缝合曲面边

(3) Global Stitch：缝合多个靠近的曲面，准确地控制面的连续性。尽可能选择边沿曲面之间的共享边界以及具有连续性的位置进行缝合，从而获得最佳结果。避免角点与其他曲面重叠，如图 2—124 所示。

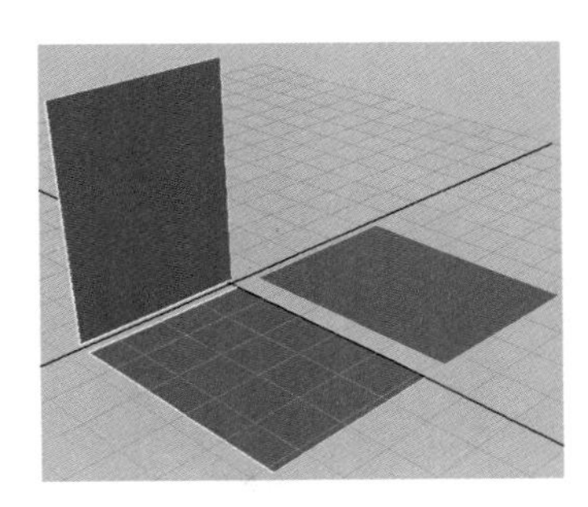
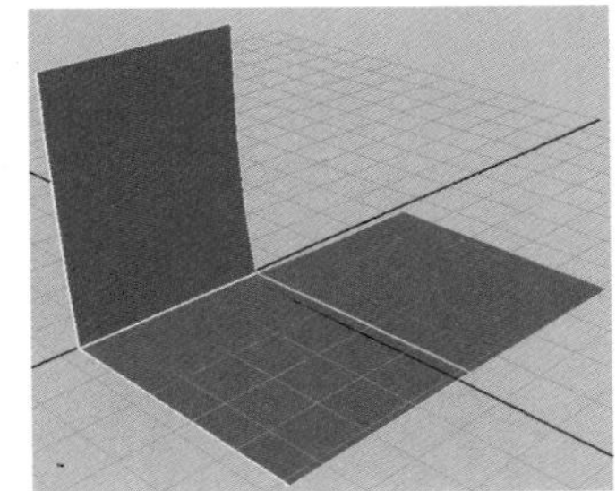

图 2—124　全局缝合

20. Sculpt Geometry Tool

Sculpt Geometry Tool（雕刻曲面工具）可以通过雕刻笔在 NURBS 曲面上，绘制凸起或者凹陷的刻画效果，如图 2—125 所示。

注意：雕刻的曲面上要有段数，如果没有任何段数做不出雕刻的效果。

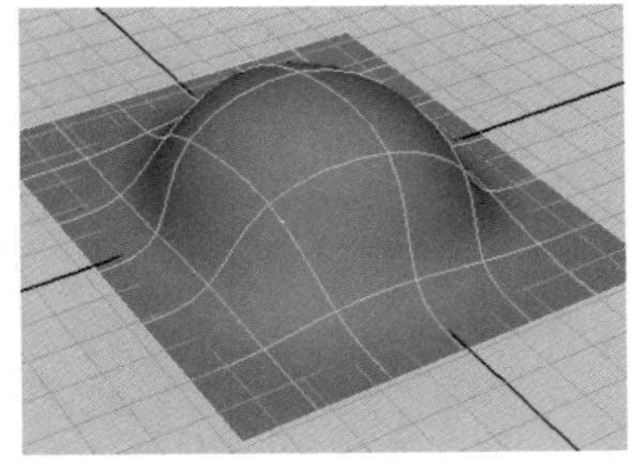

图 2—125　雕刻曲面工具

21. Surfaces Editing

Surfaces Editing（曲面编辑）包括 Surfaces Editing Tool（曲面编辑工具）、Break Tangent（打断曲线）和 Smooth Tangent（光滑曲线）三个命令。

（1）Surfaces Editing Tool：可以在曲面上任何一点进行位置、切线方向和切线放缩的调节，如图 2—126 所示。

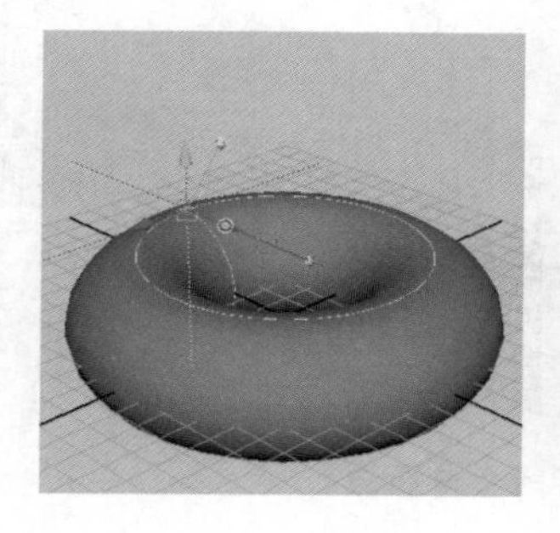
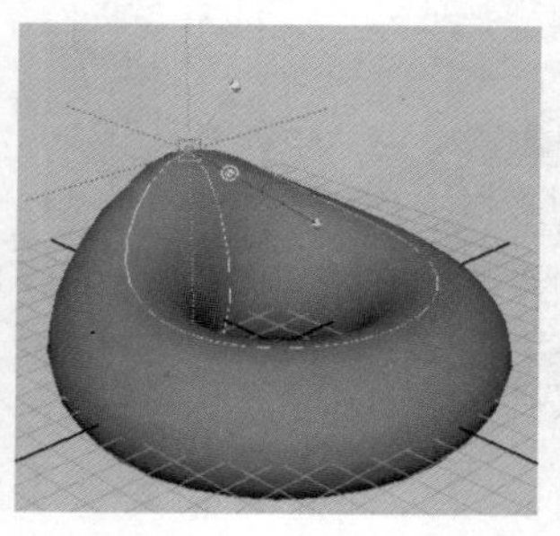

图 2—126　曲面编辑

（2）Break Tangent：在曲面 Iso 参数线位置上进行打断。如果原来没有 Iso 参数线，会添加一条新的 Iso 参数线。打断后看不出打断的效果，对曲面编辑后就可以看见尖锐的转折，如图 2—127 所示。

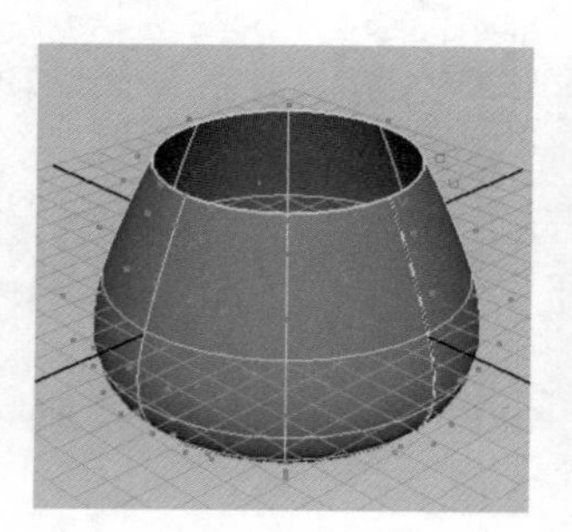
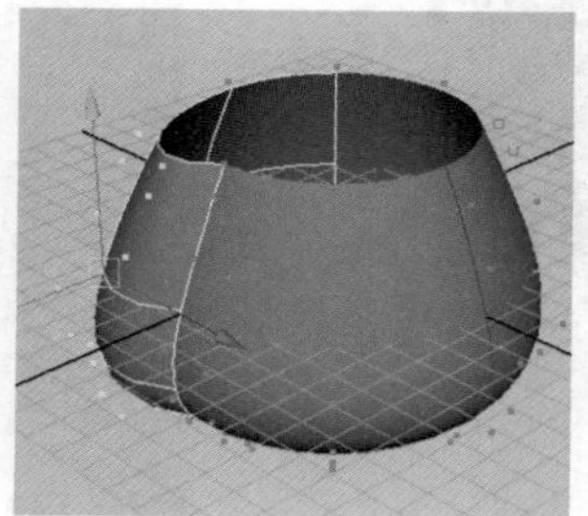

图 2—127　打断曲面上曲线

（3）Smooth Tangent：对已经打断的切线进行平滑，可对尖锐的 NURBS 折角进行平滑调整，如图 2—128 所示。

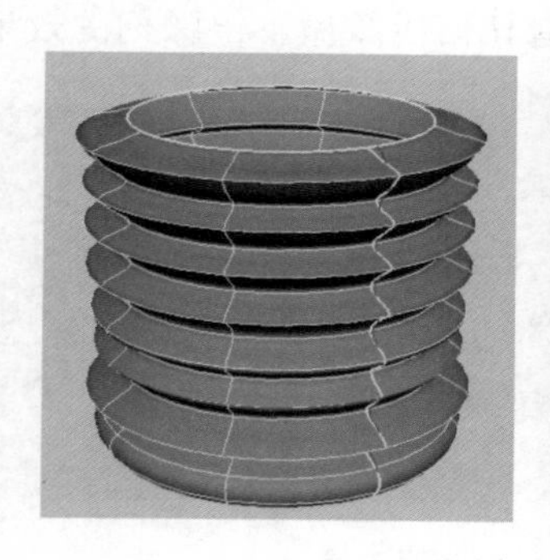
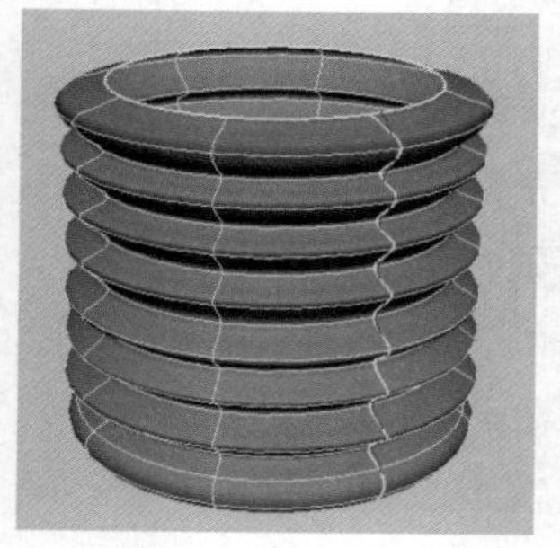

图 2—128　光滑曲面上曲线

22. Selection

Selection（选择）命令是方便选取曲面上的 CV 点，特别是点多的复杂表面，选择菜单提供了不同类型的快捷选择命令，大大提高了工作效率。

选择包括以下几种方法。

（1）Grow CV Selection：将选择曲面上的点扩大。每点击一次命令，选择点在所有的方向就扩大一圈，如图 2—129 所示。

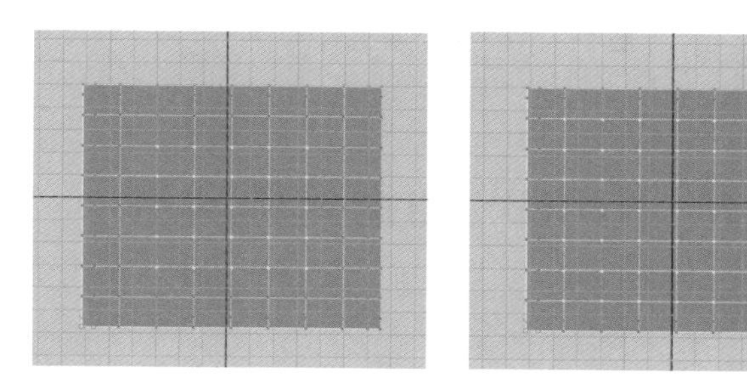

图 2—129　选择曲面上的点扩大

（2）Shrink CV Selection：将选择曲面上的点缩小。每点击一次命令，选择点在所有的方向就缩小一圈，如图 2—130 所示。

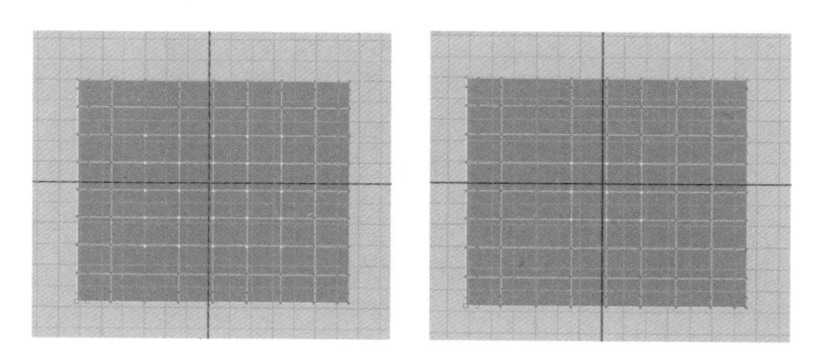

图 2—130　选择曲面上的点缩小

（3）Selection CV Selection Boundary：在选择的区域点内进行该曲面边界的一圈点的选择。筛除中间点部分，保留选择范围内的边界点，如图 2—131 所示。

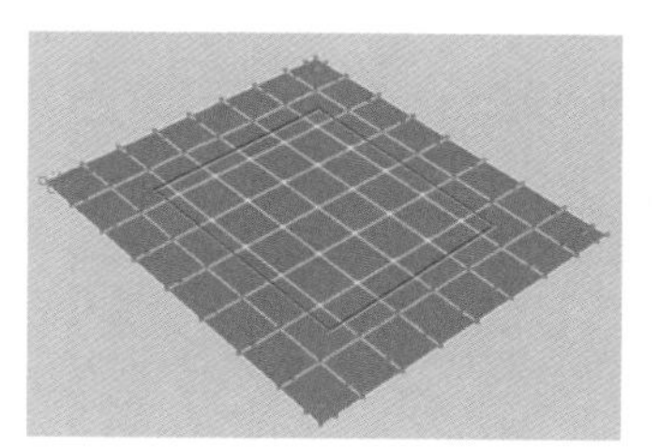
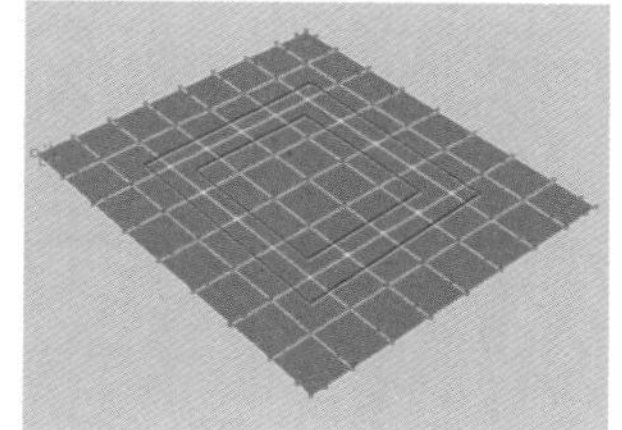

图 2—131　选择区域点的边界选择

（4）Selection Surfaces Border：沿着边界选择 U 或者 V 两个方向点。也可以 UV 两个方向都选择，如图 2—132 所示。

图 2—132　沿边界选择点

2.5　NURBS 曲面建模实例

2.5.1　制作汽车轮胎

1. 创建曲线

选择 Create/CV Curve Tool 曲线创建工具，在 Front 视图中绘制一条轮胎钢圈侧面曲线。绘制时要注意轮胎曲线的细节部分，如图 2—133 所示。

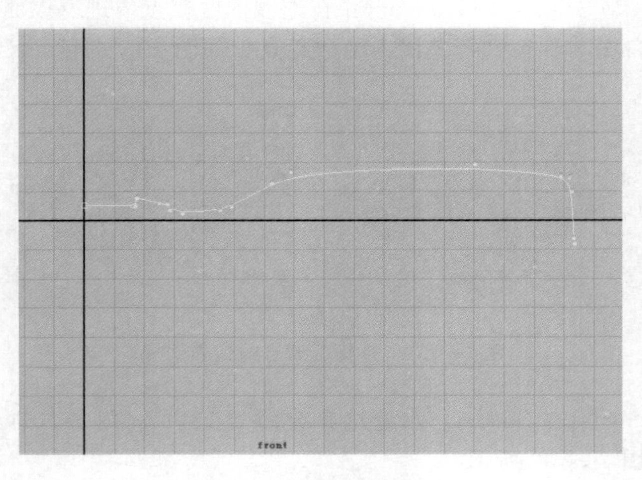

图 2—133　创建曲线

2. 旋转轮胎钢圈曲线为曲面

选择绘制好的曲线，执行菜单 Surface/Revolve 旋转命令，对曲线进行 Y 轴旋转。旋转出轮胎钢圈曲面，如图 2—134 所示。

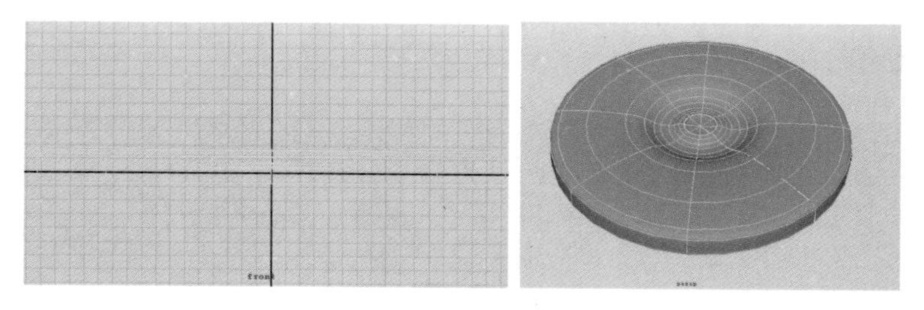

图 2—134 旋转轮胎钢圈曲线为曲面

3. 修改旋转曲面的段数

增加旋转曲面的段数。在视图中选择轮胎钢圈曲面，在通道盒修改旋转出面的分段数。根据轮胎细节的需要，将分段数改为 Sections：20，如图 2—135 所示。

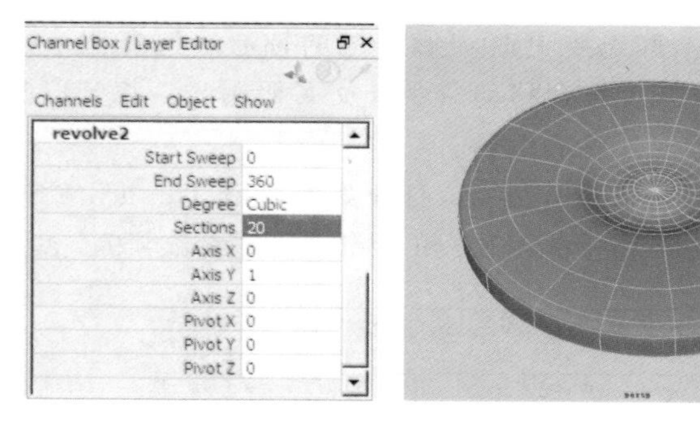

图 2—135 修改曲面段数

4. 分离曲面

在视图中选择轮胎钢圈曲面，右键选择 Isoparm 线，选取曲面要分离的其中五分之一曲面的两条 Isoparm 线，执行命令 Edit NURBS/ Detach Surfaces 分离曲面命令，即可将曲面分成两个独立曲面。使用 Delete 键删除大的面，效果如图 2—136 所示。

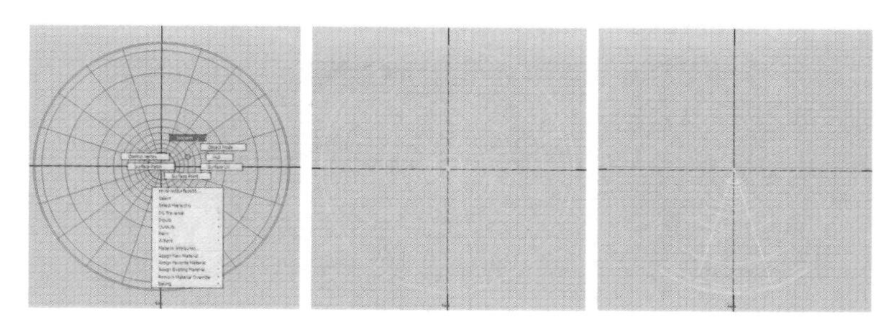

图 2—136 分离曲面

5. 绘制轮胎钢圈镂空图形

在 TOP 视图创建圆形曲线，并配合键盘“X”键，将圆形曲线吸附到网格上与轮胎曲面中心对齐。设置圆形曲线点数 Sections：16。

在视图中选择圆形曲线并右键进入到曲线点的模式，使用缩放工具将其调整成对称的三角形曲线，如图 2—137 所示。

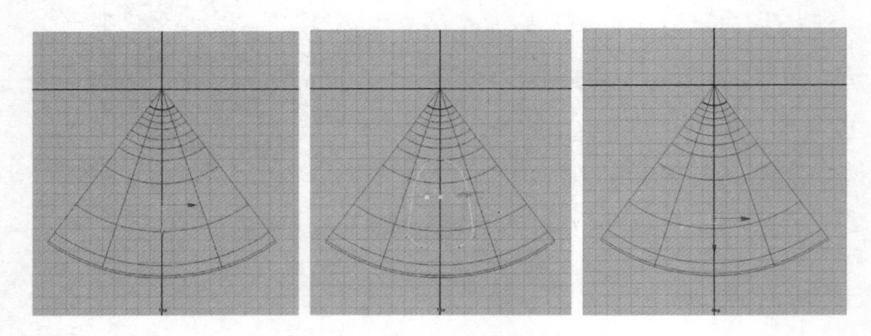

图 2—137　绘制轮胎钢圈镂空图形

6. 阵列复制曲线

在阵列复制圆形曲线之前，首先要更改圆形曲线的轴心。选择圆形曲线，按 Insert 键，进入到圆形曲线轴心修改模式，配合移动命令以及 X 吸附键，将圆形曲线轴心移动到视图栅格中心，再次按 Insert 键取消轴心编辑。

阵列复制圆形曲线，在视图选择圆形曲线，打开菜单 Edit/Duplicate Special 阵列复制设置对话框，设置 RotateY 轴为：36；Number of copies 复制参数：9，如图 2—138 所示。

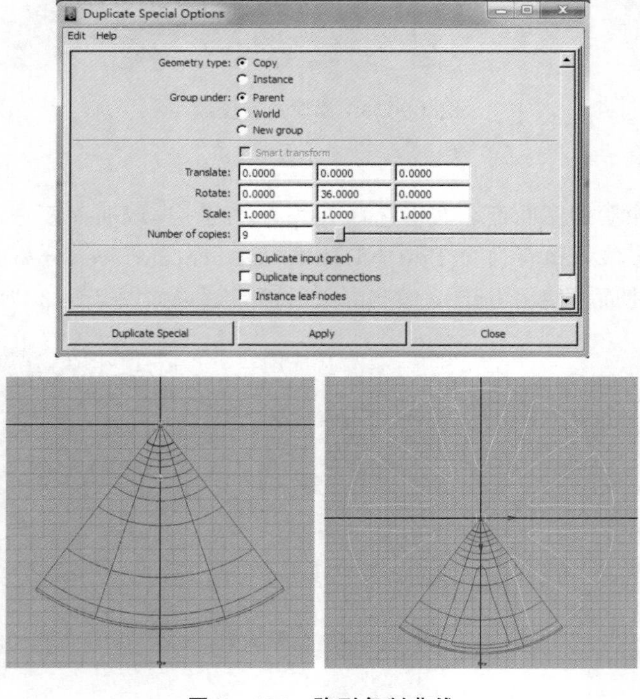

图 2—138　阵列复制曲线

7. 将曲线投射到曲面

保留三条曲线，删除多余的圆形曲线。激活 Top 视图，先选择三条曲线，最后按 Shift 键再加选曲面，执行菜单 Edit NURBS/Project Curve on Surface 命令，将曲线投射到曲面上，如图 2—139 所示。

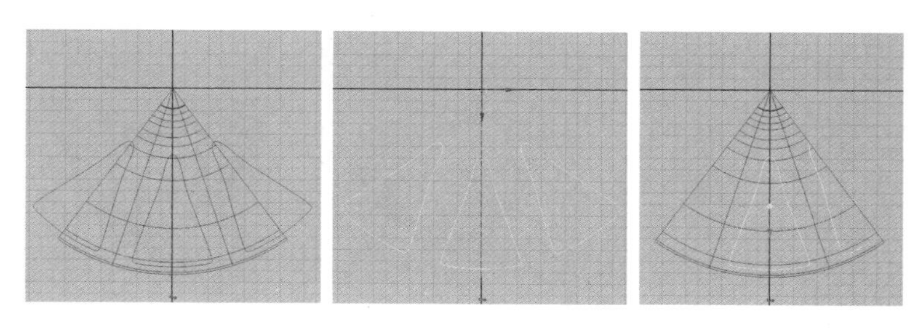

图 2—139　投射曲线到曲面

注意：Project Curve on Surface 命令，曲线投射时的参考方向可在参数属性对话框修改，Active view 选项是以当前选择的视图观察的视角，将曲线投射到曲面上；Surface normal 选项是以曲面的法线方向投射到曲线上。

8. 剪切曲面

在视图中选择曲面，执行 Edit NURBS（编辑曲面）/Trim Tool（剪切）命令，这时曲面会变成白色网格的标定形态。点击需要保留的曲面部分，系统会自动创建出一个标记点，然后按回车键即可完成剪切制作，如图 2—140 所示。

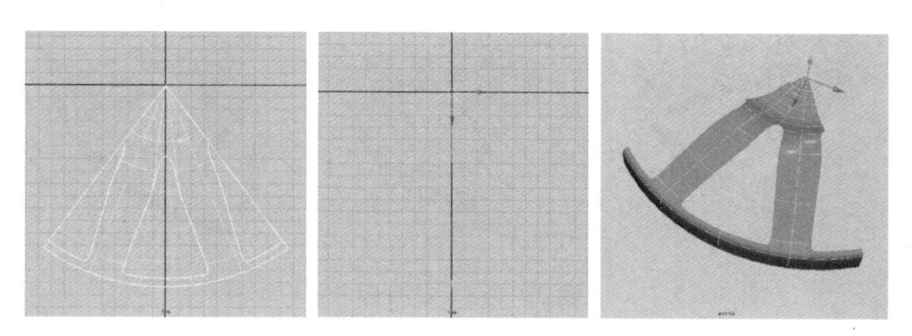

图 2—140　剪切曲面

9. 复制曲面上的曲线

在视图中选择曲面并右键选择 Trim Edge（剪切边）。选择剪切边，选择菜单 Edit Curves/Duplicate Surface Curves（复制曲面上的曲线）命令，将曲线从曲面上复制提取出来。

使用此方法，将三条曲线都复制提取出来，如图 2—141 所示。

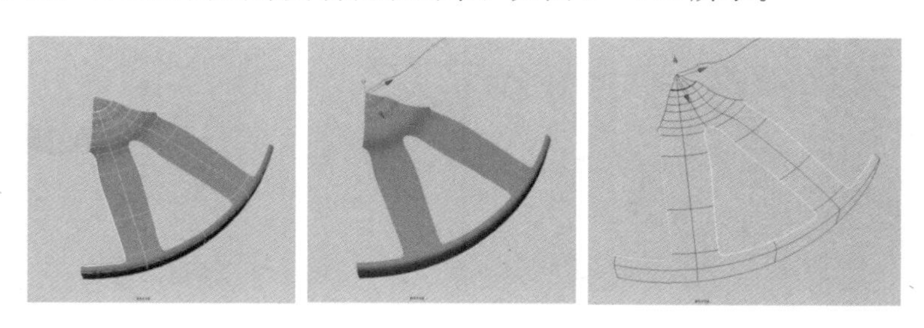

图 2—141　复制曲面上的线

10. 放样曲面

将复制好的曲线使用移动工具向下移动，调整曲线位置。选择一条复制的曲线，然后按 Shift 键加选对应曲面上的剪切边，执行菜单 Surface/Loft 命令完成放样曲面制作，使用同样的方法放样制作出另外两个曲面，如图 2—142 所示。

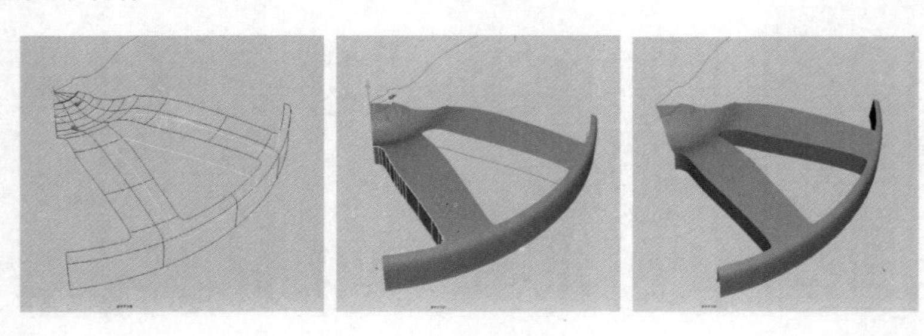

图 2—142 放样曲面

11. 自由圆角

首先将放样的三个曲面轴心进行中心复位，执行菜单 Modify/Center Pivot（复位中心）命令。使用缩放工具对放样好的曲面向曲面中心进行适当的缩小，让两个曲面之间产生一定的距离，为自由圆角留下空间。

配合 Shift 键选择两个曲面的线，选择 Edit NURBS/Freeform Fillet，自由圆角命令完成自由圆角曲面制作，如图 2—143 所示。

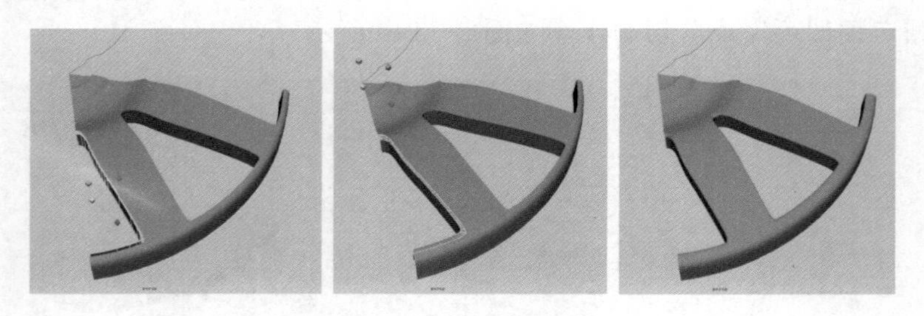

图 2—143 自由圆角

12. 群组并旋转曲面

选择当前视图所有的曲面，执行菜单 Edit/Delete by Type/History 命令，删除曲面的历史记录。

在视图中选择所有的曲面，点击菜单 Edit/Group 群组命令，或者按快捷键 Ctrl+G，将选择的曲面群组。群组后，在通道盒旋转 Y 轴：18，如图 2—144 所示。

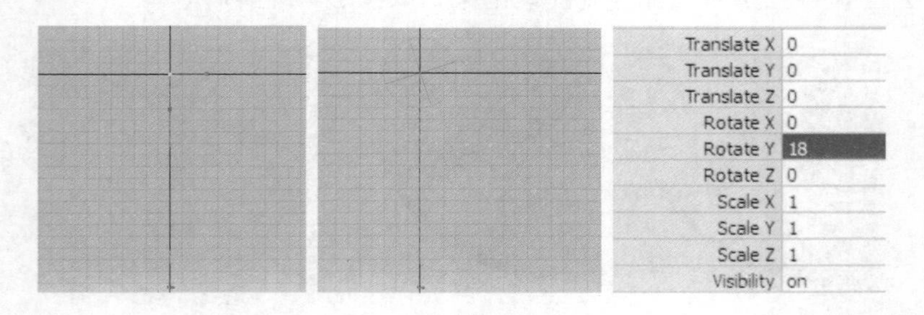

图 2—144 群组并旋转曲面

13. 创建和编辑圆形曲线

和上述方法一样，再制作另外一个图形曲线。

在 TOP 视图创建两个圆形曲线，并配合“X”键，将圆形曲线分别吸附到网格上与轮胎曲面中心对齐的位置。设置圆形曲线点数 Sections：12。

在视图选择圆形曲线并右键进入到曲线点的模式，使用缩放工具将其调整，如图 2—145 所示。

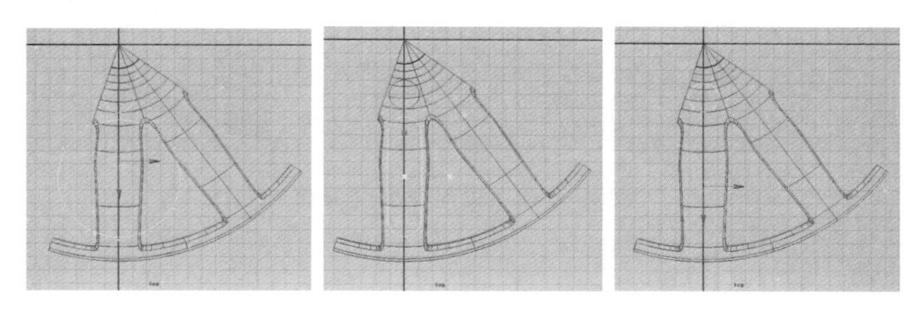

图 2—145 编辑圆形曲线

14. 阵列复制曲线

修改圆形曲线轴心，选择圆形曲线，按 Insert 键进入圆形曲线轴心编辑。使用移动命令配合“X”键，将圆形曲线轴心移动到视图栅格中心，如图 2—146 所示。再次按 Insert 键取消轴心编辑。

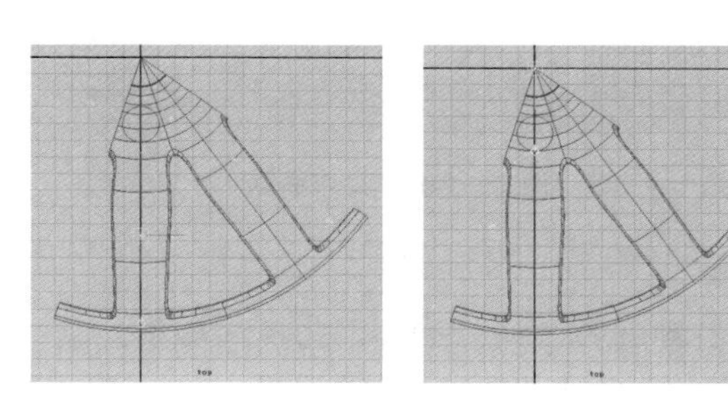

图 2—146 修改曲线轴心

阵列复制圆形曲线，在视图选择圆形曲线，打开菜单 Edit/Duplicate Special（阵列复制）属性对话框，设置 RotateY 轴为：36；Number of copies（复制参数）：1，执行整列复制，效果如图 2—147 所示。

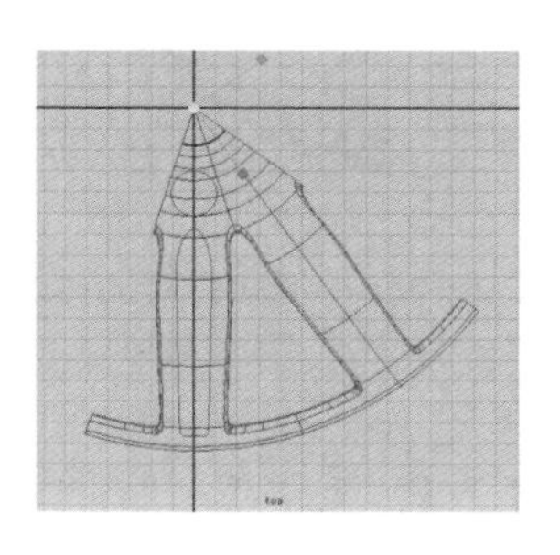

图 2—147 阵列复制曲线

15. 投射曲线到曲面

激活 Top 视图，先选择两条曲线，再加选曲面，执行菜单 Edit NURBS/Project Curve on Surface 命令完成曲线投射到曲面制作，如图 2—148 所示。

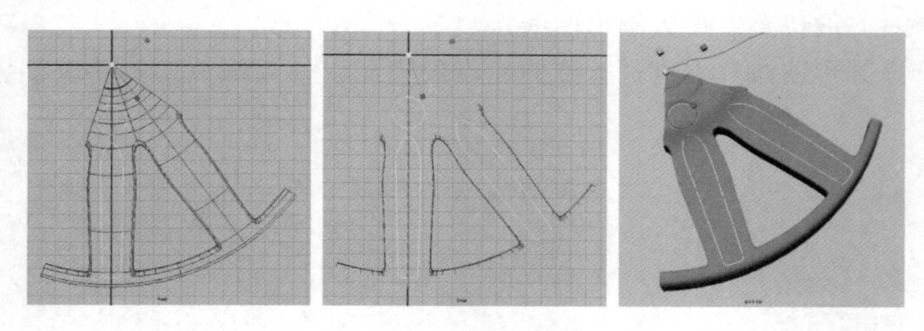

图 2—148　投射曲线到曲面

16. 剪切曲面

在视图中选择曲面，执行 Edit NURBS/Trim Tool 命令，点击需要保留的曲面创建标记点，然后按回车键完成曲面剪切，如图 2—149 所示。

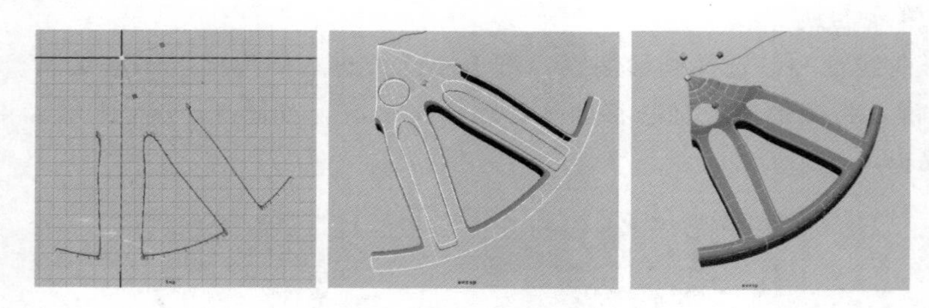

图 2—149　剪切曲面

17. 复制曲面上的曲线

在视图中选择曲面并右键选择 Trim Edge，选择好剪切边后，执行 Edit Curves/Duplicate Surface Curves 命令，将曲线从曲面上复制提取出来。将复制的曲线向下移动调整，如图 2—150 所示。

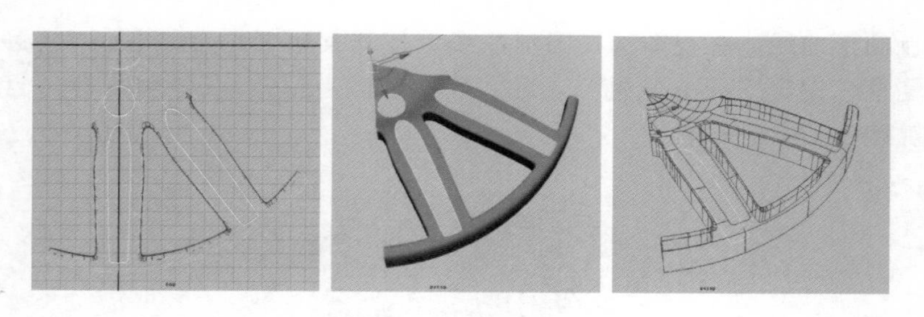

图 2—150　复制曲面上曲线

18. 放样曲面

选择一条复制的曲线，然后按 Shift 键加选对应曲面上的剪切边，执行 Surface/Loft 命令完成曲面放样制作，使用同样的方法完成其他几个曲面的放样，如图 2—151 所示。

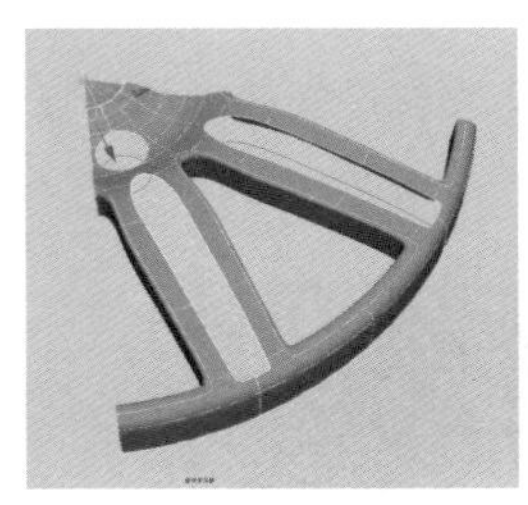 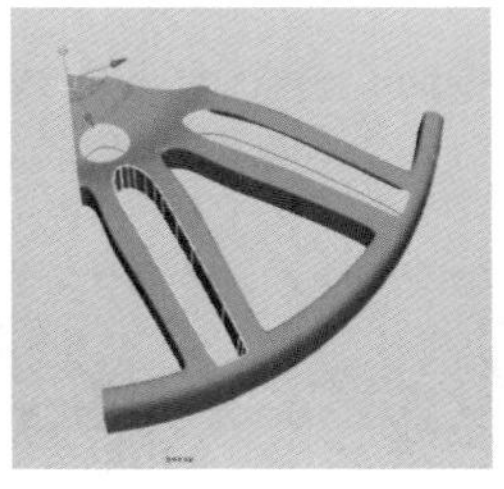 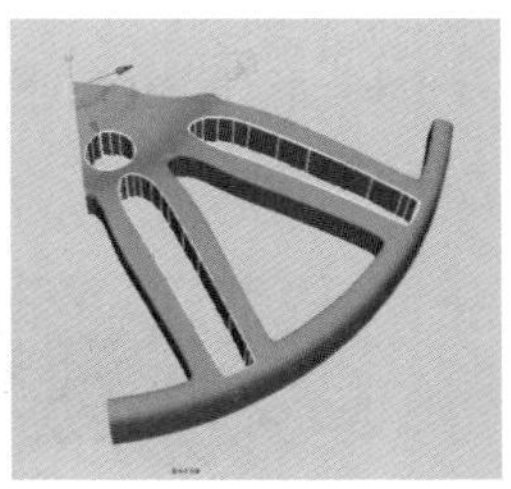

图 2—151　放样曲面

19. 自由圆角曲面

执行 Modify/Center Pivot 命令，将放样的曲面轴心进行中心复位。使用缩放工具对放样好的曲面缩小并向下移动，让两个曲面之间产生一定的距离，为自由圆角留下空间。

配合 Shift 键加选两个曲面的剪切线，执行 Edit NURBS/Freeform Fillet 命令完成圆角曲面创建，如图 2—152 所示。

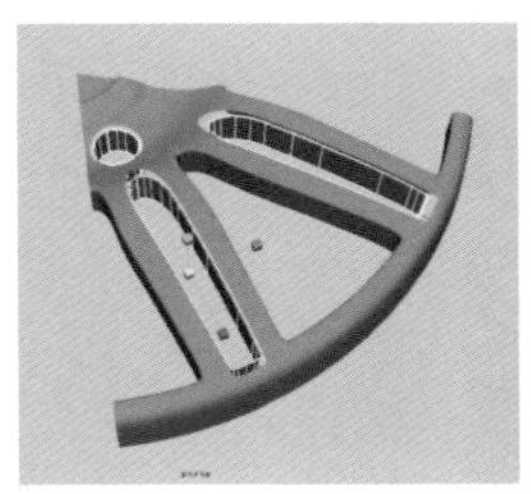 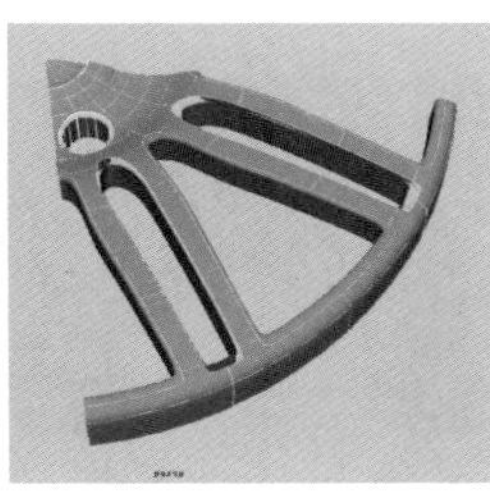 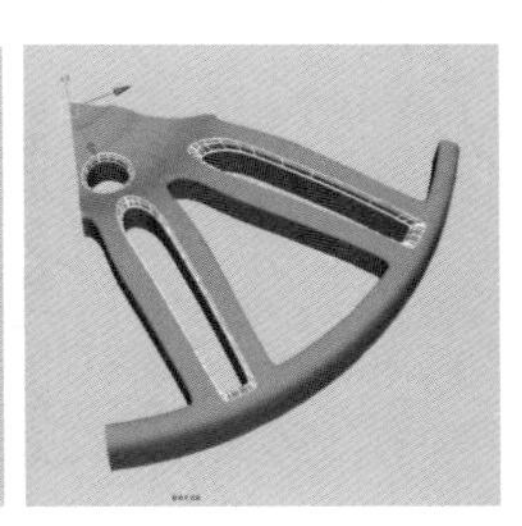

图 2—152　自由圆角曲面

20. 制作螺丝帽六边形曲线

在 TOP 视图创建圆形曲线，配合键盘“X”键将圆形曲线移动到网格上。调整设置圆形曲线点数 Sections：30。

调整六边形，使用缩放工具进行调整。操作方法：选择上面一排 5 个点，使用缩放工具将点挤出成一条线，再选择下面一排 5 个点，使用缩放工具将点各挤出成一条线。选择曲线在旋转 Y 轴参数上输入：60，再对上下各 5 个点进行挤出，重复此次操作，最后将圆形曲线调整一个成六边形曲线，如图 2—153 所示。

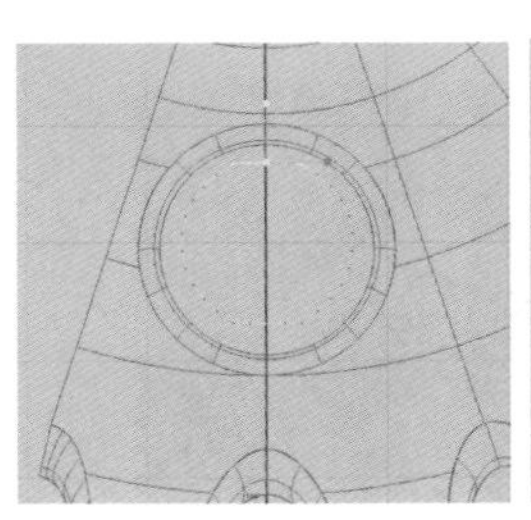 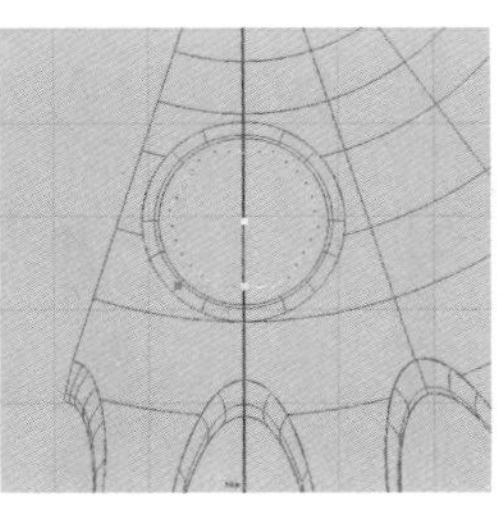 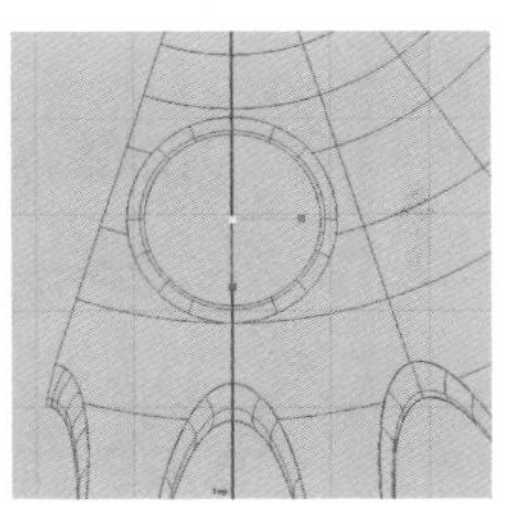

图 2—153　修改曲线

21. 放样六边形曲线

复制一条六边形曲线，并向下移动。选择两条曲线，执行 Surface/Loft 命令完成曲面放样，如图 2—154 所示。

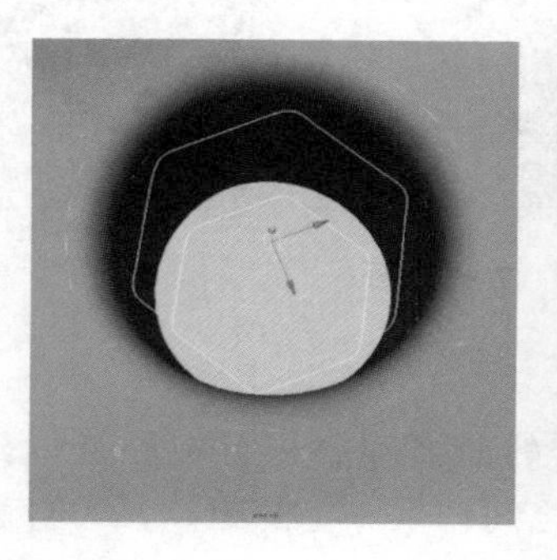
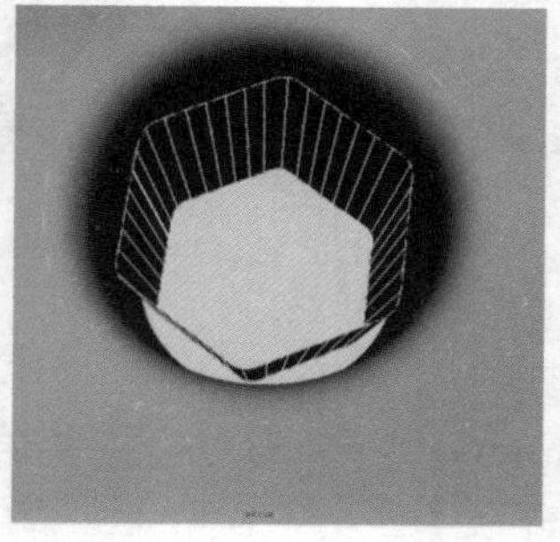

图 2—154 放样六边形曲线

再复制一条六边形曲线，使用缩放工具向中心缩放，如图 2—155 所示。

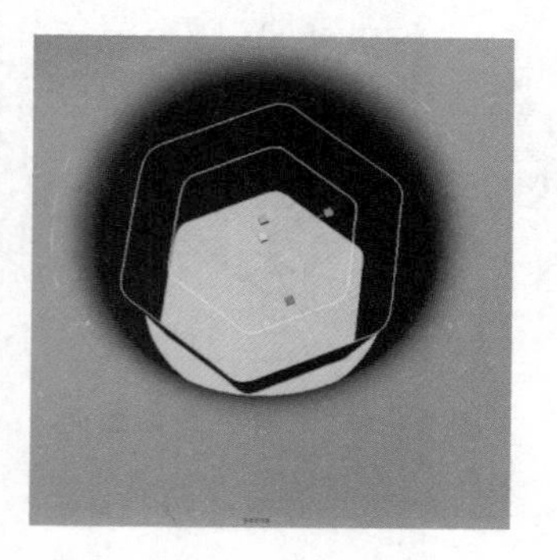

图 2—155 复制曲线

22. 自由圆角六边形曲面

选择两条六边形曲线，执行 Surface/Loft 命令完成曲面放样。

选择曲面，执行 Modify/Center Pivot 命令，复位放样曲面轴心到中心的位置。使用缩放工具向中心缩放，并沿 Y 轴向上移动。让两个曲面之间产生一定的距离，如图 2—156 所示。

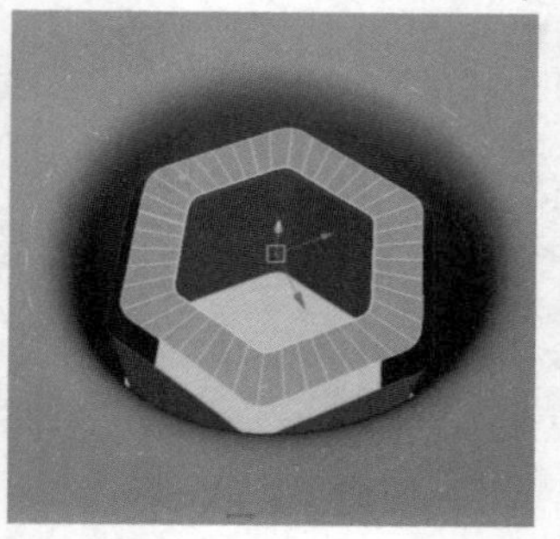

图 2—156 自由圆角六边形曲面

在视图右键选择两个六边形曲面的 Isoparm 线，执行 Edit NURBS/Freeform Fillet 命令完成自由圆角曲面创建，如图 2—157 所示。

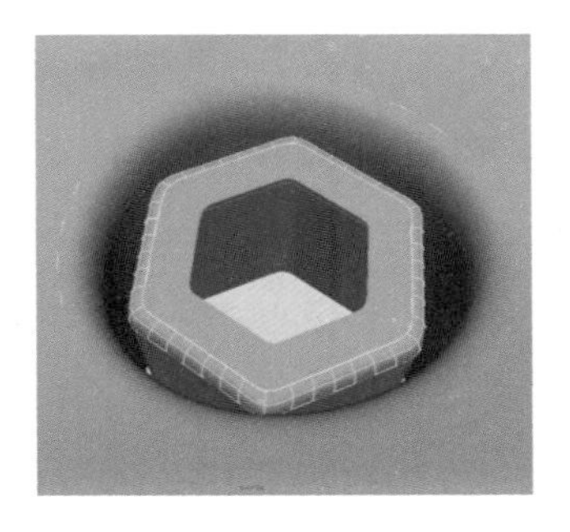

图 2—157　自由圆角六边形曲面

23. 创建半球体曲面

在 Top 视图创建一个 NURBS 球体，删除上半部分的面。操作方法：右键选择一条球体中间部分的 Isoparm 线，执行 Edit NURBS/ Detach Surfaces 命令，将球体分成两个独立曲面，删除上半部分的曲面，如图 2—158 所示。

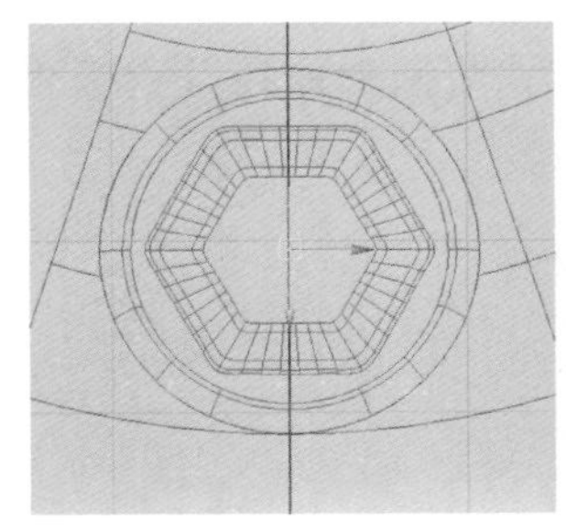
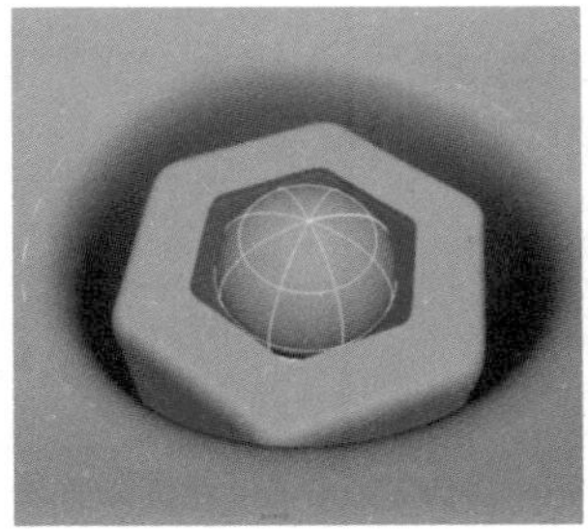
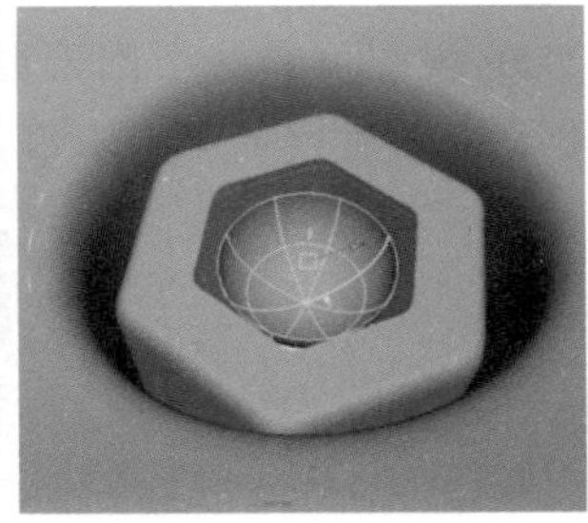

图 2—158　创建半球体曲面

24. 自由圆角

创建半球体与六边形曲面之间的自由圆角效果。右键选择半球体的 Isoparm 线，再按 Shift 键加选六边形的 Isoparm 线，执行 Edit NURBS/Freeform Fillet 命令，创建自由圆角曲面，完成螺丝帽的制作，如图 2—159 所示。

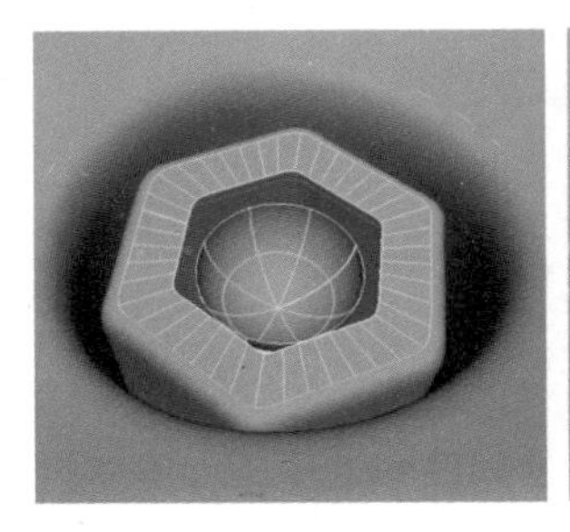
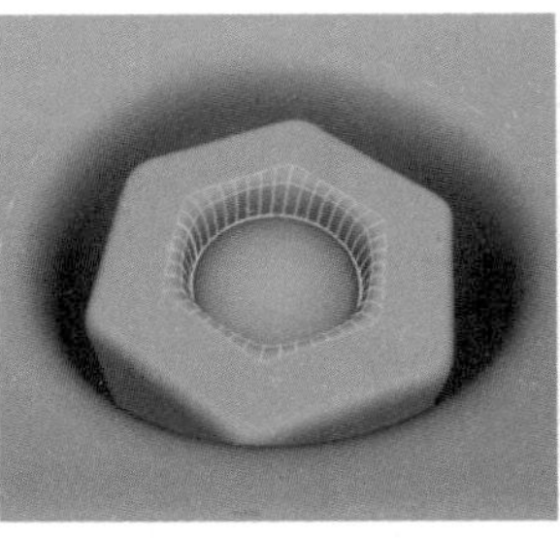
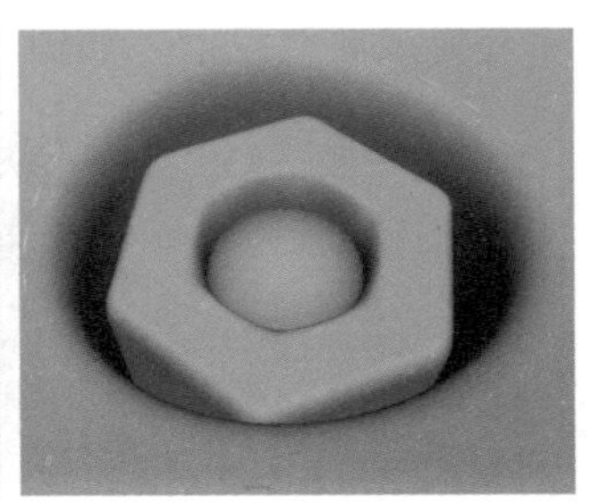

图 2—159　自由圆角

25. 群组曲面

在视图选择当前所有的曲面，执行 Edit/Delete by Type/History 命令，删除当前所有曲面历史记录。在视图中选择所有的曲面，点击菜单 Edit/Group 命令，或者按快捷键 Ctrl＋G，将选择的曲面群组。

在视图选择组，旋转 Y 轴，在通道盒 Y 轴旋转输入参数：－36 度，如图 2—160 所示。

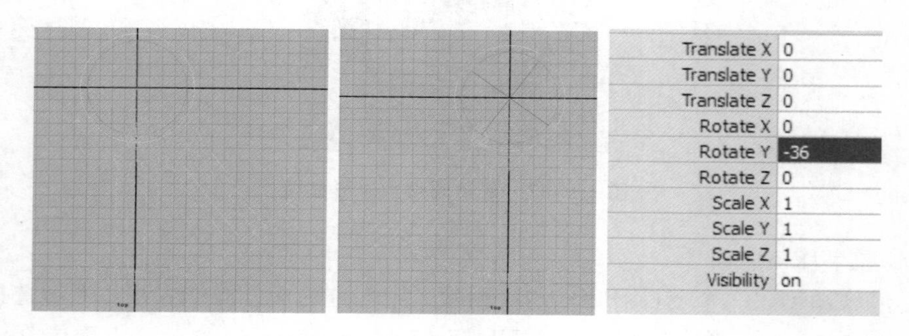

图 2—160　群组曲面

26. 创建和投射圆形曲线

在 TOP 视图创建一个圆形曲线，并配合键盘“X”键，将圆形曲线分别吸附到网格上并与轮胎曲面中心对齐，如图 2—161 所示。

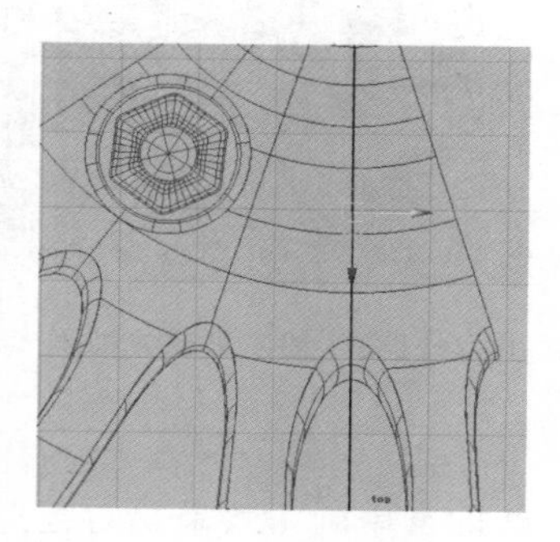

图 2—161　创建圆形曲线

激活 Top 视图，选择圆形曲线再加选曲面，执行菜单 Edit NURBS/Project Curve on Surface 命令完成曲线投射，如图 2—162 所示。

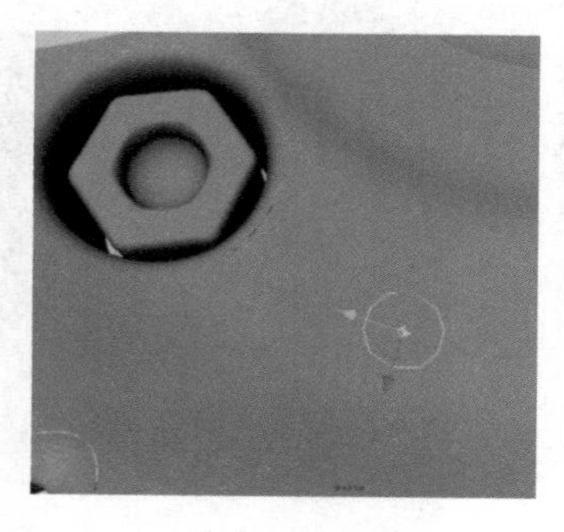

图 2—162　投射曲面

剪切曲面，在视图选择曲面执行 Edit NURBS/Trim Tool 命令，点击需要保留的曲面创建标记点，然后按回车键完成剪切。效果如图 2—163 所示。

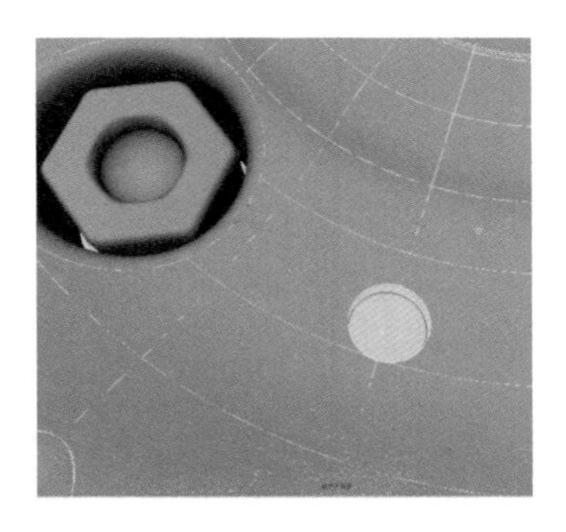

图 2—163　剪切曲面

27. 放样曲面

在视图选择曲面并右键选择 Trim Edg 圆形 e 剪切边。选择 Edit Curves/Duplicate Surface Curves 命令，将曲线从曲面上复制提取出来。将复制的曲线向下移动，如图 2—164 所示。

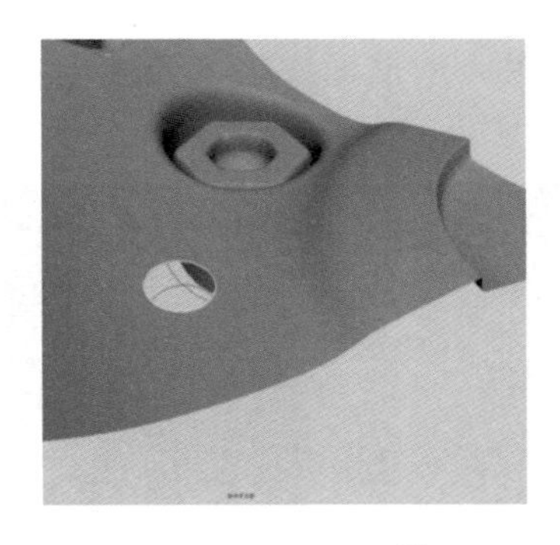
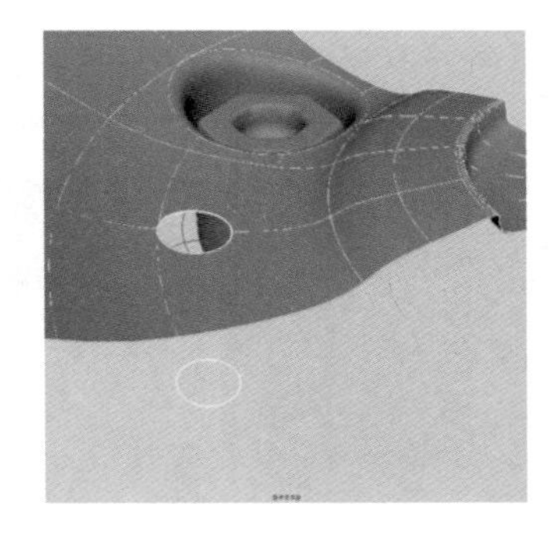

图 2—164　复制曲面

选择复制的曲线，然后按 Shift 键加选对应曲面上的剪切边，执行 Surface/Loft 命令完成放样曲面，如图 2—165 所示。

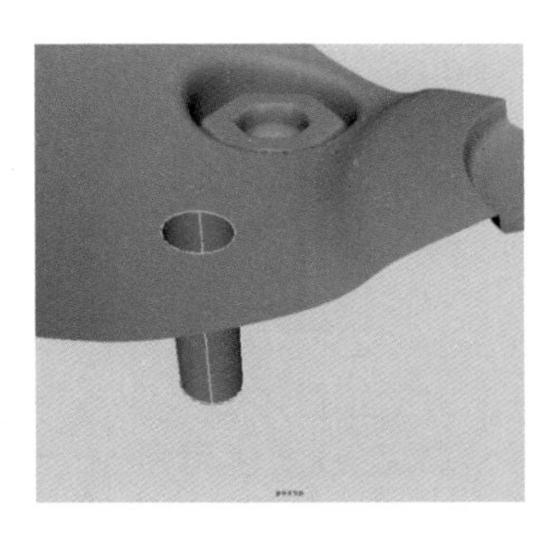

图 2—165　放样曲面

28. 圆角曲面

圆角命令是在两个曲面的共享边界处计算出一个圆形角曲面，形成光滑的曲面。可执行菜单 Edit NURBS/Round Tool（圆角曲面）命令，进行圆角曲面的制作。

圆角曲面命令操作步骤有两种，首先，在场景不选择任何物体，选择圆角命令再用鼠标在视图共享的边界绘制，会出现一个黄色的半径调节器出来，用鼠标调节好半径调节器，回车完成圆角曲面制作，如图 2—166 所示。其次，也可以右键 Shift 加选两个面的 Isoparm 边界线，再选择圆角曲面命令，同样会出现一个黄色的半径调节器出来，用鼠标调节好半径调节器，回车完成圆角曲面制作。

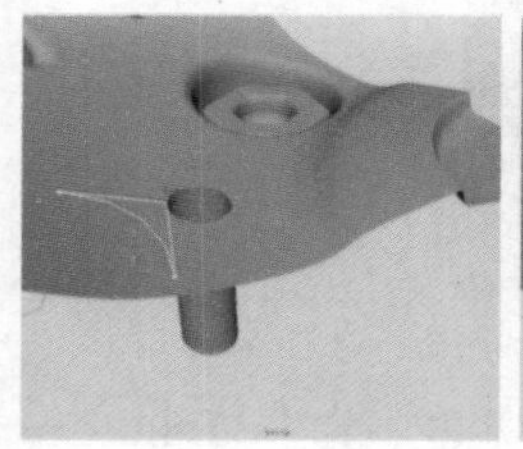
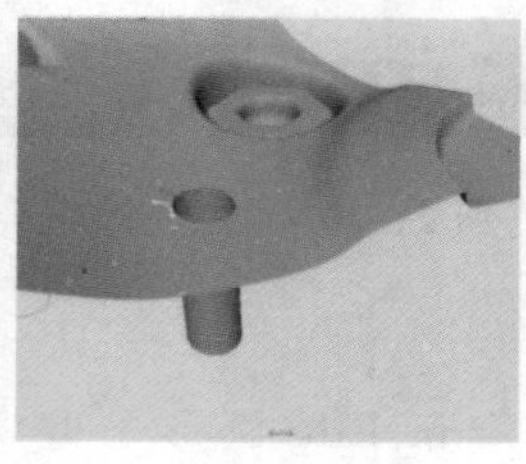
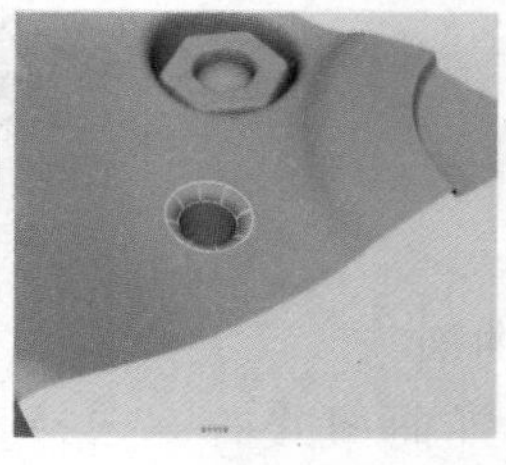

图 2—166　圆角曲面

29. 曲面壳调整

在视图选择曲面并右键选择 Hull（壳）属性，对曲面底端的壳进行缩放、移动调整，如图 2—167 所示。

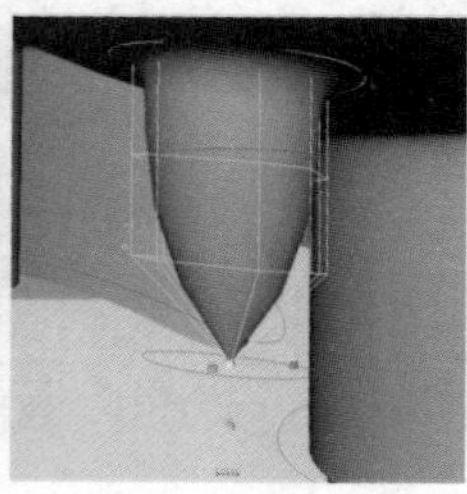
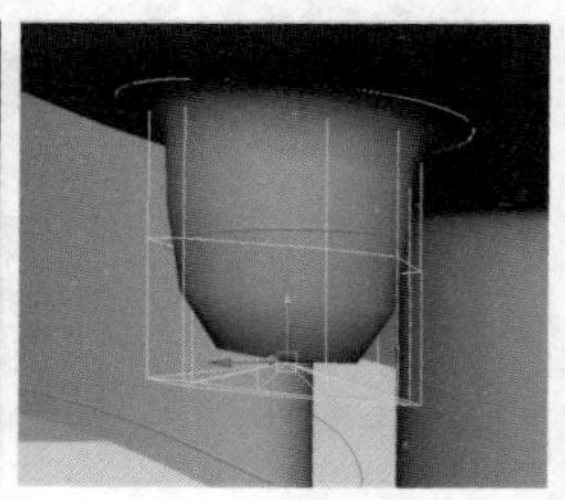

图 2—167　曲面壳调整

30. 群组并阵列复制钢圈曲面

在视图选择当前所有的面，执行 Edit/Delete by Type/History 命令，删除当前所有曲面历史记录。在视图中选择所有的曲面，点击菜单 Edit/Group 命令，或者按快捷键 Ctrl+G 将选择的曲面群组。

选择群组物体进行阵列复制，打开菜单选择 Edit/Duplicate Special 命令，设置弹出的对话框设置 RotateY 轴为：72；Number of copies：4。执行阵列复制曲面命令，如图 2—168 所示。

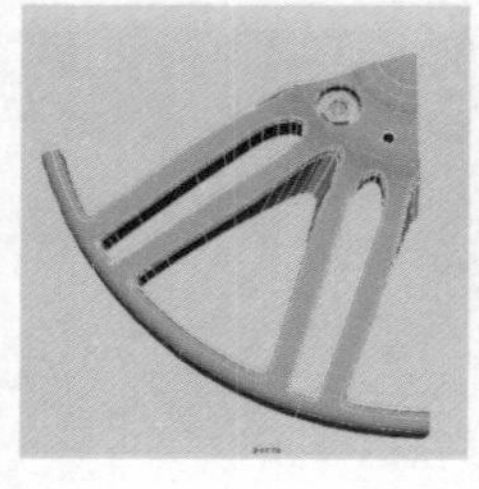

图 2—168　群组并阵列复制钢圈曲面

31. 创建球体曲面

在 Top 视图创建一个 NURBS 球体，右键选择一条球体中间部分的 Isoparm 线，执行 Edit NURBS/ Detach Surfaces 命令，将球体分成两个独立曲面，删除下半部分的面。

选择球体曲面，使用缩放工具命令沿 Y 轴进行挤压缩放，缩放后将半球体吸附到钢圈中间，完成制作，如图 2—169 所示。

图 2—169　创建球体

32. 创建轮胎内部钢圈曲面

在 Front 视图创建绘制一条轮胎内部钢圈侧面的 CV 曲线。绘制时要注意轮胎曲线的细节部分调整。

将曲线轴心移动到视图栅格中心。按 Insert 键进入轴心编辑，可移动轴心并配合键盘“X”键，将轴心吸附到视图栅格线，再次按 Insert 键，退出中心吸附，如图 2—170 所示。

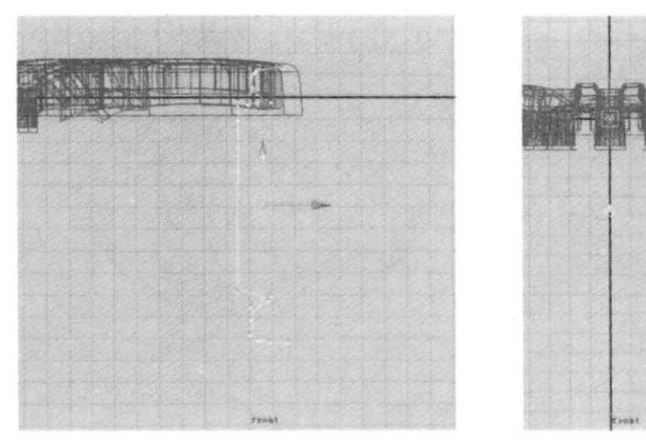 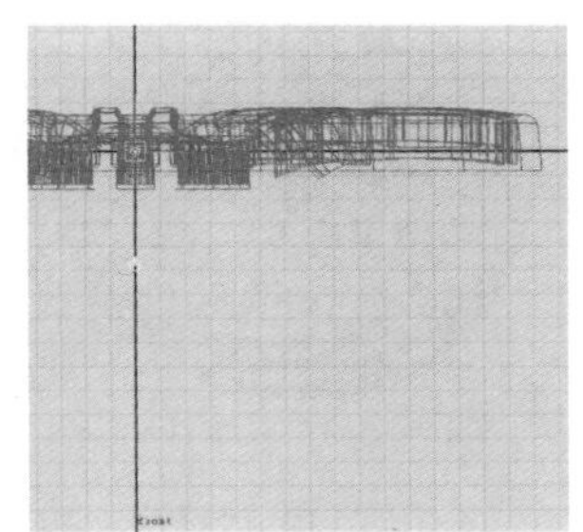

图 2—170　修改曲线中心

执行菜单 Surface/Revolve 命令，对曲线进行 Y 轴旋转。旋转出轮胎钢圈的基本形状，如图 2—171 所示。

图 2—171　创建轮胎内部钢圈曲面

33. 轮胎外轮廓曲面制作

在 Front 视图绘制一条轮胎外部侧面 CV 曲线。绘制完曲线后，将 CV 曲线轴心移动到视图栅格中心。按 Insert 键打开轴心编辑，移动轴心并配合键盘“X”键，将轴心吸附到视图中心栅格线位置，再次按 Insert 键，完成中心吸附，如图 2—172 所示。

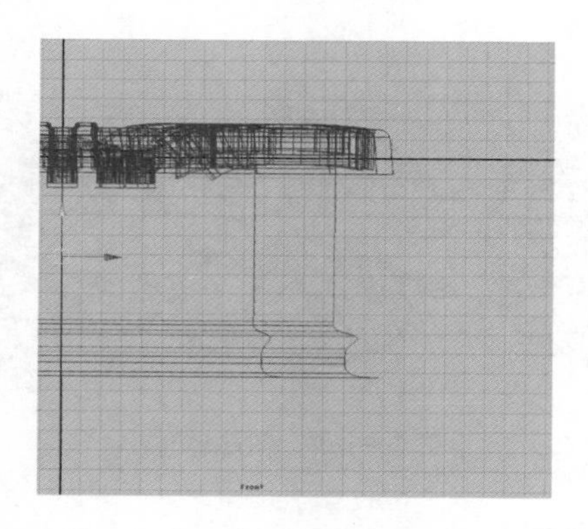

图 2—172　轮胎外轮廓曲线制作

执行菜单 Surface/Revolve 命令，对曲线进行 Y 轴旋转。将旋转段数改为 96。旋转出轮胎钢圈的基本形状，如图 2—173 所示。

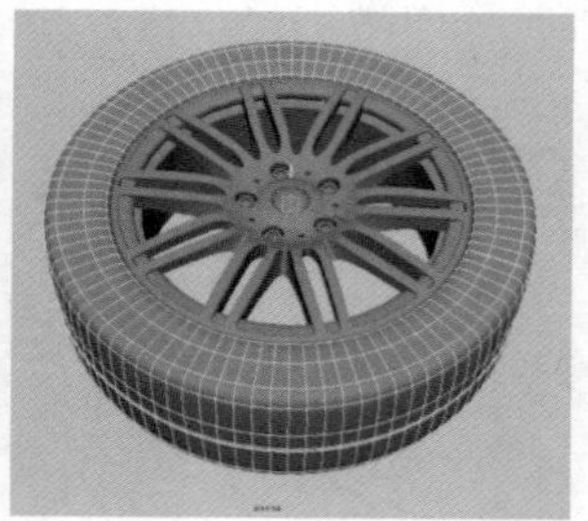

图 2—173　轮胎外轮廓曲面制作

34. 分离曲面

在视图选择轮胎外轮廓曲面并右键选择 Isoparm 线，选取分离曲面的两条 Isoparm 线，执行 Edit NURBS/ Detach Surfaces 命令，分离出曲面，并将另外一个部分删除，如图 2—174 所示。

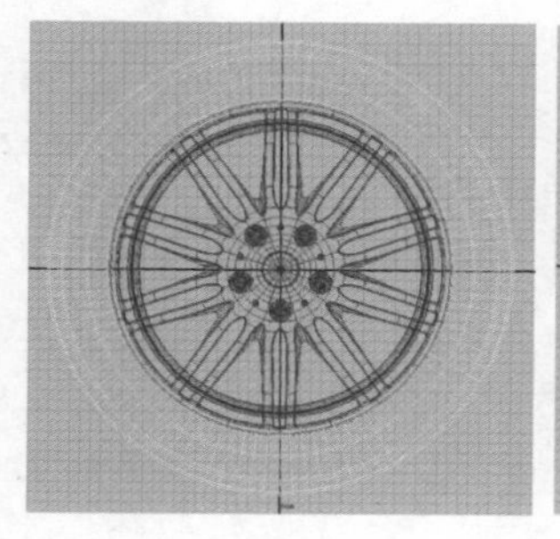
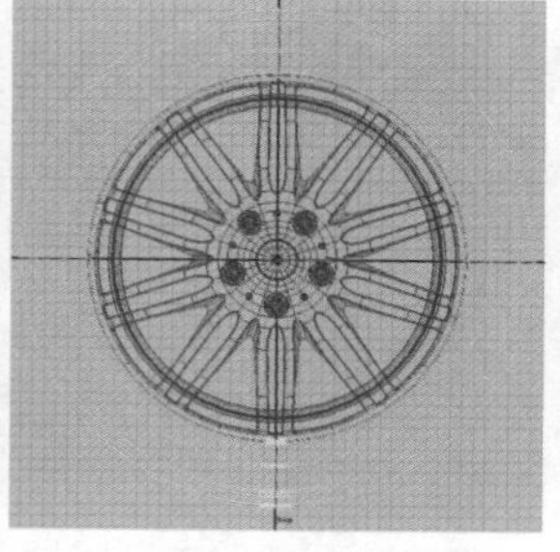

图 2—174　分离曲面

35. 制作轮胎图形曲线

在 Front 视图创建两条圆形曲线，配合“X”键，将圆形曲线吸附到网格上并与轮胎曲面中心对齐。根据需要设置圆形曲线点数，越复杂的图形曲线点数设置就要越多，方便曲线形状的调整。

在视图中选择曲线并右键进入到曲线点的模式，调整两条曲线点完成图形绘制，如图 2—175 所示。

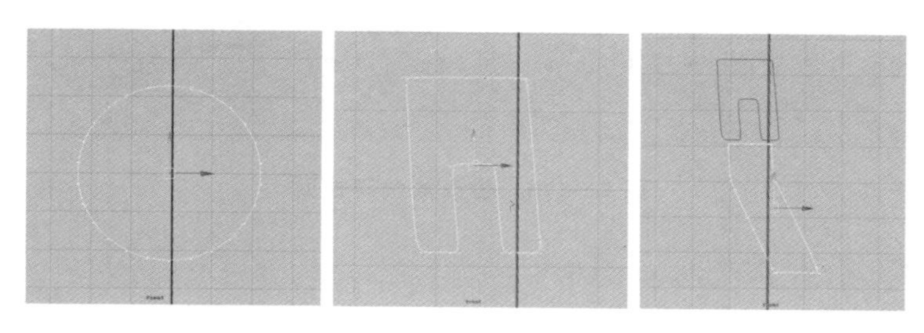

图 2—175 制作轮胎图形曲线

36. 群组、镜像复制曲线

选择两个图形曲线，按快捷键 Ctrl+G 群组曲线，使用快捷键 Ctrl+D 再复制一组曲线，在通道盒缩放 Y 轴：−1，将复制的曲线进行镜像，如图 2—176 所示。

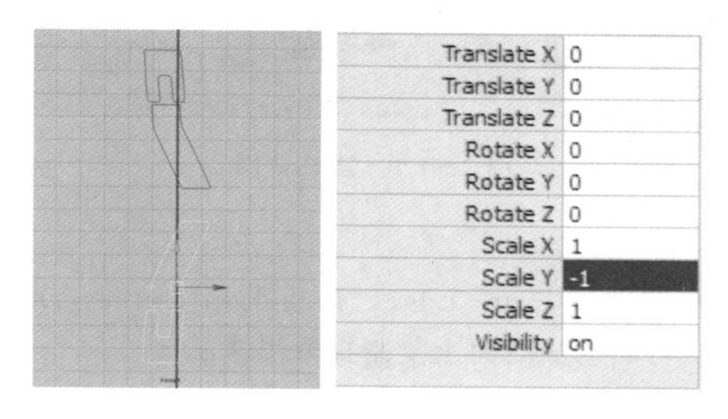

图 2—176 群组镜像复制曲线

将两个组的曲线再次群组，在 Front 视图将组移动到轮胎图形上，调整曲线与图形宽度匹配，如图 2—177 所示。

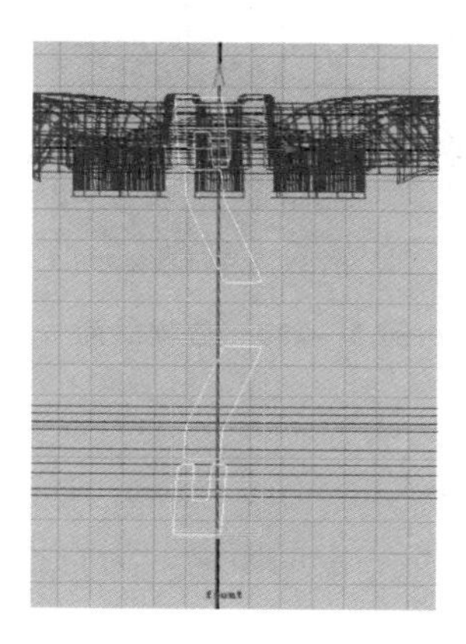

图 2—177 群组镜像复制曲线

37. 投射曲线到曲面

激活 Front 视图，先选择曲线，再按 Shift 键加选曲面，点击菜单 Edit NURBS/Project Curve on Surface 命令，将曲线投射到曲面上，如图 2—178 所示。

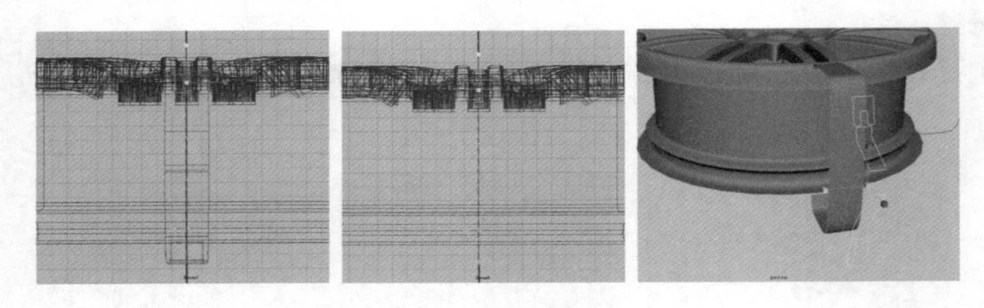

图 2—178　投射曲线到曲面

38. 剪切曲面

选择曲面，执行 Edit NURBS/Trim Tool 命令完成曲面剪切，如图 2—179 所示。

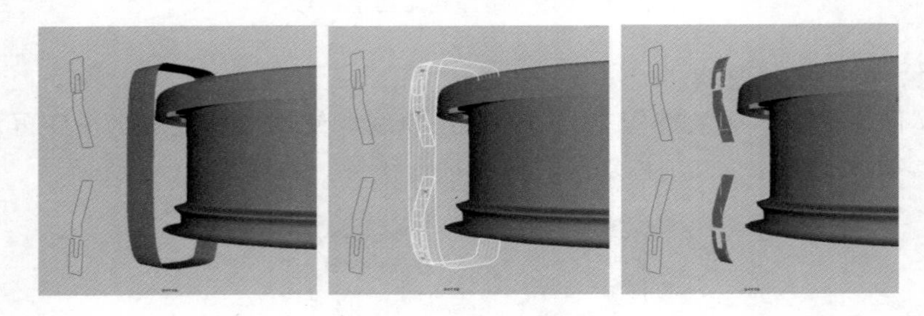

图 2—179　剪切曲面

39. 放样图形曲面

在视图右键选择图形曲面的 Trim Edge，执行 Edit Curves/Duplicate Surface Curves 复制曲面上的曲线命令，将曲线从曲面上复制提取出来。

向下移动复制的曲线。选择复制的曲线，然后按 Shift 键加选对应曲面上的剪切边，执行 Surface/Loft 命令完成放样曲面，如图 2—180 所示。

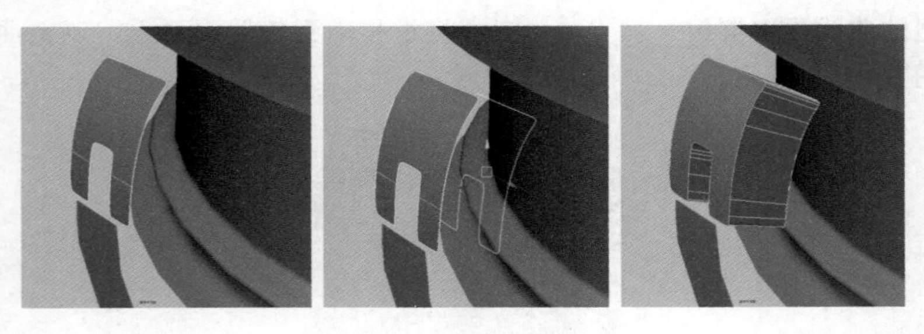

图 2—180　放样曲面

40. 自由圆角曲面

选择放样好的曲面，执行 Modify/Center Pivot，复位放样曲面轴心。使用缩放工具对曲面进行放大，让两个曲面之间产生一定的距离，为自由圆角留下空间。

使用 Shift 键加选两个曲面的边界线，执行 Edit NURBS/Freeform Fillet 命令完成圆角效果，如图 2—181 所示。

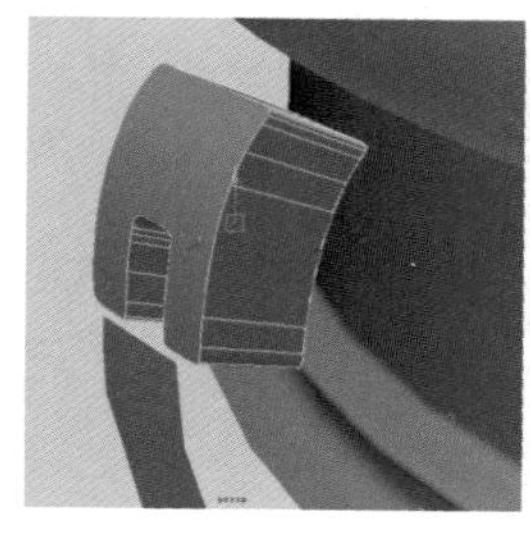
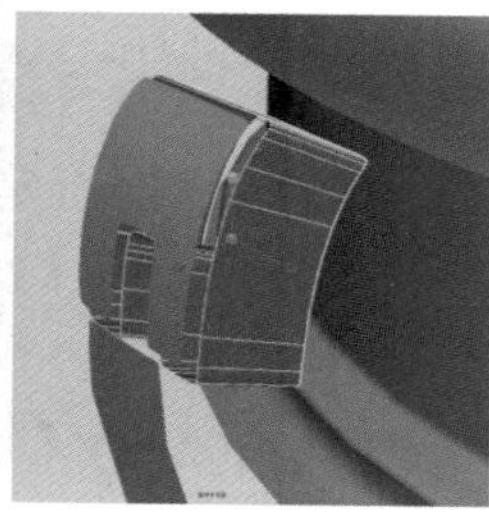
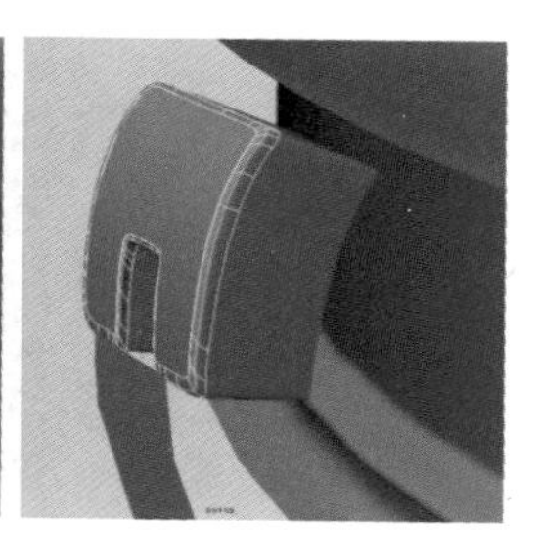

图 2—181　自由圆角曲面

使用同样的方法完成其他几个曲面的放样。选择所有的面，执行 Edit/Delete by Type/History 删除曲面历史记录。

41. 阵列复制轮胎图形曲面

在视图中选择所有的曲面，点击菜单 Edit/Group 命令，或者按快捷键 Ctrl+G，将选择的曲面群组，如图 2—182 所示。

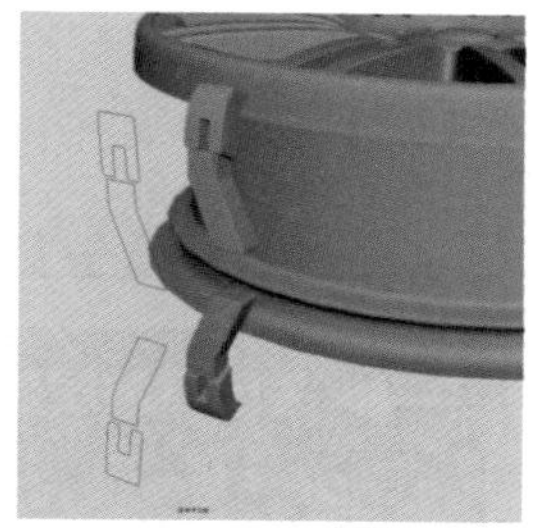
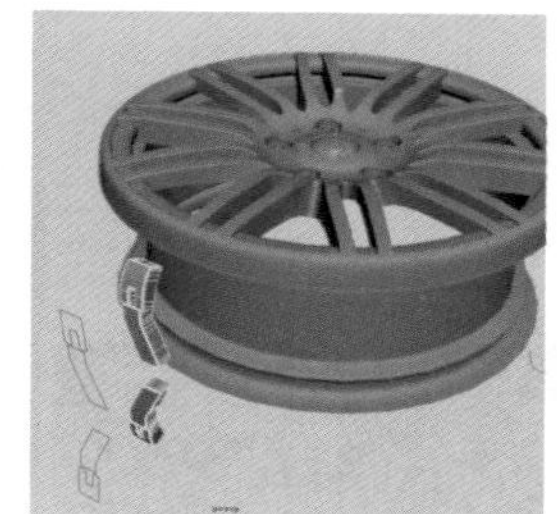

图 2—182　群组曲面

打开菜单 Edit/Duplicate Special，设置弹出的对话框，RotateY 轴为：4.5；Number of copies：79，如图 2—183 所示。

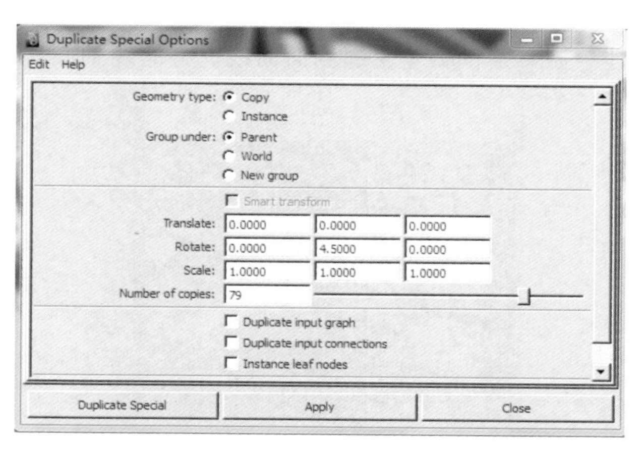

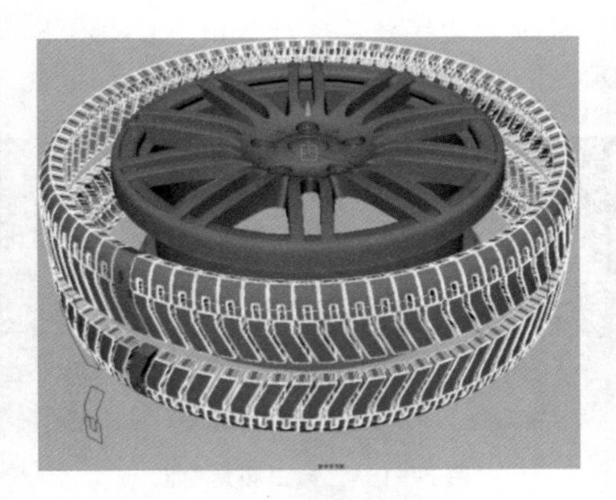

图 2—183　整列复制图形曲面

42. 创建图层

在视图右上角点击图标按钮进入到图层设置栏。选择视图的所有轮胎曲面，点击按钮将当前选择物体载入到新建的图层当中，将当前选择轮胎图形放入新建图层当中。关闭当前层显示，如图 2—184 所示。

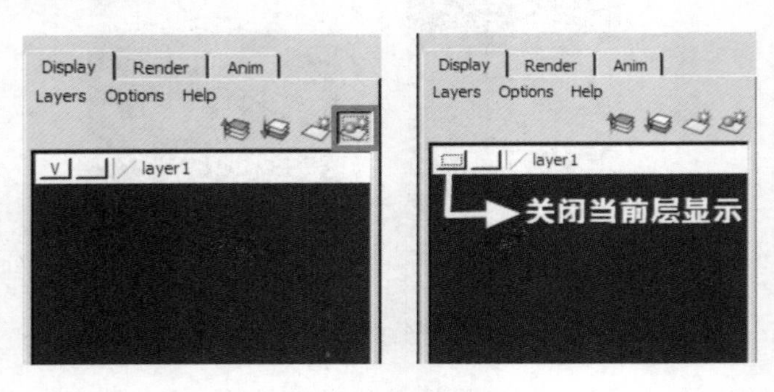

图 2—184　创建图层

43. 绘制轮胎轮廓曲面

在 Front 视图创建绘制一条轮胎外轮廓侧面曲线。将曲线轴心移动到视图栅格中心，如图 2—185 所示。

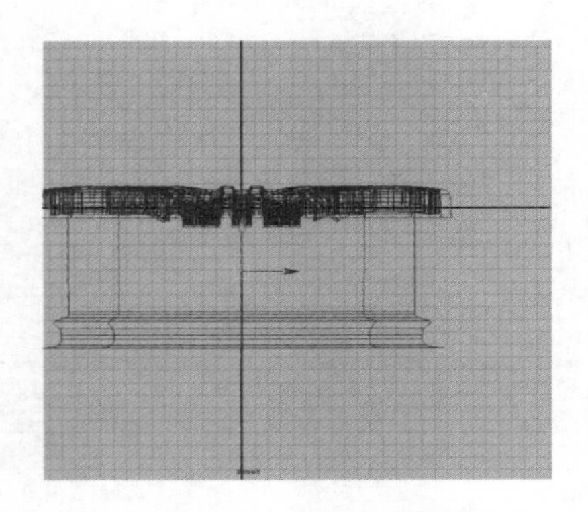

图 2—185　绘制轮胎轮廓曲面

执行菜单 Surface/Revolve 旋转命令，对曲线进行 Y 轴旋转，旋转出轮胎形状。将旋转段数改为 20，如图 2—186 所示。

图 2—186　旋转曲线

最后，打开被关闭显示的图层的按钮，将图层隐藏的面全部显示出来。完成轮胎制作。最终效果如图 2—187 所示。

图 2—187　轮胎最终效果

第三章　Polygon 多边形建模

Maya 除了拥有 NURBS 强大的建模工具外，还拥有另一更强大的建模工具就是 Polygon 多边形建模工具。

多边形从技术角度来看，相对比较容易掌握，Polygon 建模的本质就是对多边形物体上的点、边、面进行空间上的移动，由此达到造型目的。在创建复杂表面时，细节部分可以任意加线，特别是在结构穿插关系很复杂的模型上就能体现出它的优势。

3.1　Polygon 多边形建模基础

3.1.1　多边形编辑元素

通常编辑多边形，都是以多边形的元素点、边、面等进行编辑调整，多边形的基本元素可以通过工具栏选择，也可以通过选择物体后右键选择编辑元素，如图 3—1 所示。

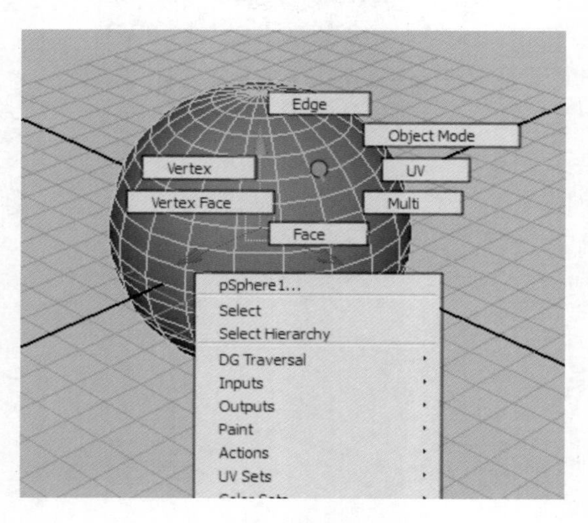

图 3—1　多边形元素编辑

多边形元素编辑属性为以下几点。

(1) Vertex (顶点)：顶点是线段的端点，是构成多边形的最基本元素，可进行变换编辑。多边形顶点的操作都会影响多边形的最终状态，顶点的调整也是确定多边形的形状的主要方法之一。

（2）Edge（边）：就是一条连接两个多边形顶点的线段，由顶点相互连接形成。多边形的边是可以进行变换调整的。

（3）Face（面）：在 Polygon 多边形建模中，将 3 个以上的点、边所围成的闭合图形称之为面。

（4）Vertex Face（顶点面）：使用该命令可以进入多边形的顶点面组件级别。但只能进入顶点面的选择，不能直接进行变换操作，用来选择观察使用。

（5）UV（UV 点）：多边形 UV 点是通过设置多边形投射纹理的点。该选项只能进入 UV 点的选择，不能进行变换操作，只用来选择观察使用，编辑 UV 点要在 UV 编辑器里面编辑。

（6）Multi（多重调节）：可以进入边、面、顶点的多重调节。

3.1.2 多边形的创建

Polygon 多边形创建方法有很多种，可以通过以下几种方法创建完成。

选择工具栏 Polygons 多边形标签创建，该标签提供了 8 种常用多边形基本几何体的创建，如图 3—2 所示。

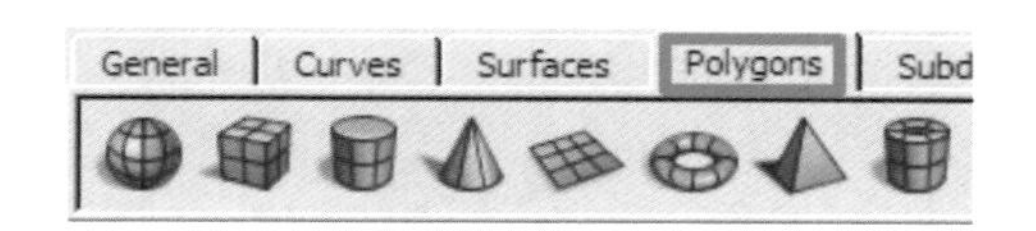

图 3—2 工具栏多边形创建

通过 Create 菜单创建多边形。Create 菜单提供了 Maya 所有多边形基本几何体，通过菜单可以在创建这些多边形，也可以在创建多边形基本几何体前打开对应的属性对话框，设置基本几何体的属性参数。

Maya 多边形基本几何体包括 Sphere、Cube、Cylinder、Cone、Plane、Torus、Prism、Pyramid、Pipe、Helix、Soccer Ball 和 Platonic Solids，这些多边形基本几何体是创建其他复杂物体的基础，如图 3—3 所示。

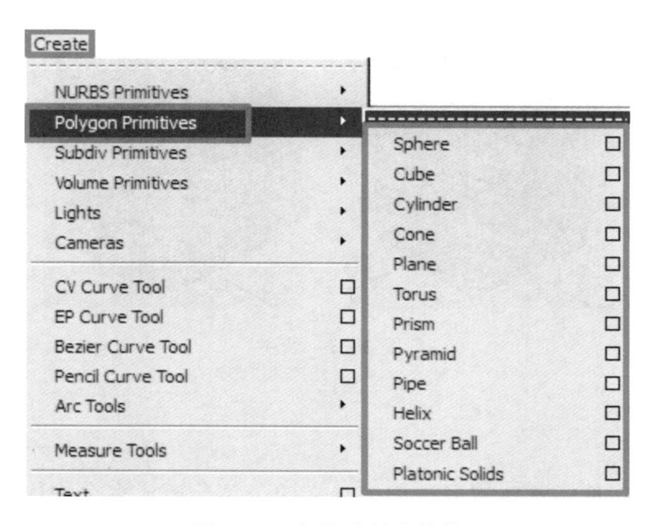

图 3—3 多边形创建菜单

多边形与 NURBS 曲面一样可以通过曲线进行创建。使用 Surface 曲面菜单命令编辑成面，在各编辑命令参数设置对话框修改 Output geometry（决定生成的曲面的类型）为 Polygon，就可以将曲线转换为多边形。

多边形也可以通过转换菜单 Modify/Convert（转化）命令，将 NURBS 曲面或者细分面等转化为多边形。

多边形还可以通过转换菜单 Mesh/Create polygon Tool（创建多边形）工具，创建一个面的多边形，也还可以在多边形曲面中绘制几个洞的多边形，如图 3—4 所示。

图 3—4　创建多边形

3.2　Mesh 网格

Mesh 菜单是多边形网格编辑的一个菜单，用来编辑多边形。

3.2.1　Combine

Combine（合并）是将独立的几个多边形物体合并成一个多边形物体。操作时选择多个多边形，执行此命令，如图 3—5 所示。

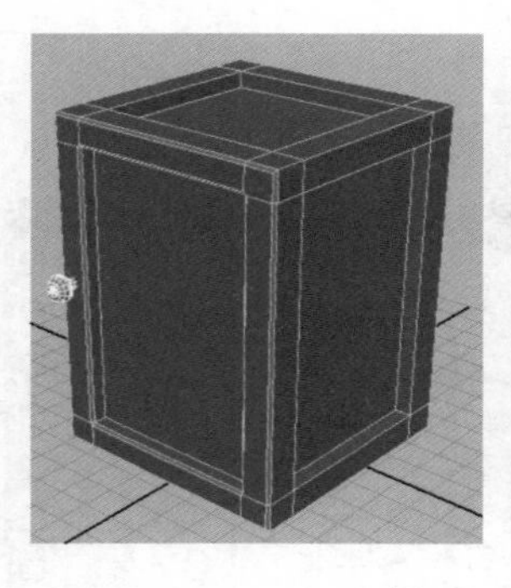
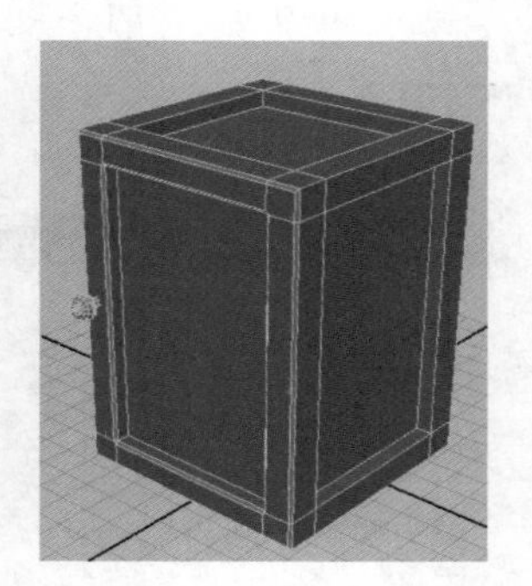

图 3—5　合并

3.2.2　Separate

Separate（分离）是将整体的多边形中独立的个体分离成多个物体。操作时选择物体，执行命令，所有非连续性的独立体都会被分离开，如图 3—6 所示。

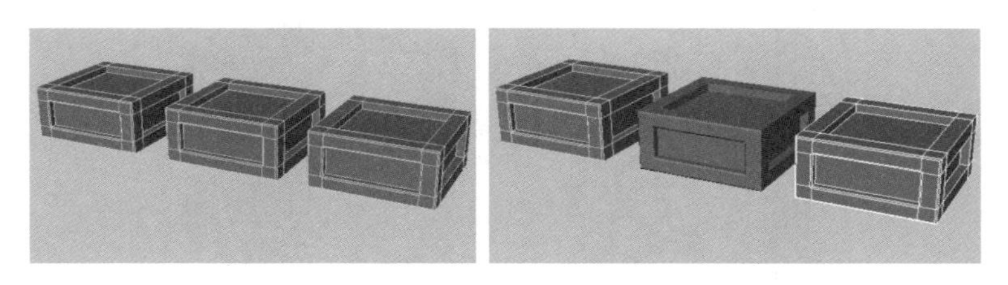

图 3—6　分离

3.2.3　Extract

Extract（提取）是将多边形上的某个面提取出来。操作时选择需要提取的面，执行命令就可以将多边形上的某个面提取分离出来，如图 3—7 所示。

图 3—7　提取

3.2.4　Booleans

Booleans 命令是计算两个相交的独立多边形的一种运算方法。

多边形布尔运算包括 Union、Difference 和 Intersection 三种布尔运算方法。通过计算得出所需的多边形。

（1）Union：是将两个相交的多边形合并成一个整体，相交的部分将被自动清除，如图 3—8 所示。

图 3—8　布尔运算并集

（2）Difference：是指两个相交的多边形一个减去另外一个剩下的部分，为差集。操作时后选择的多边形会减去先选择的多边形，如图 3—9 所示。

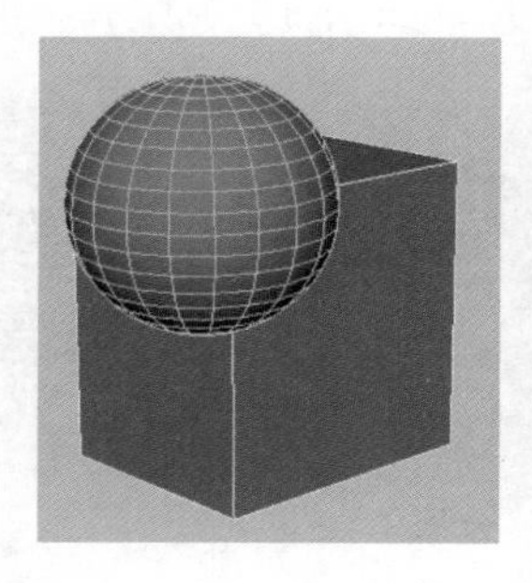
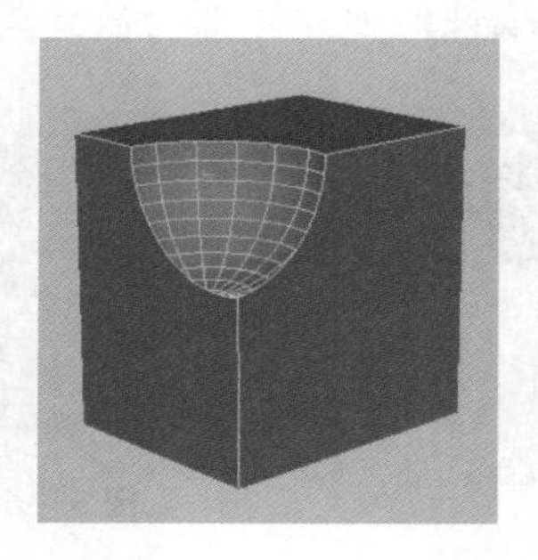

图 3—9　布尔运算差集

(3) Intersection：是指两个相交的多边形布尔运算后只保留相交的部分，其他的部分的面将被删除，如图 3—10 所示。

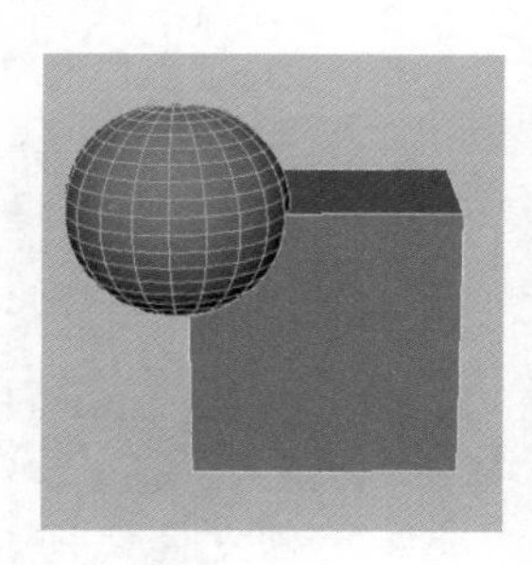

图 3—10　布尔运算交集

3.2.5　Smooth

Smooth（光滑）是对选择的多边形进行细分，将其进行光滑细分处理。执行命令后会增加多边形的面，细分面的参数可以在光滑属性对话框设置，如图 3—11 所示。

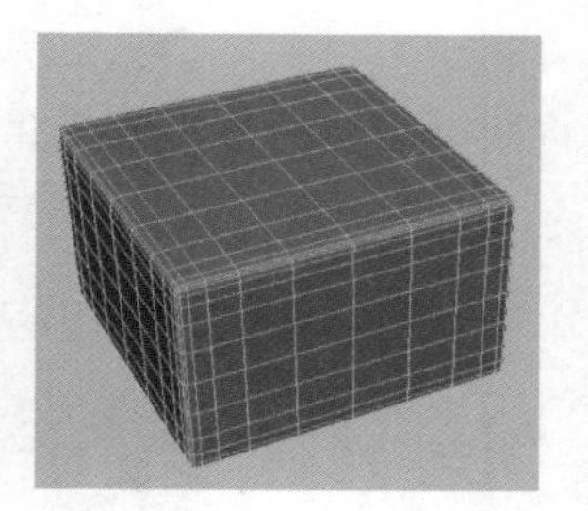

图 3—11　光滑

3.2.6　Average Vertices

Average Vertices（平均化顶点）通过调整顶点的位置来平滑多边形。不会增加多边形的面，只是在选择的点上进行平滑，如图 3—12 所示。

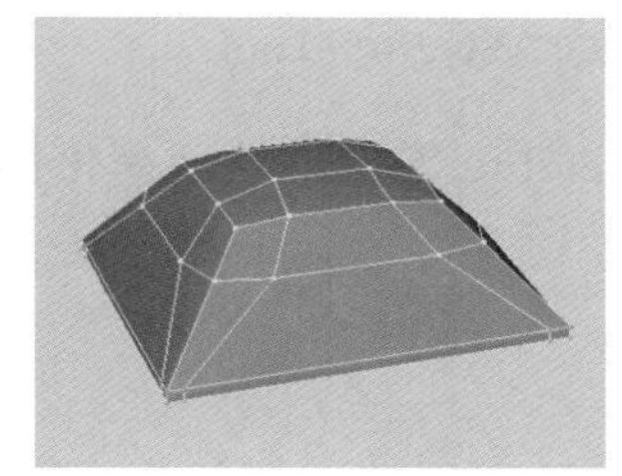

图 3—12 平化顶点

3.2.7 Transfer Attributes

Transfer Attributes（属性传递）可以传递 UV 和顶点颜色以及顶点的位置信息，可将多边形物体属性转移到另一个结构并不相同的多边形物体上。

3.2.8 Paint Transfer Attributes Weights Tool

Paint Transfer Attributes Weights Tool（绘制传递属性权重工具）用于融合原对象属性值和目标对象的属性值，使用笔刷控制两个多边形物体之间属性转移范围和强度。

3.2.9 Transfer Shading Sets

Transfer Shading Sets（传递着色集）可以在不同的两个对象之间传递着色指定数据。例如，将着色指定数据从立方体传递到球体。

3.2.10 Clipboard Actions

Clipboard Actions（剪切板操作）能够快速方便地从其他对象拷贝和粘贴 UV、材质和颜色，甚至在同一对象内进行面与面之间的拷贝粘贴。剪切板包括三个子命令，Copy Attributes 复制网格属性，Paste Attributes 粘贴网格属性，Clear Actions 清楚剪切板操作。

3.2.11 Reduce

Reduce（简化）用于减少多边形上面的数量。可通过简化属性参数对话框设置简化的范围。简化是 Maya 命令自动完成的，所以在执行的过程当中会破坏一些重要的结构线，不建议过多使用。也可以根据需要选择面执行命令，如图 3—13 所示。

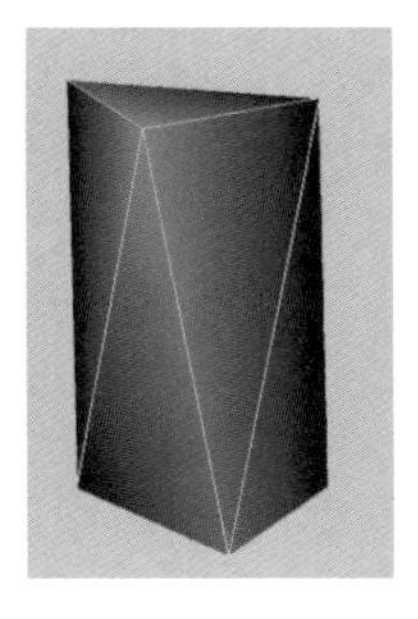

图 3—13 简化多边形

3.2.12 Paint Reduce Weights Tool

Paint Reduce Weights Tool（绘制简化权重）是通过笔刷进行简化范围的选择以及简化强弱的控制。

3.2.13 Cleanup

Cleanup（清除）可以用在模型制作完成后，清除零面积的面或零长度的边，清除模型的废边废线。

3.2.14 Triangulate

Triangulate（三角面）是将多边形四边面转换成三角面，操作方法：选择要转换的四边面后执行三角边命令，就可以将四边面转换为三角面，如图 3—14 所示。

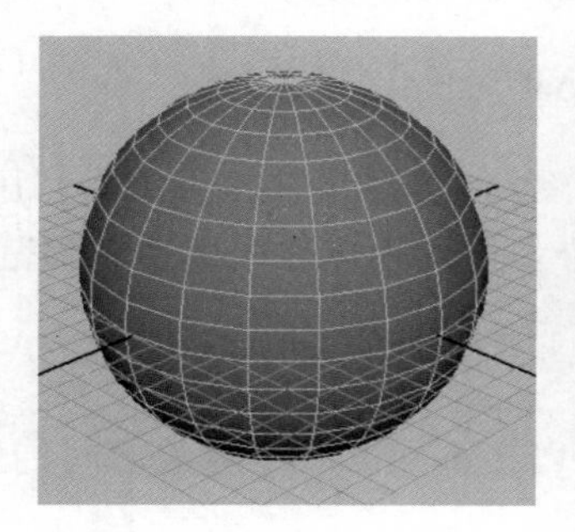
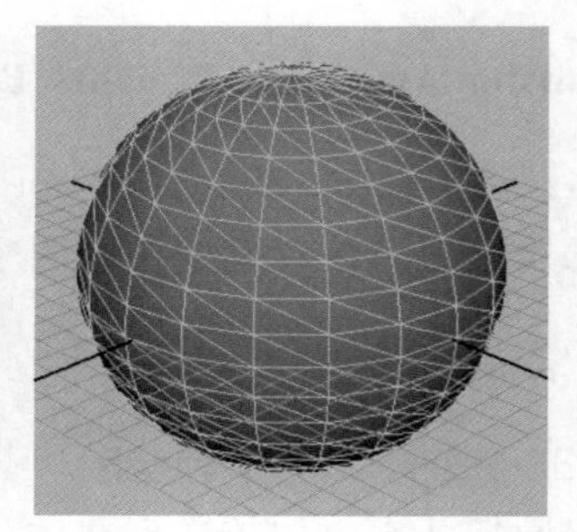

图 3—14 三角面

3.2.15 Quadrangulate

Quadrangulate（四边面）是将多边形三角面转换成四边面，操作方法：选择要转换的三角面，执行四边面命令，就可以将三角面转换成四边面，如图 3—15 所示。

图 3—15 四边面

3.2.16 Fill Hole

Fill Hole（补洞）命令是将多边形上的缺口处创建一个面进行补洞，如图 3—16 所示。

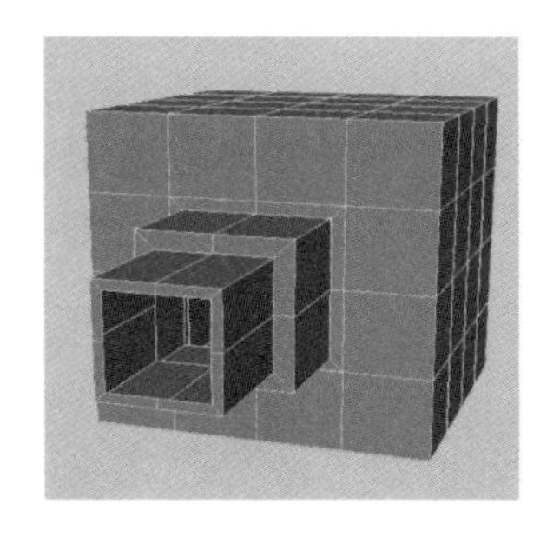

图 3—16　补洞

3.2.17　Make Hole Tool

Make Hole Tool（创建洞）通过将制定的多边形，在另外一个多边形上创建洞。

操作时先选择多边形，再选择要创建洞的形状面，最后回车结束命令。注意：两个面必须是在同一个物体上才能执行命令，如图 3—17 所示。

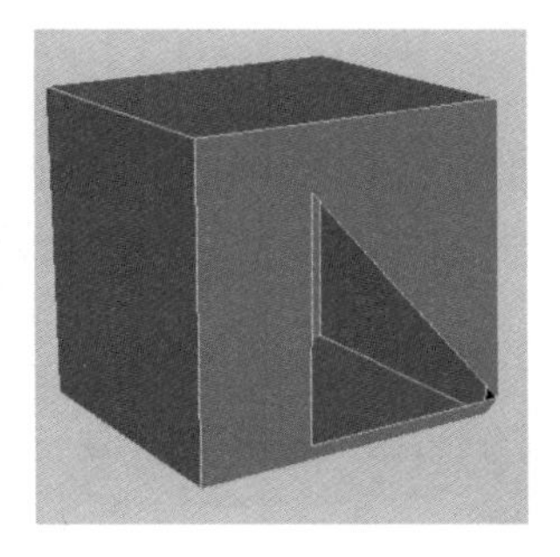

图 3—17　创建洞

3.2.18　Create Polygon Tool

Create Polygon Tool（创建多边形工具）命令可以创建一个面的多边形，还可以创建带有几个洞的多边形，需要挖洞时要在绘制完外轮廓后，按下 Ctrl 键绘制内部图形，最后回车完成多边形面的创建，如图 3—18 所示。

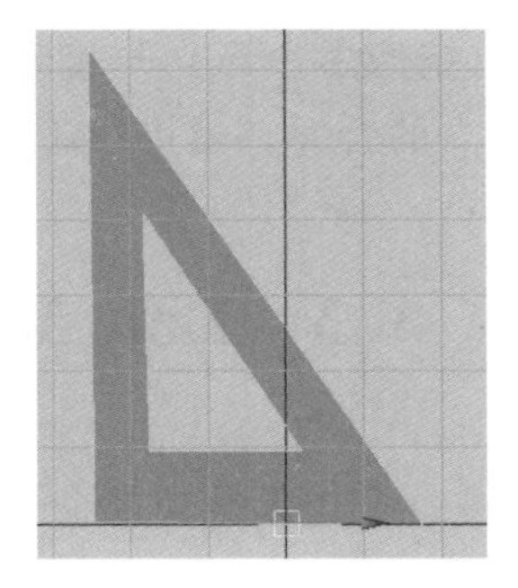

图 3—18　绘制创建多边形

3.2.19 Sculpt Geometry Tool

Sculpt Geometry Tool（多边形雕刻工具）是通过雕刻笔刷直接在多边形上绘制，制作多边形面凸起或者凹陷的形状效果，如图3—19所示。笔刷的配置可以在参数选项对话框中进行设置使用。

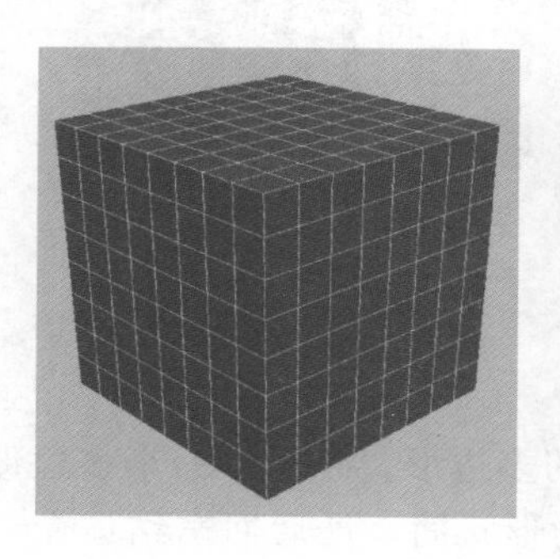
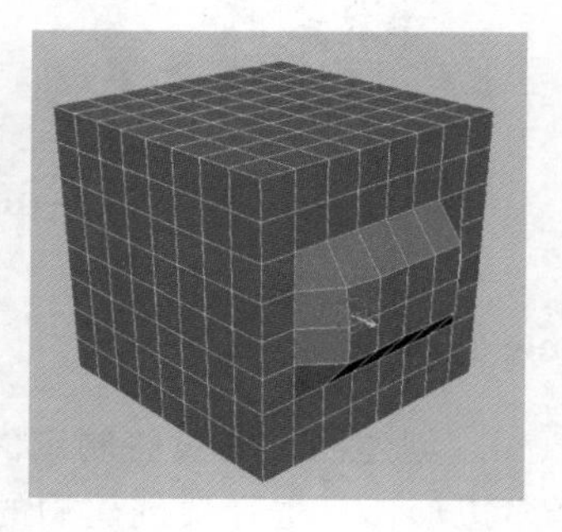

图3—19 多边形雕刻

3.2.20 Mirror Cut

Mirror Cut（镜像剪切）是在镜像的同时将物体与原多边形合成一个物体。镜像相交的面将被剪切。镜像的轴向可以在属性对话框修改，如图3—20所示。

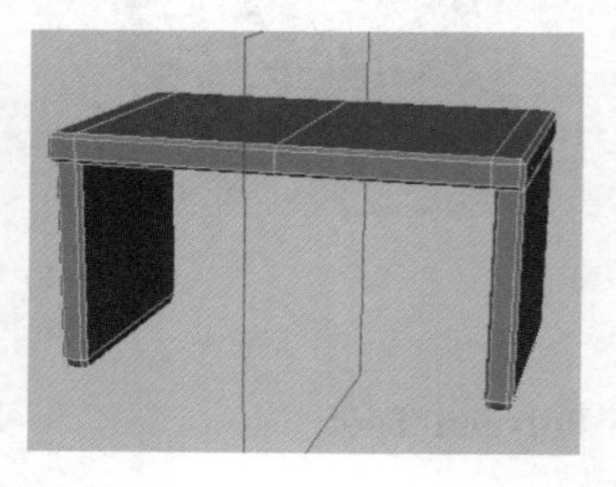

图3—20 镜像剪切

3.2.21 Mirror Geometry

Mirror Geometry（镜像多边形）与镜像剪切不同的是不会进行物体剪切，只完成镜像。镜像物体可以设置点的合并，也可以不设置合并点。

3.3 Edit Mesh 编辑网格

Edit Mesh菜单是进行多边形编辑的命令菜单，在创建好的多边形的形状基础上进行编辑，添加更多细节。

编辑网格菜单包括以下命令。

3.3.1 keep faces together

keep faces together（保持面的一致性）主要是配合其他编辑面命令进行操作。

系统默认该选项为选择状态，是指多个面以一个组的形式一起进行变换操作。如果不勾选该选项，则多边形面不保持一致性，以各面的中心或者选择的方向独立进行变换操作。在编辑多边形时，根据模型的最终效果对该命令选择勾选与不勾选，如图 3—21 所示。

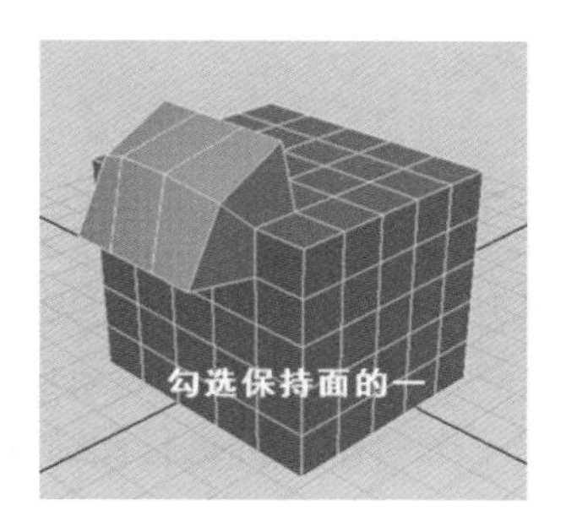

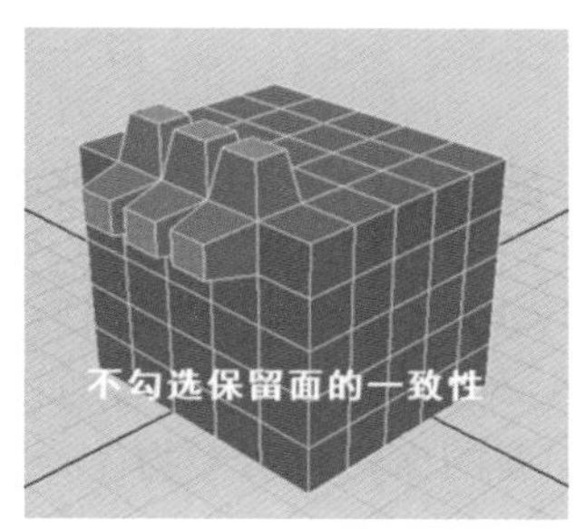

图 3—21　多边形面的一致性

3.3.2 Extrude

Extrude 命令是将多边形某个元素面、边、点，挤出新面，如图 3—22 所示。可以对挤出面的分段数、平滑度偏移值、渐变、扭曲等参数编辑设置。

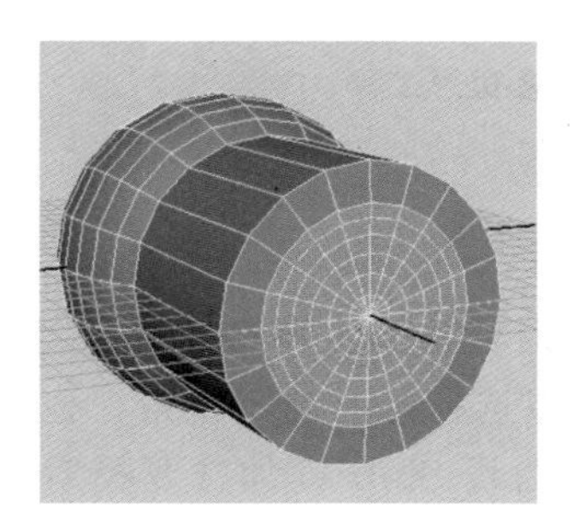

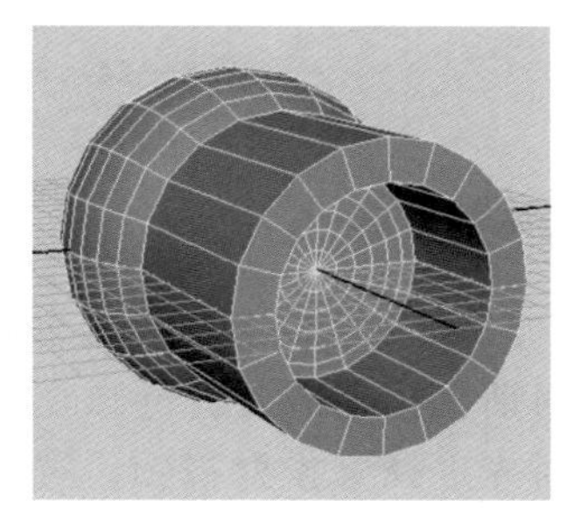

图 3—22　挤出

3.3.3 Bridge

Bridge（桥接）可以在两条边界之间建立一个多边形过渡面。这个过渡面可以设置为是线性的，也可以是平滑的。

使用桥接的多边形工具前，要保证操作的两个多边形必须是同一个物体。如果不是同一个物体，要先对物体进行合并，执行 Mesh/Combine 命令，将两个物体合为同一个物体，然后再选择要桥接的两边边界命令完成桥接面创建，如图 3—23 所示。

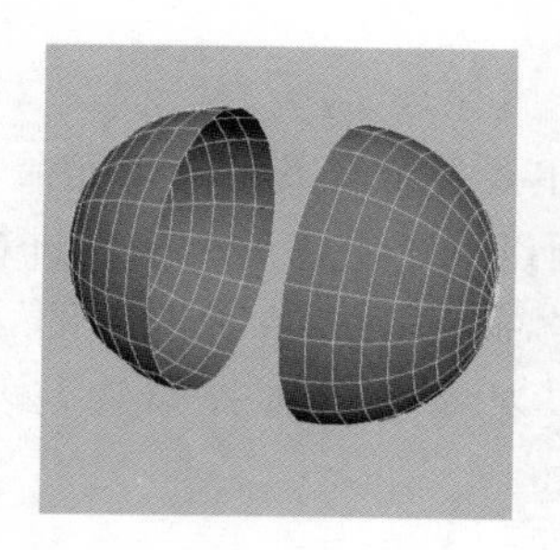

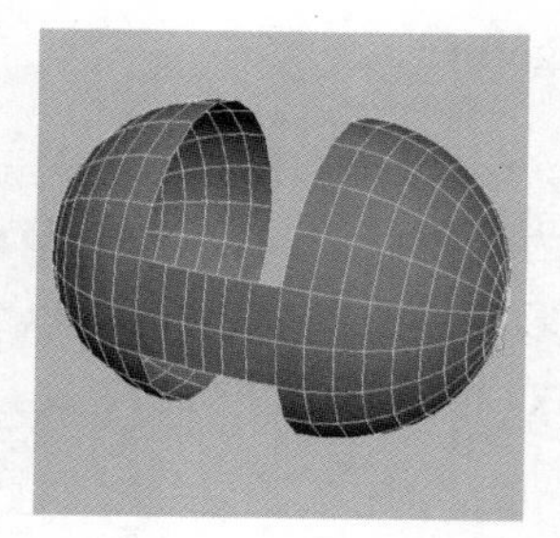

图 3—23　桥接

3.3.4　Append To Polygon Tool

Append To Polygon Tool（附加多边形工具）可以从现有的多边形沿着边界向外附加面。附加多边形工具必须是同一个物体，如图 3—24 所示。如果不是同一个物体，两个面之间的边界需要附加新的面，将两个物体合为同一个物体，再执行此命令。

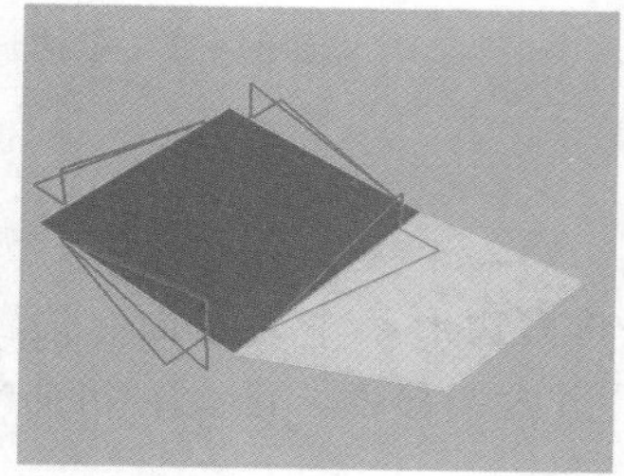

图 3—24　附加多边形工具

3.3.5　Project Curve On Mesh

Project Curve On Mesh（投射曲线到多边形）是将曲线到投射多边形上。曲线投射的参考方向可在参数对话框根据需要进行修改，以选择好的视图视角，也可以选择观察的方向进行投射。操作时先选择好投射视图，选择曲线 Shift 键加选要投射的多边形，执行此命令，如图 3—25 所示。

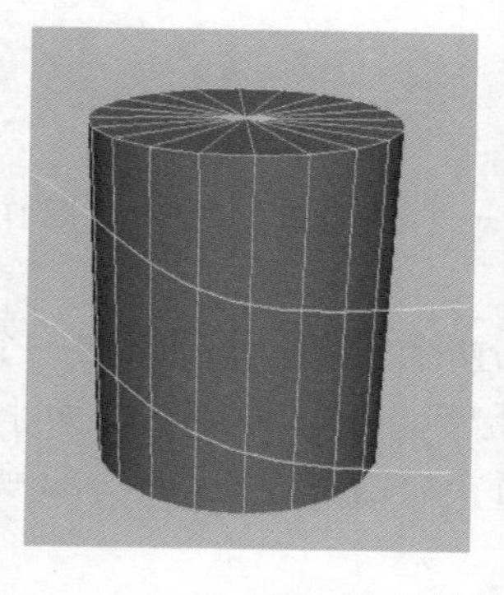

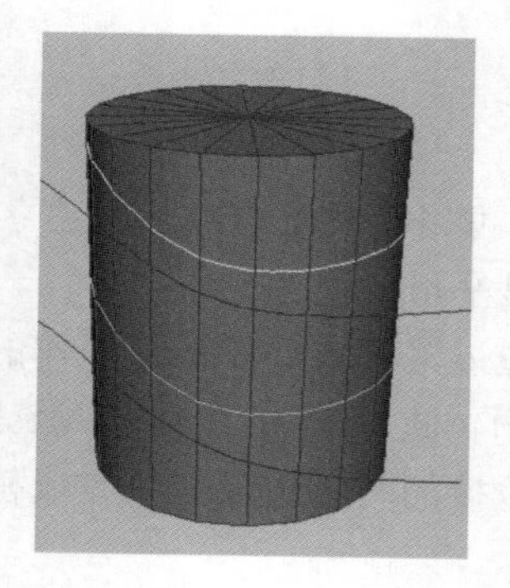

图 3—25　投射曲线到多边形

3.3.6 Split Mesh With Projected Curve

Split Mesh With Projected Curve（投射的曲线并分割多边形）命令，根据投射到多边形上的曲线，进行分割多边形的面。操作时先选择好投射到多边形上的线，然后加选多边形面，执行此命令，如图 3—26 所示。

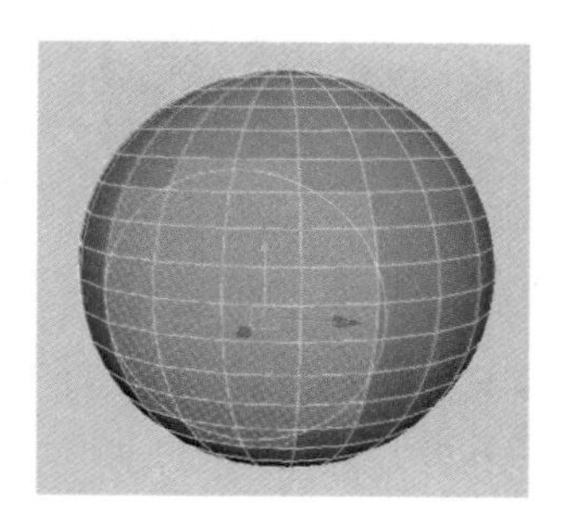
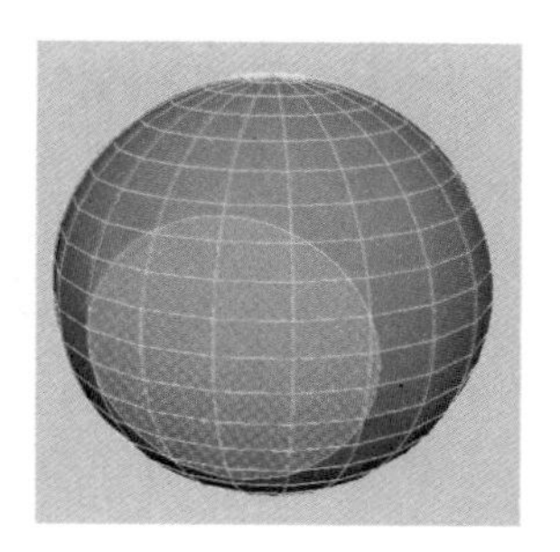

图 3—26　投射曲线并分割多边形

3.3.7 Cut Faces Tool

Cut Faces Tool（切面工具）可以在任意角度对多边形面进行切割。通过修改切面工具的属性对话框，勾选 Delete Cut Faces 删除切割面，就可以将多边形的面切除，如图 3—27 所示。

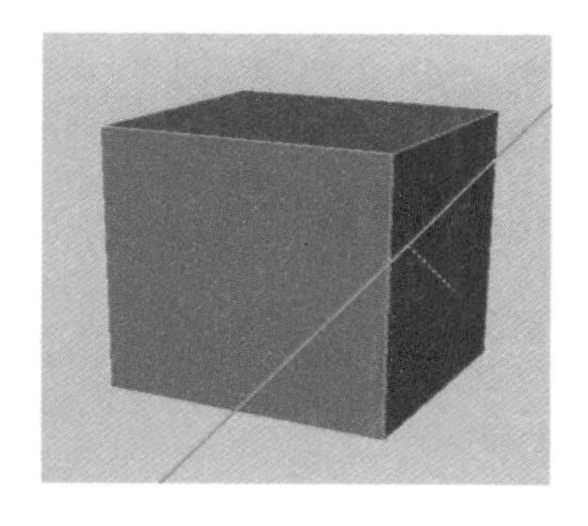

图 3—27　切面工具

切面工具默认状态下，可以在多边形上添加切割线，不进行切面。用户可以利用此方法添加面的边数，如图 3—28 所示。

图 3—28　添加切割线

通过修改切面工具的属性对话框，勾选 Extract Cut Faces 切割并分离面，此命令不会删除面，是将切割的面与多边形分离开。分离的距离，可以通过该参数对话框进行设置，如图 3—29 所示。

图 3—29　切割分离曲面

3.3.8　Interactive Split Tool

Interactive Split Tool（交互式分割工具）是在多边形面上绘制的线并将面分割出来，如图 3—30 所示。通过交互式分割工具属性参数对话框设置，可在多边形上进行边的绘制，不进行面的分割。

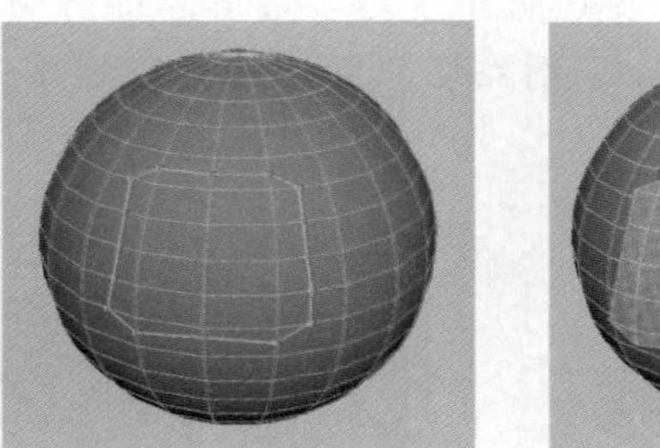

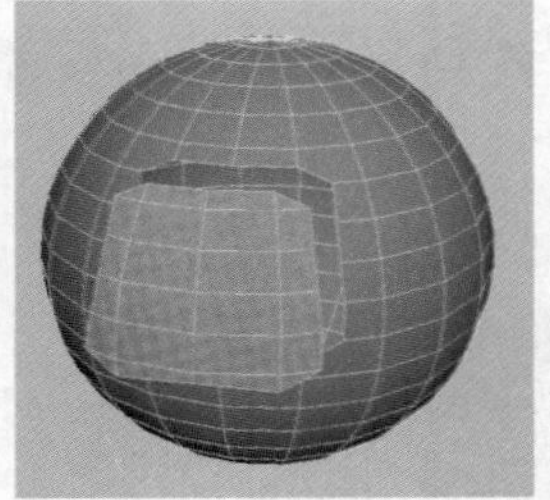

图 3—30　交互分割多边形

3.3.9　Insert Edge Loop Tool

Insert Edge Loop Tool（插入环形边工具）是在多边形上插入一周的边。插入环形边工具属性对话框，可以通过设置属性插入的环形边将面切开，还可以设置插入多条边选项，如图 3—31 所示。

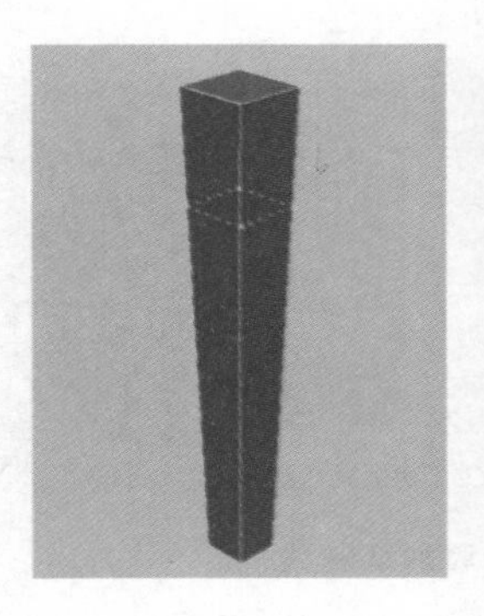

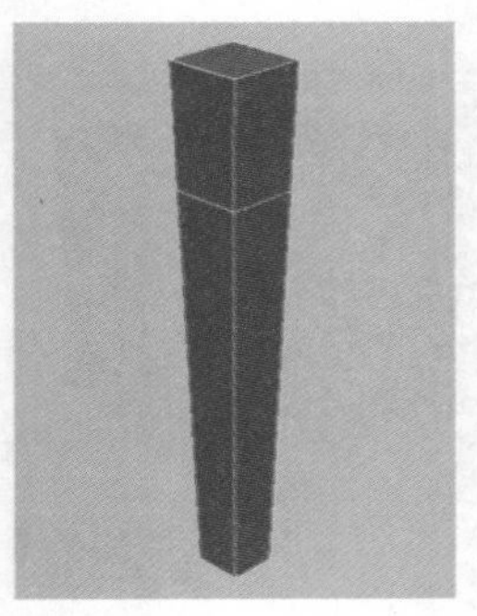

图 3—31　插入环形边工具

3.3.10 Offset Edge Loop Tool

Offset Edge Loop Tool（移环绕边工具）以多边形上的某一条边为中心，等距离的在这条边的两侧位置插入两条新的环形边，如图 3—32 所示。

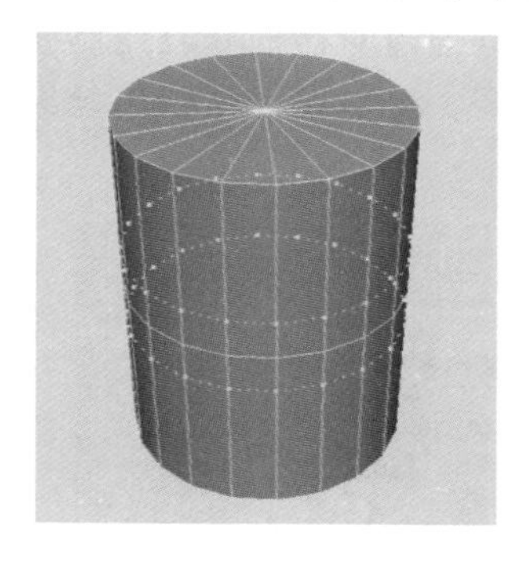
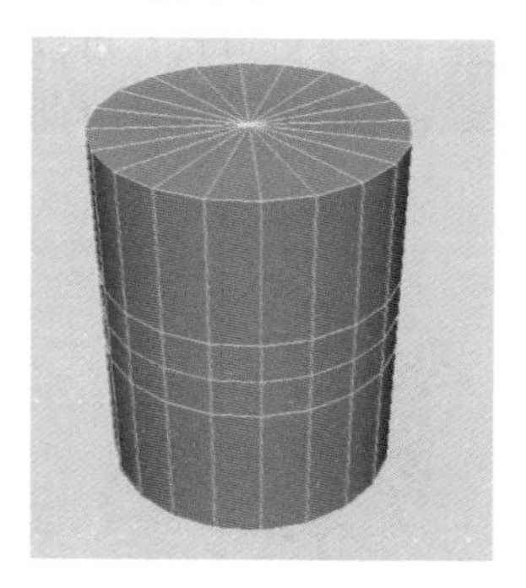

图 3—32 偏移环绕边工具

3.3.11 Add Divisions

Add Divisions（添加细分）是将多边形面细分成三边和四边面。操作时选择多边形的边或者面，执行命令，如图 3—33 所示。

图 3—33 添加细分面

3.3.12 Slide Edge Tool

Slide Edge Tool（滑边工具）是将选择的边沿着多边形的面移动。操作时选择一条或者一周的边，按下鼠标中间移动鼠标即可完成滑动边，如图 3—34 所示。

图 3—34 滑边工具

3.3.13 Transform Component

Transform Component（变换组件）可以对多边形组件的：边、顶点、面和 UV 元素，进行变换旋转、移动、缩放的变换。

执行该命令会创建一个历史节点，可以根据通道对话框修改变换参数。

操作时先选择需要变换的边，再执行此命令，可以在视图使用操纵杠杆变换操作多边形元素，如图 3—35 所示。

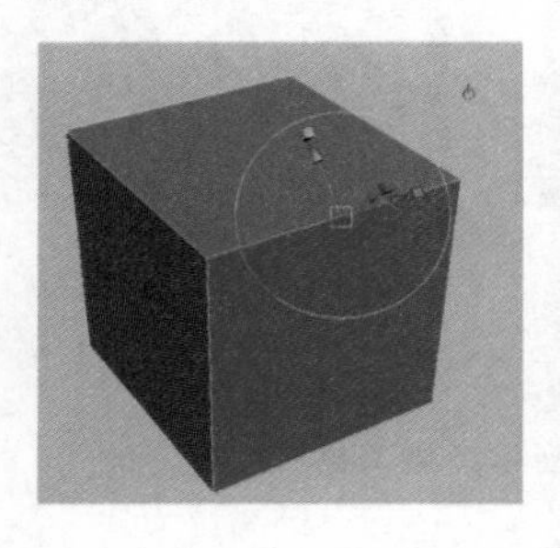
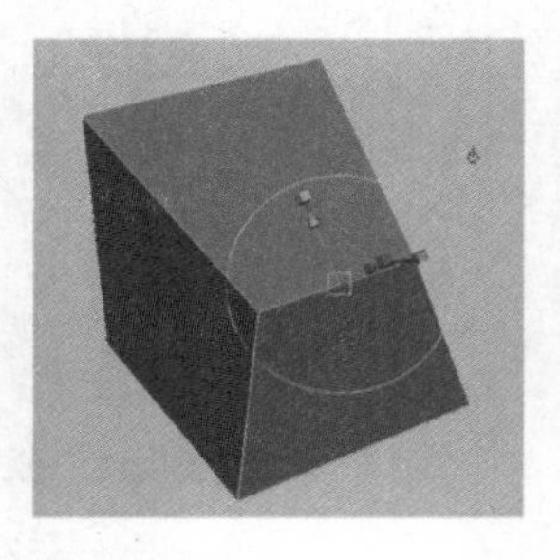

图 3—35 变换多边形边

3.3.14 Flip Triangle Edge

Flip Triangle Edge（翻转三角边）是寻找相反边的位置，针对于三角边操作，如图 3—36 所示。注意：边界的边不能翻转。

图 3—36 翻转三角形边

3.3.15 Slide Edge Forward/Backward

Slide Edge Forward/Backward（向前/后旋转边）将两个相连四边面中的公共边，向前或者向后进行边的旋转。该命令不能进行边界操作，只针对四边面中的公共边使用，如图 3—37 所示。

图 3—37 旋转边的方向

3.3.16 Poke Face

Poke Face（凸起面）是将所选的面使用三角面进行细分，并在面上形成一个细分中心，可以通过操纵变换器手柄调整中心。

操作时先选择要细分的多边形面片，然后执行命令，如图 3—38 所示。

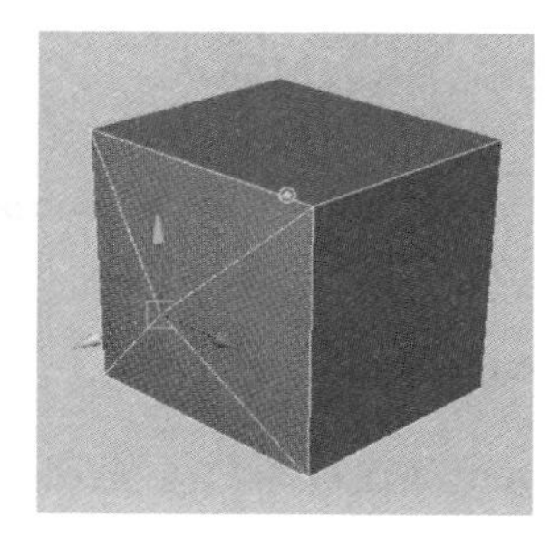

图 3—38　凸起面

3.3.17 Wedge Face

Wedge Face（楔入面）是在选择一条边和一个面的基础上，拖曳出弧形的多边形几何体。

操作时先选择面，然后按 Shift 键加选临近的一条边，执行命令就会出现一个斜面体，如图 3—39 所示。

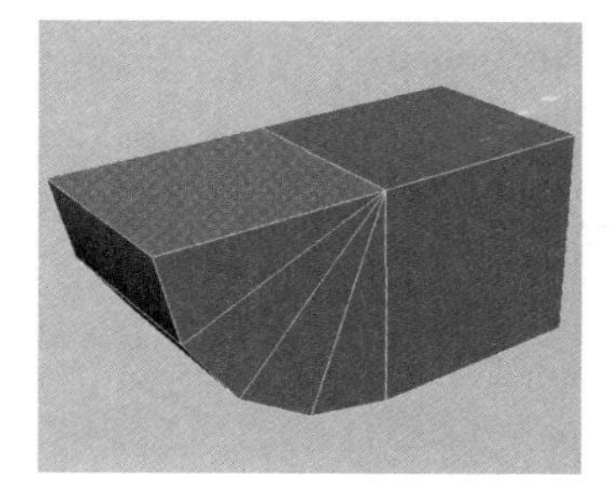

图 3—39　楔入面

3.3.18 Duplicate Face

Duplicate Face（复制面片）是在多边形原有的面片基础上，选择复制的面片，执行此命令。面片就被复制提取出来，复制的面将独立存在，不和之前的面为同一物体，如图 3—40 所示。

复制出来的多个面可以是同一物体，也可以是多个独立的面。此设置要在复制面片之前先确定是否勾选：Keep Faces Together 保持面的一致性，然后再执行复制面片命令。

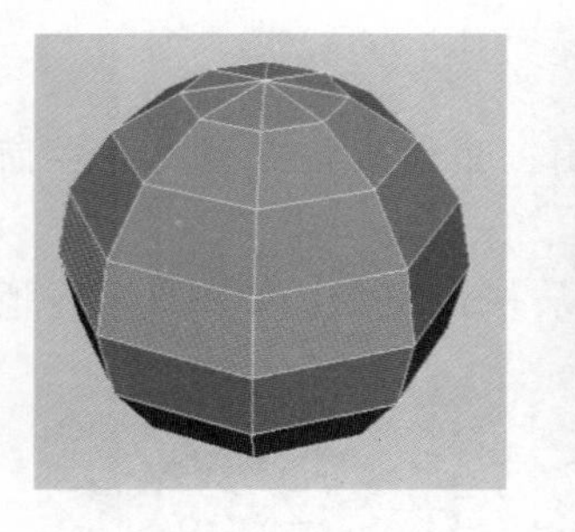 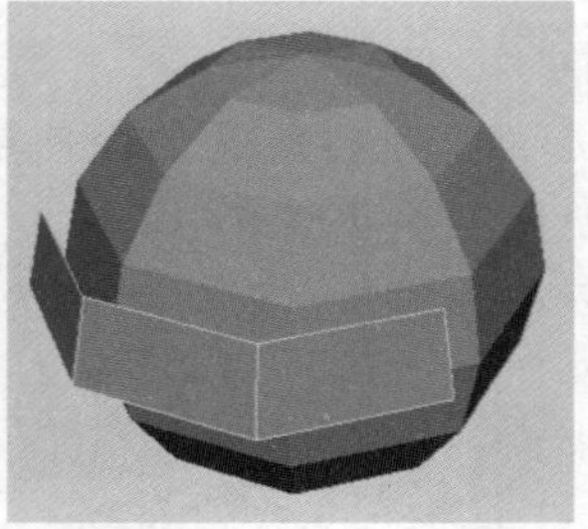

图 3—40　复制面

3.3.19　Connect Component

Connect Component（连接组件）是将选择的点和边进行连接，创建一条相连的边。这些组件必须是相邻的，顶点和边必须共面并且相邻，如图 3—41 所示。

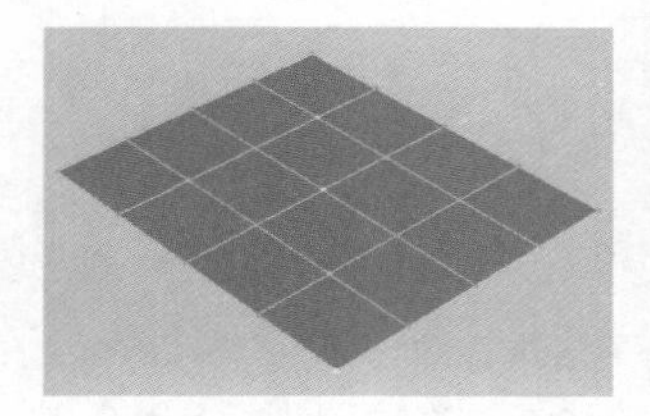 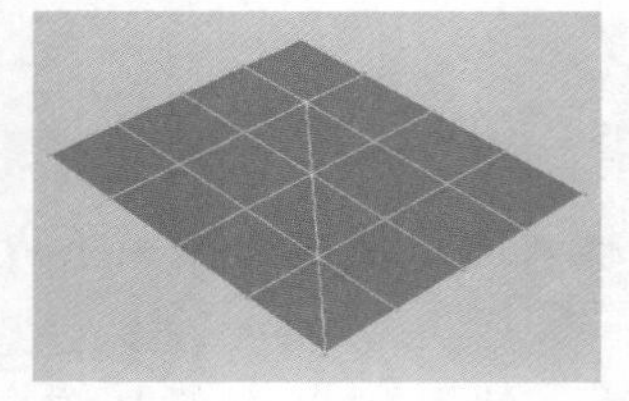

图 3—41　连接组件

3.3.20　Detach Component

Detach Component（分离工具）是将多边形连接的面进行分离开，可以通过选择多边形的点或边进行分离操作，如图 3—42 所示。

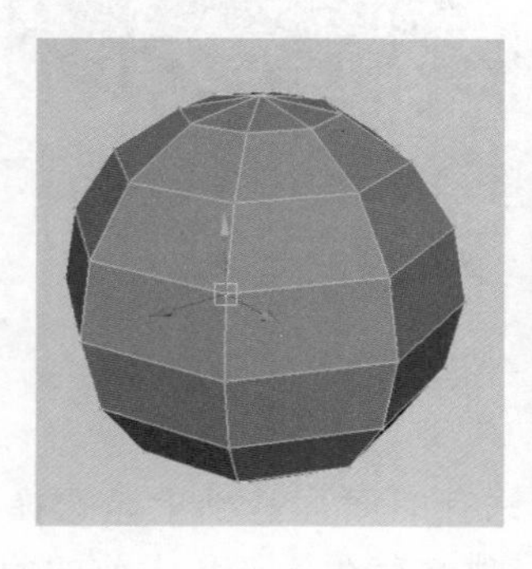 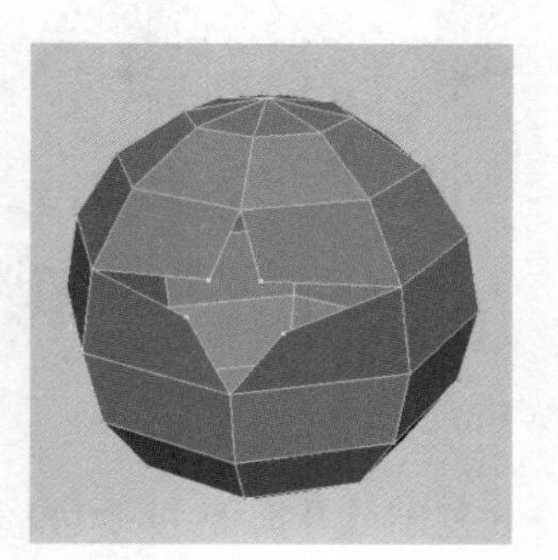

图 3—42　分离工具

3.3.21　Merge

Merge（融合）命令是将多边形中断开的面进行点的融合，将 2 个以上的点融合为一个点。

该命令要求多边形物体必须是同一个物体，如果不是同一个物体，先选择 Mesh/Combine 将两个物体先进行合并，再执行此命令。合并的点之间距离可以通过该命令的属性对话框进行设置，如图 3—43 所示。

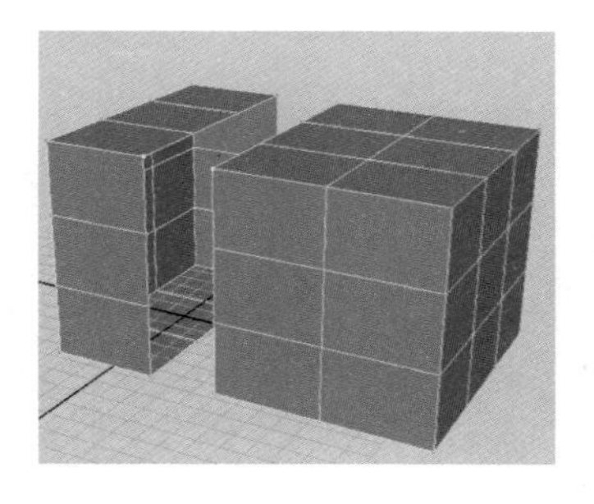
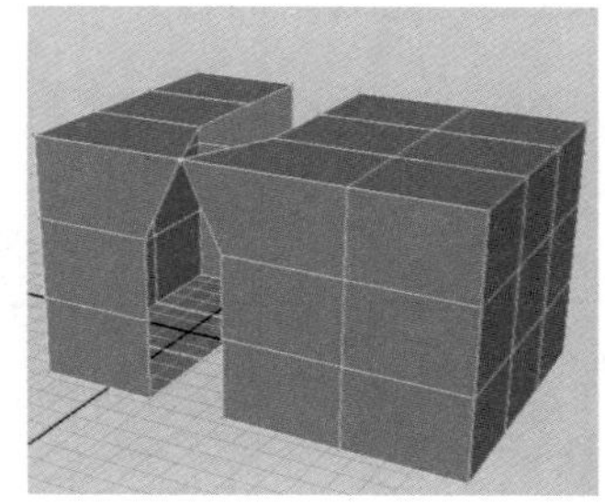

图 3—43　融合

3.3.22　Merge To Center

Merge To Center（合并到中心）可以进行点、边、面融合到中心的位置。以被选择的范围为中心进行融合。不管是选择点、边还是面，最终都以合并为中心点完成制作，如图 3—44 所示。

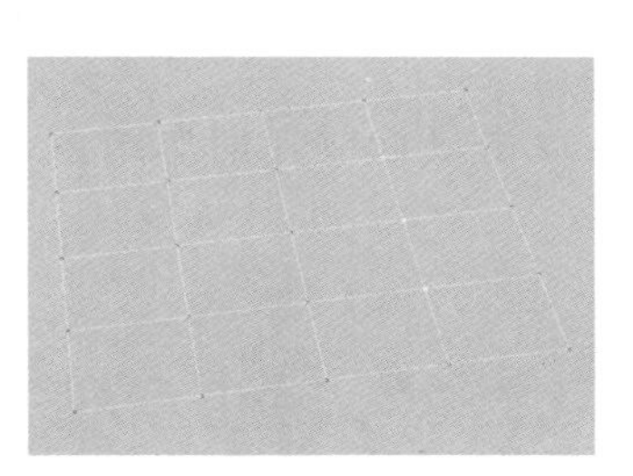
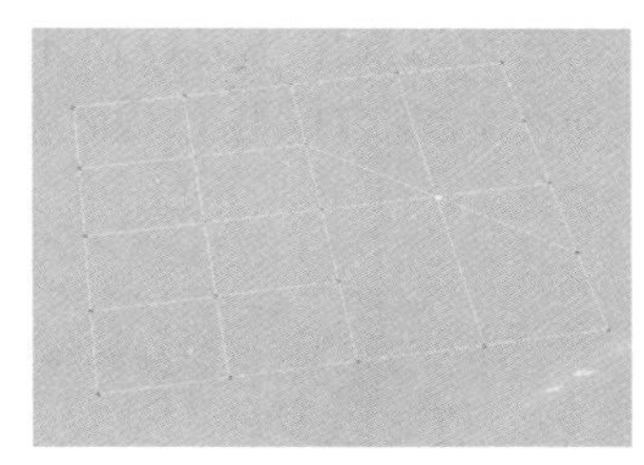

图 3—44　合并点到中心

3.3.23　Collapse

Collapse（塌陷）命令主要是多边形的边或者面为中心进行塌陷，相当于塌陷选择边或者选择面，把选择后相邻的边上或者面上的点以选择范围为中心进行点合并。

塌陷命令不对多边形上的点进行塌陷，只对多边形的边和面进行塌陷，所以要进入到多边形的边或者面的模式下，选择要塌陷的部分，再执行该命令，如图 3—45 所示。

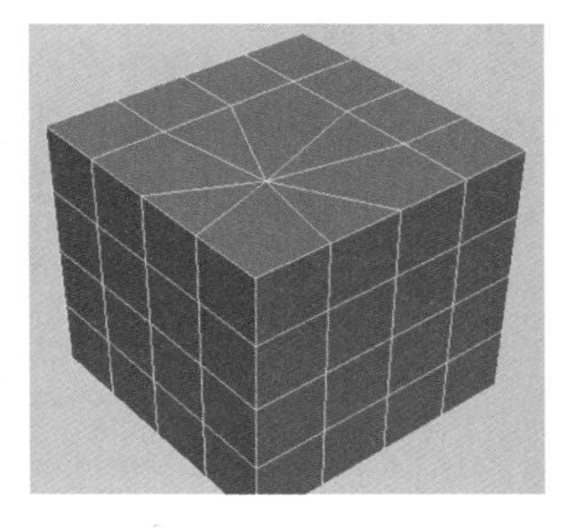

图 3—45　塌陷

3.3.24 Merge Vertex Tool

Merge Vertex Tool（点合并工具）与前面合并点命令不同。该命令可以将点选择后，拖曳到想要合并的点上，完成点的合并，如图 3—46 所示。

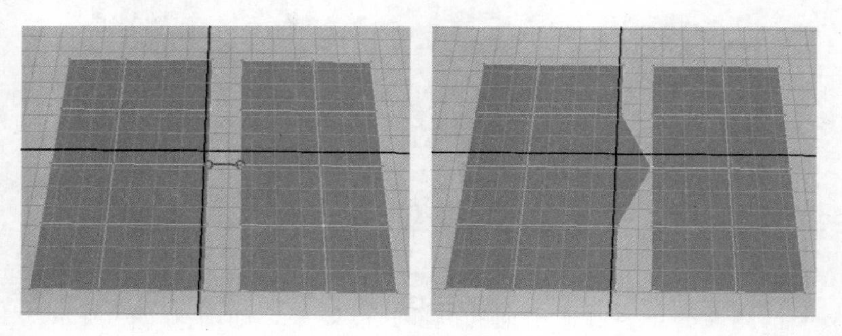

图 3—46 点合并工具

3.3.25 Merge Edge Tool

Merge Edge Tool（合并边工具）可将两条边进行合并。合并的中心可以通过合并边工具属性对话框设置。合并边的形式：可以以两条边的中心进行合并，也可以选择以第一条选择边或者第二条选择边为中心进行合并。

操作时执行该命令，再选择两条边，然后双击鼠标或者回车结束命令，如图 3—47 所示。

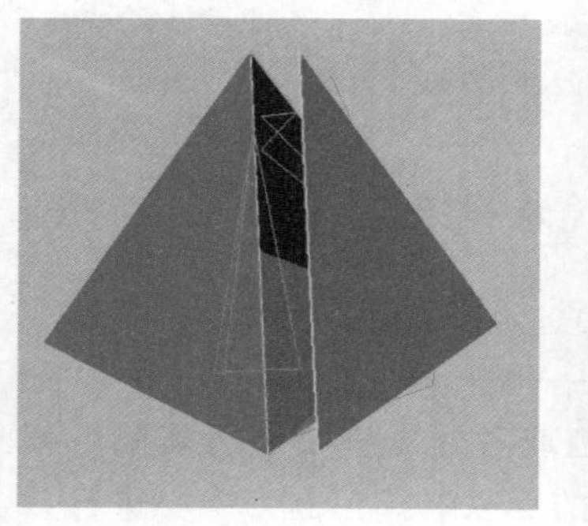

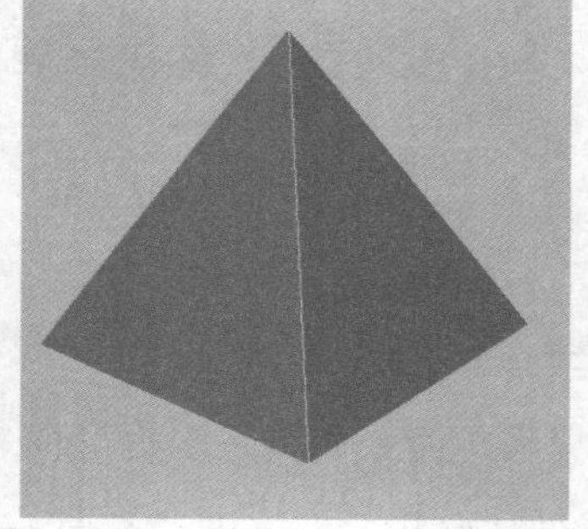

图 3—47 合并边工具

3.3.26 Delete Edge/Vertex

Delete Edge/Vertex（删除边/顶点）命令可以在原有的多边形面基础上，删除多边形的边和顶点组件，如图 3—48 所示。注意：如果使用 Delete 快捷键只能删除边，不能删除由边支持的点。

图 3—48　删除边

3.3.27　Chamfer Vertex

Chamfer Vertex（斜切顶点）是将选择的顶点进行斜切并创建出新的面，如图 3—49 所示。

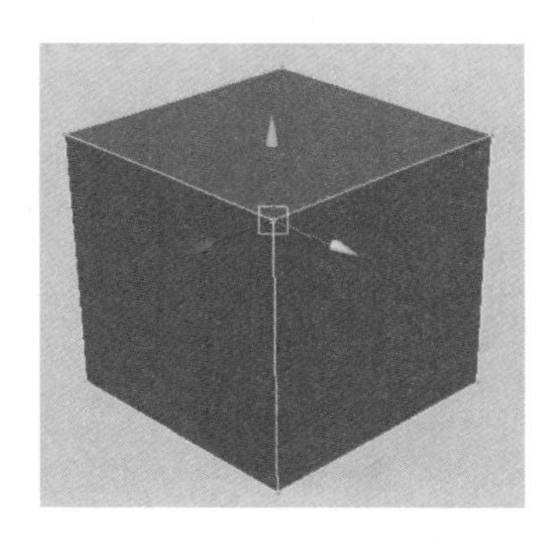 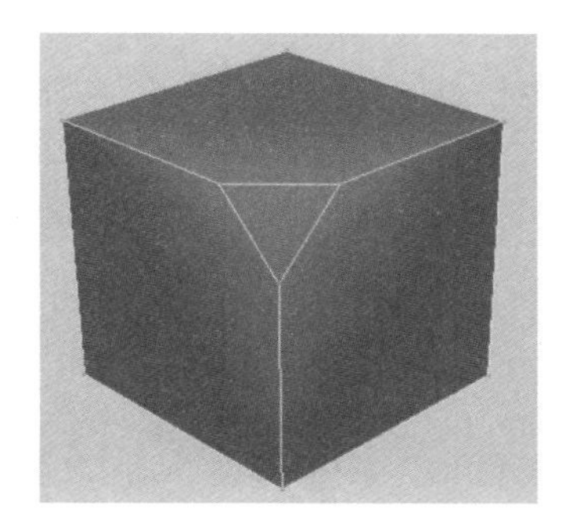

图 3—49　斜切顶点

3.3.28　Bevel

Bevel（倒角）命令是对多边形边进行倒角，适合用于需要圆角的边。倒角出的面段数和倒角的宽度，可以通过倒角参数对话框进行设置，如图 3—50 所示。

图 3—50　倒角

3.3.29 Crease Tool

Crease Tool（褶皱工具）可以将选择的点或者边产生褶皱效果，形成硬边。选择点或者边，单击鼠标中间拖动，可控制褶皱硬边的效果，如图 3—51 所示。

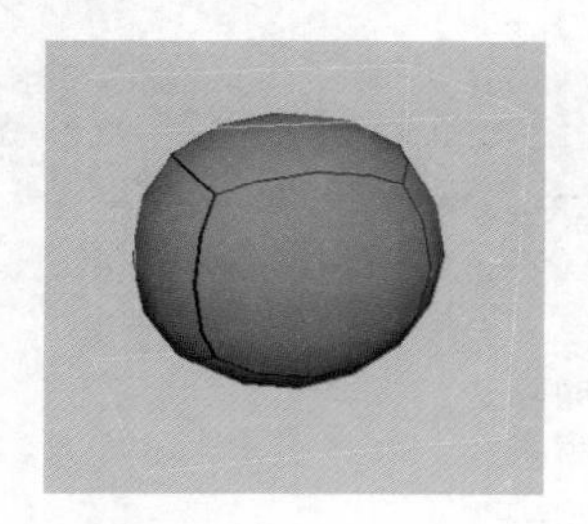

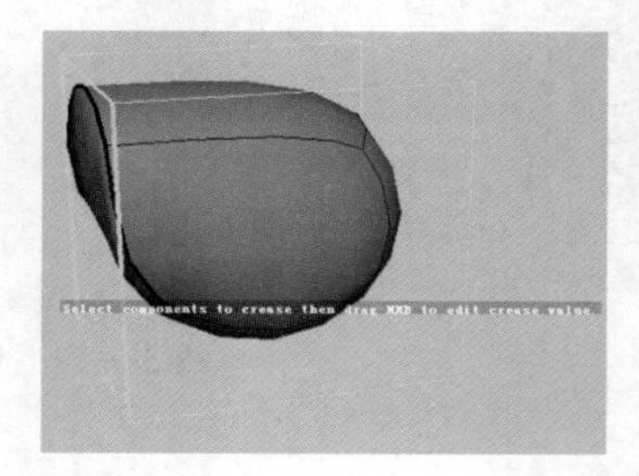

图 3—51　褶皱工具

3.3.30 Remove Selected

Remove Selected（移除选择）操作方法是将需要移除的褶皱边选择，并移除这条线的褶皱效果，执行移除命令，如图 3—52 所示。

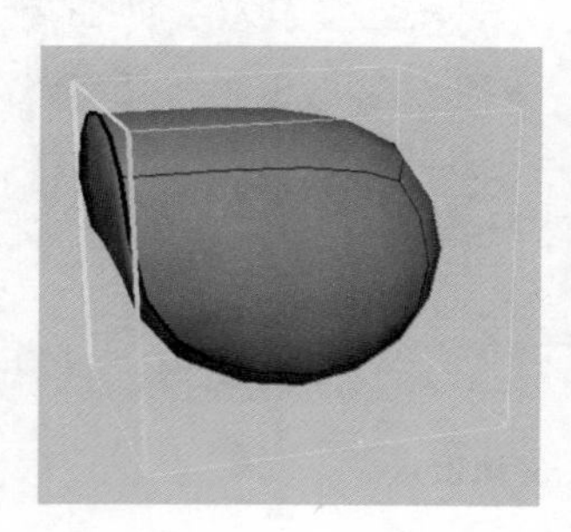

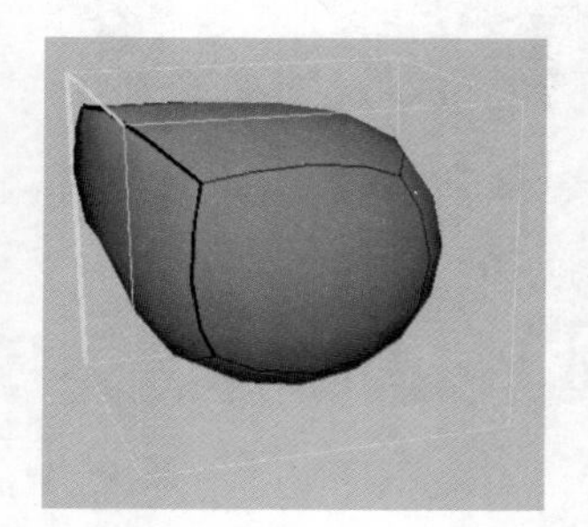

图 3—52　移除选择边

3.3.31 Remove all

Remove all（移除所有褶皱）移除对象所有褶皱效果，此命令是将物体所有的褶皱效果全部移除，如图 3—53 所示。

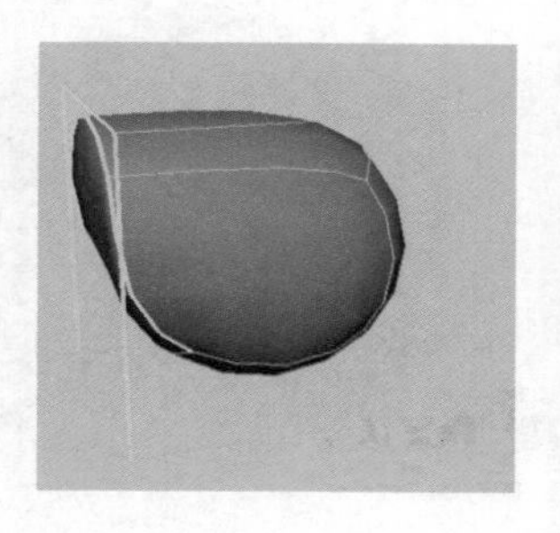

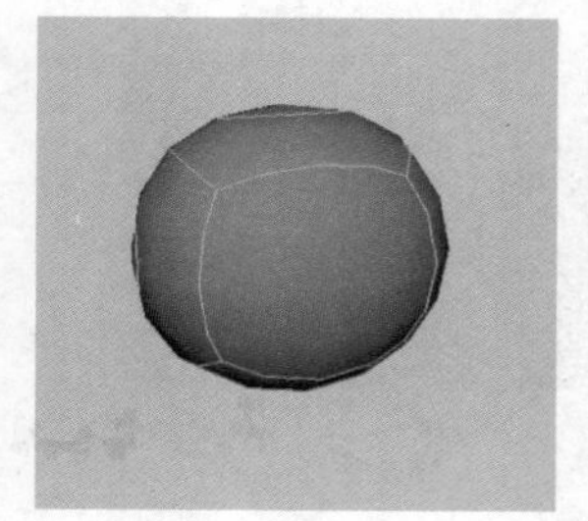

图 3—53　移除所有褶皱

3.3.32 Crease Sets

Crease Sets（创建褶皱集）方便再次选择前选择的褶皱边。操作时先选择好要褶皱的边，打开 Crease Sets 选项的属性设置对话框，设置名称，点击创建，在该命令菜单就会有选择好的褶皱边选项，方便下次选择使用，如图 3—54 所示。

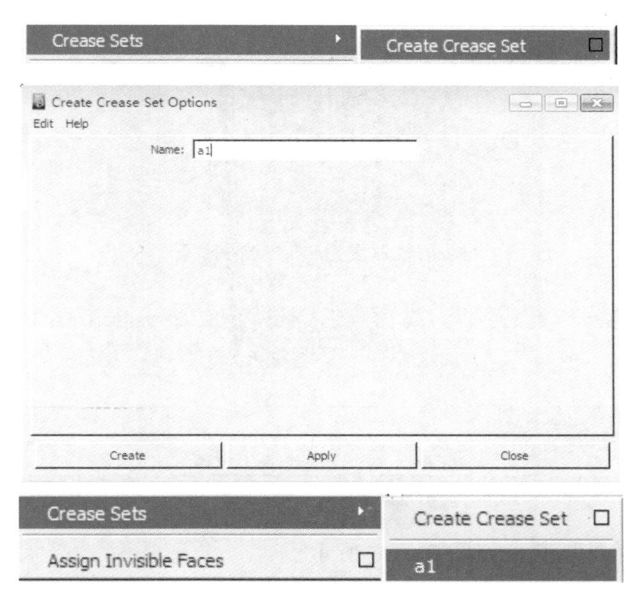

图 3—54 褶皱集

3.3.33 Assign Invisible Faces Options

Assign Invisible Faces Options（制定不可见的面）选择多边形的某个面制定为不可见的面。这些面在视图操作时是可见的，但在渲染时是不可见的，如图 3—55 所示。

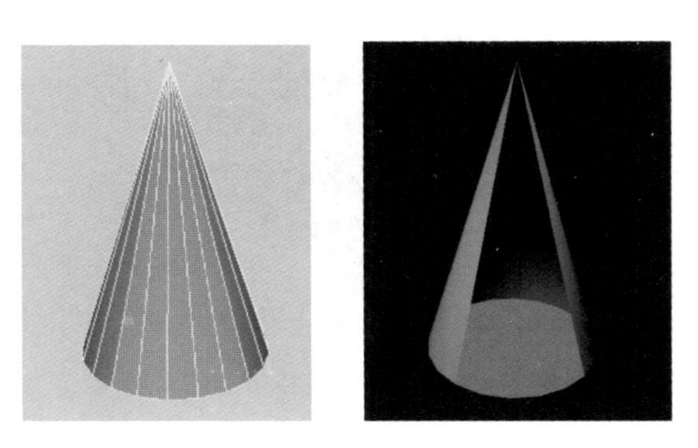

图 3—55 制定不可见的面

3.4 Polygon 多边形建模实例

3.4.1 制作书柜

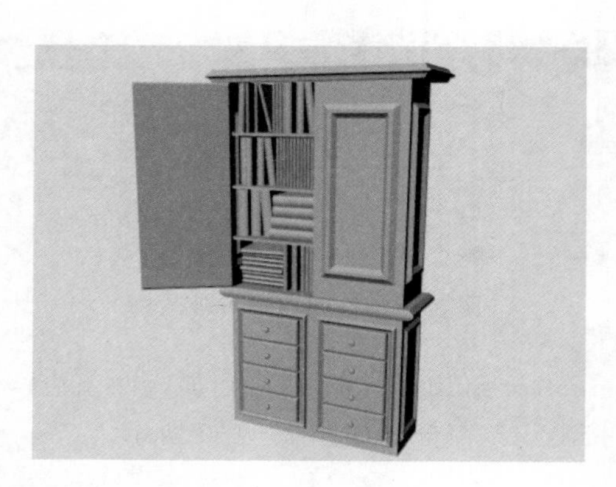

1. 创建抽屉柜子的基本型

在视图工具栏标签选择矩形，在视图创建矩形，创建好后调整好矩形柜子的高度与厚度，如图 3—56 所示。

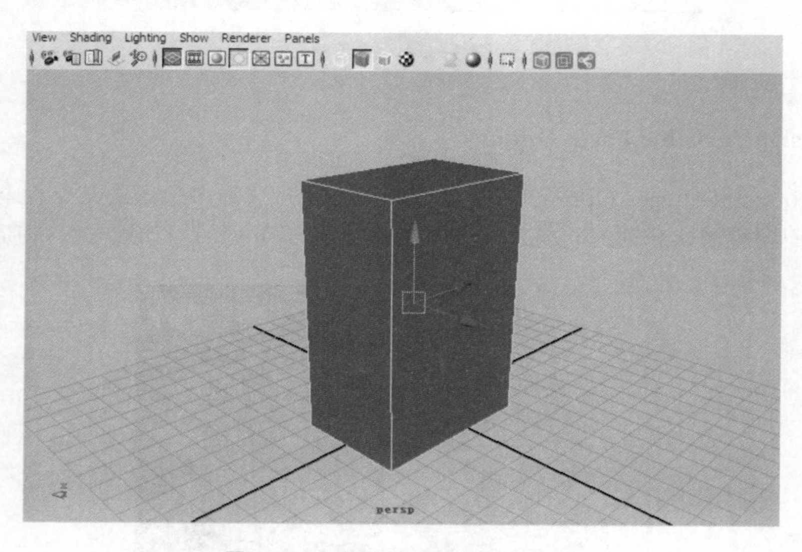

图 3—56　创建抽屉柜子的基本型

2. 制作柜子装饰线

在视图选择矩形多边形并右键选择 Face 元素，选择其中一个面，执行 Edit Mesh/Extrude 命令，视图会出现挤出的操纵杠杆，点击缩放按钮工具，进行多边形面的缩放，如图 3—57 所示。

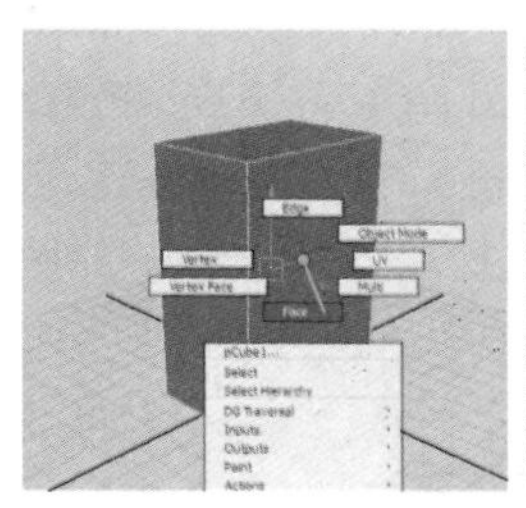
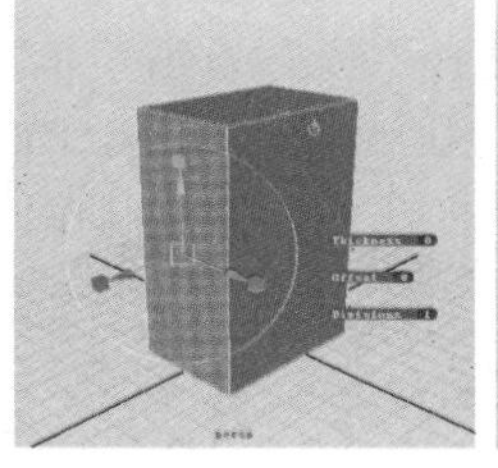
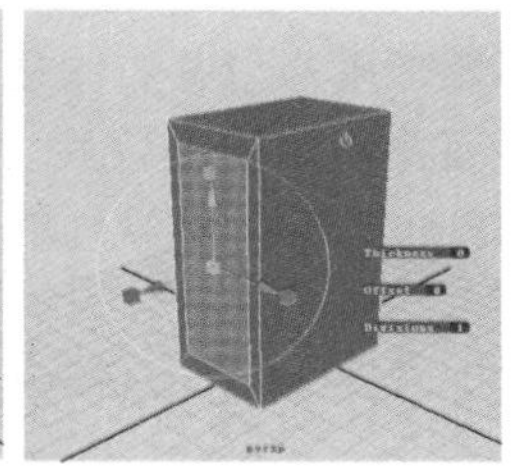

图 3—57　制作柜子装饰线

再次重复执行挤出命令三次并配合使用操纵器上的移动、缩放工具完成装饰线的制作，如图 3—58 所示。

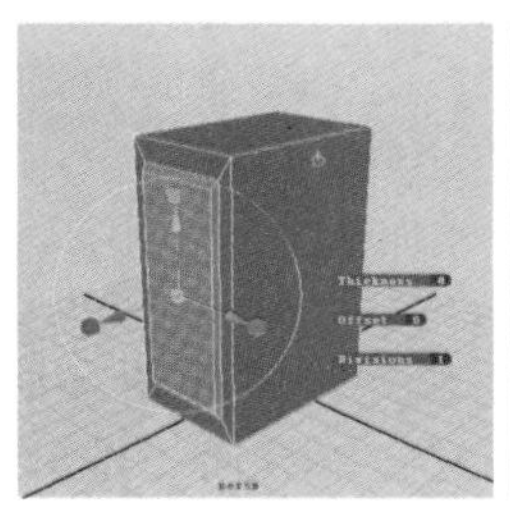
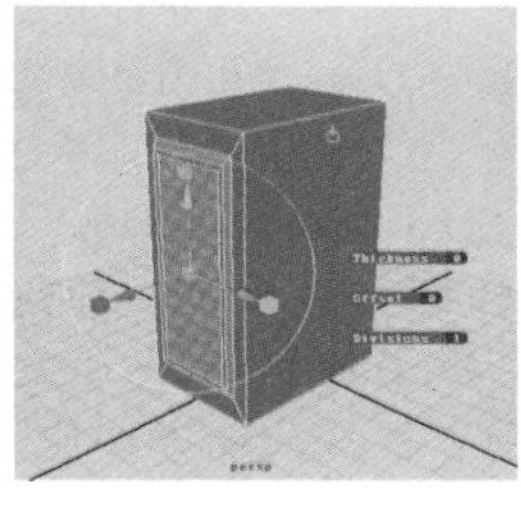
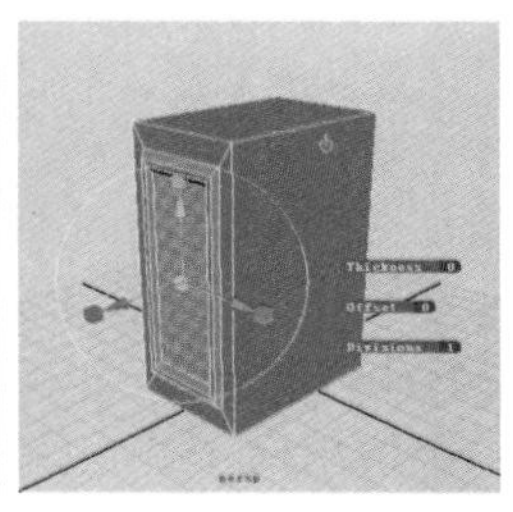

图 3—58　挤出、缩放面

使用同样的方法，选择柜子的另一侧面，执行 Edit Mesh/Extrude 命令，使用操作杠杆挤出柜子另外一个面的装饰线，如图 3—59 所示。

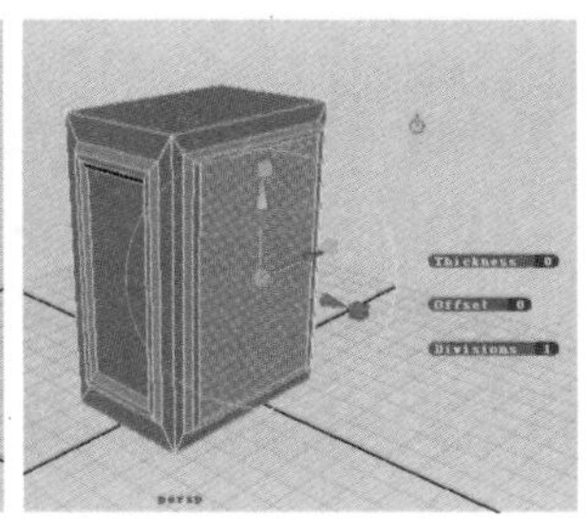

图 3—59　挤出制作柜子装饰线

3. 在面上加入线段

执行 Edit Mesh/Interactive Split Tool（交互式分割工具）命令，在多边形上的绘制三条线，将面划分为四个抽屉，如图 3—60 所示。

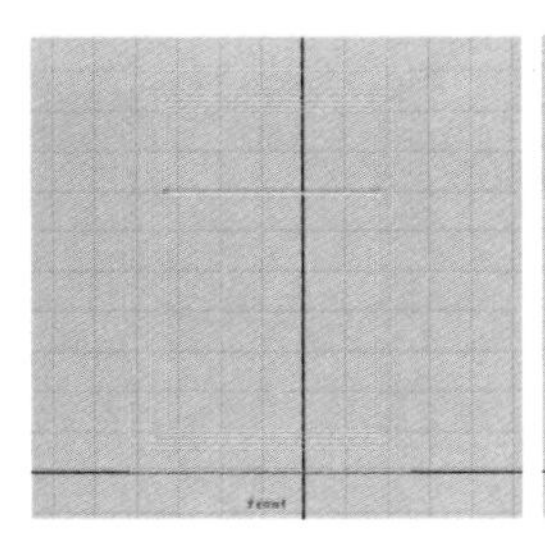
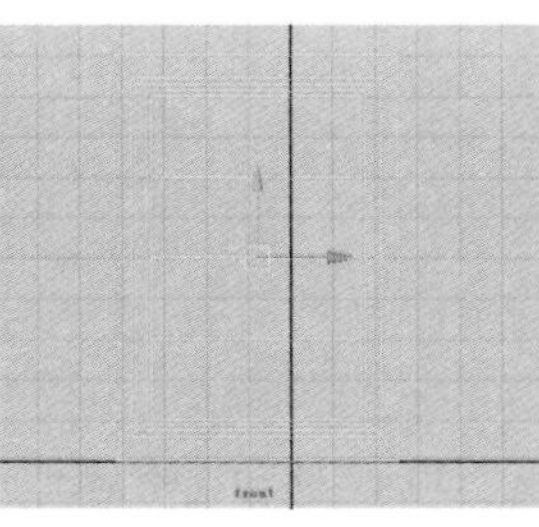

图 3—60　面上加入线段

4. 挤出抽屉

在视图选择矩形多边形并右键选择 Face，取消菜单 Edit Mesh/Keep Faces Together 命令的勾选，多边形面将不保持一致性。执行 Edit Mesh/Extrude 命令，抽屉以各自的面为中心向外挤出，使用挤出命令的操纵杠杆的移动，缩放制作成抽屉外部形状，如图 3—61 所示。

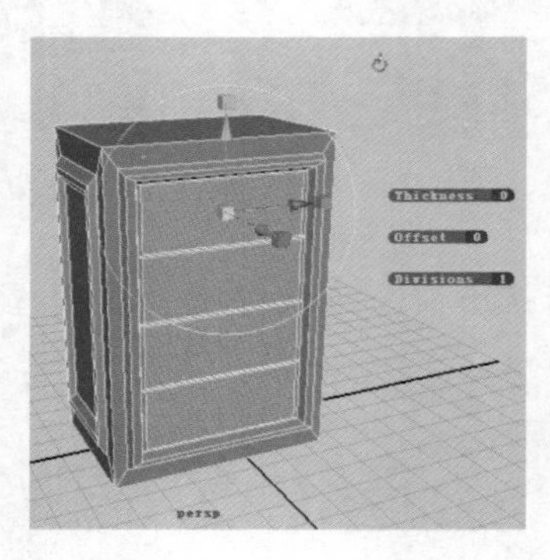

图 3—61　挤出抽屉

执行 Edit Mesh/Extrude 命令，挤出抽屉的厚度，使用操作杠杆的移动，将面移出。然后，再执行一次挤出命令，点击操纵杠杆的缩放按钮，进行缩放面。做出抽屉的斜边边缘，如图 3—62 所示。

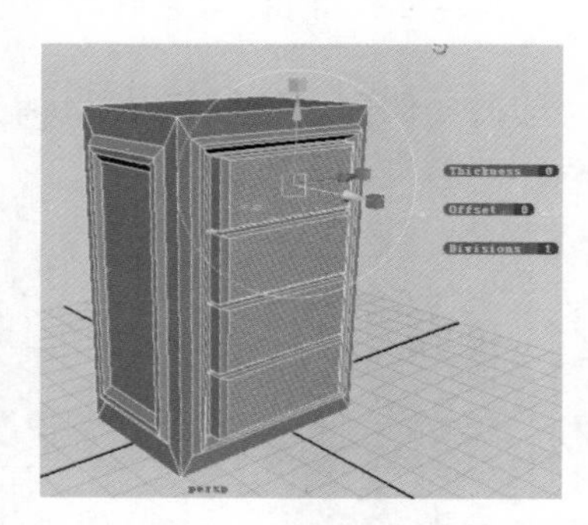

图 3—62　挤出抽屉斜边边缘

5. 绘制抽屉把手曲线

选择 Create/CV Curve Tool 曲线创建工具，在 Side 视图绘制抽屉把手侧面的曲线。执行 Modify/Center Pivot 命令，将曲线中心复位，按 Insert 键，使用移动命令移动曲线轴心到曲线中心位置，再次按 Insert 键，退出曲线轴心编辑，如图 3—63 所示。

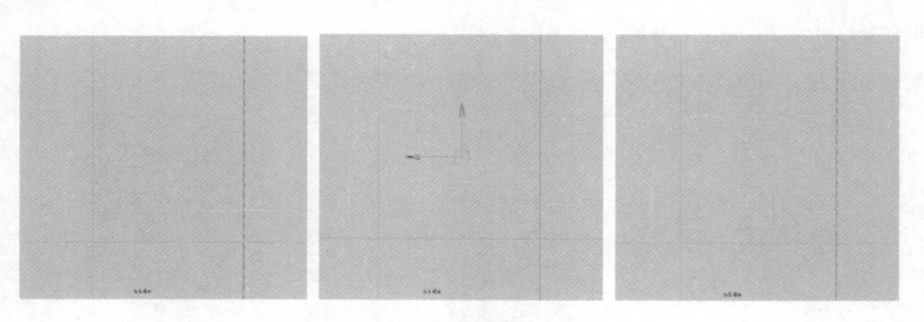

图 3—63　绘制抽屉把手曲线

6. 旋转把手曲线

选择曲线，执行菜单 Surface/Revolve 命令，打开旋转属性设置对话框，旋转轴心改为 Z 轴旋转。输出模型的类型改为 Polygons，类型选择 Quads 执行旋转命令，如图 3—64、图 3—65 所示。

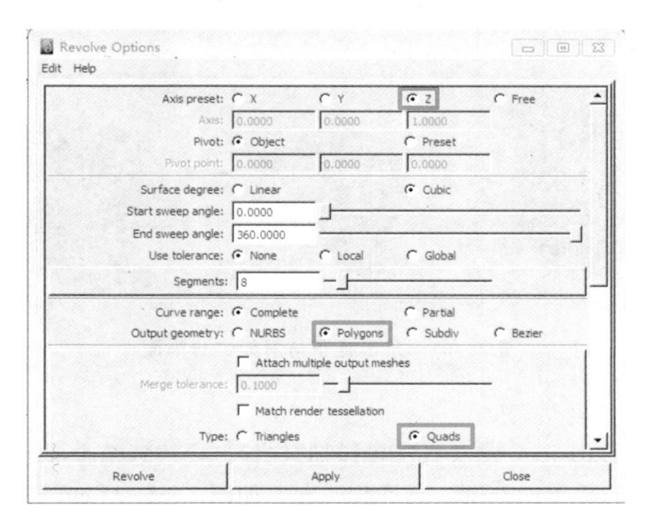

图 3—64　旋转对话框设置

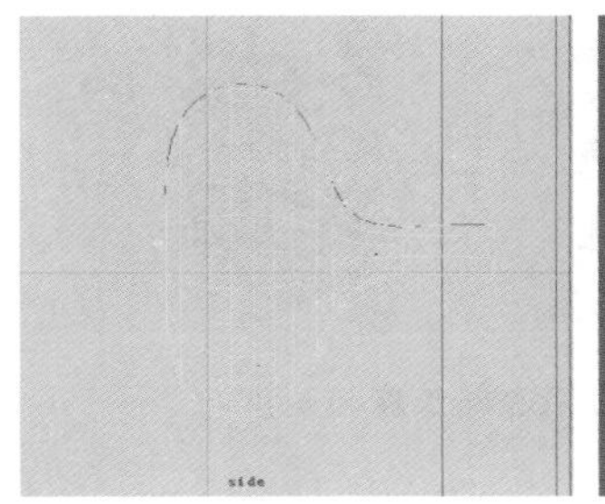
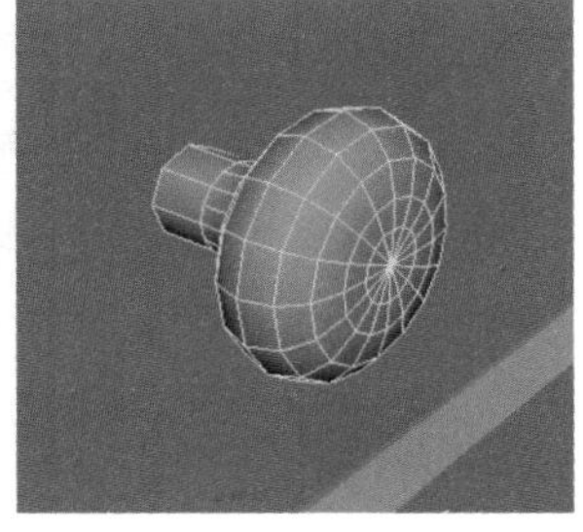

图 3—65　把手多边形面曲线

7. 复制抽屉把手多边形

选择旋转好的把手多边形，执行 Modify/Center Pivot 命令，将抽屉把手放到相应的位置。使用快捷键 Ctrl+D 复制出其他抽屉的把手，并移动到每个抽屉中间，如图 3—66 所示。(把手的复制方法，也可以使用阵列复制的方法完成此操作)

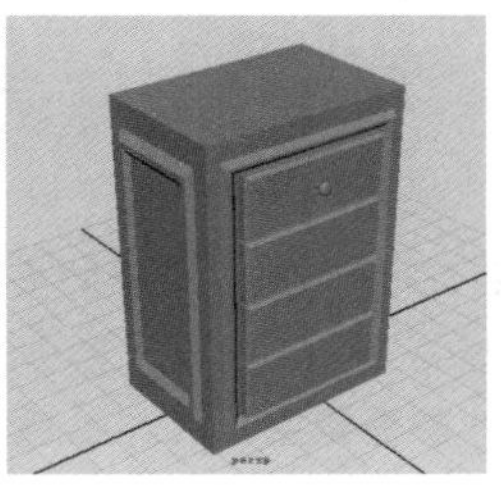

图 3—66　复制把手多边形

8. 挤出柜子与书架的分割面

在视图选择柜子多边形面并右键选择 Face 选项选择柜子的顶面，执行 Edit Mesh/Extrude 命令，挤出抽屉的厚度，使用操作杠杆的移动工具将面向上移动，再使用操作杠杆的缩放工具将面放大。重复挤出操作并使用操作杠杆的移动工具，缩放工具操作调整面，效果如图 3—67 所示。

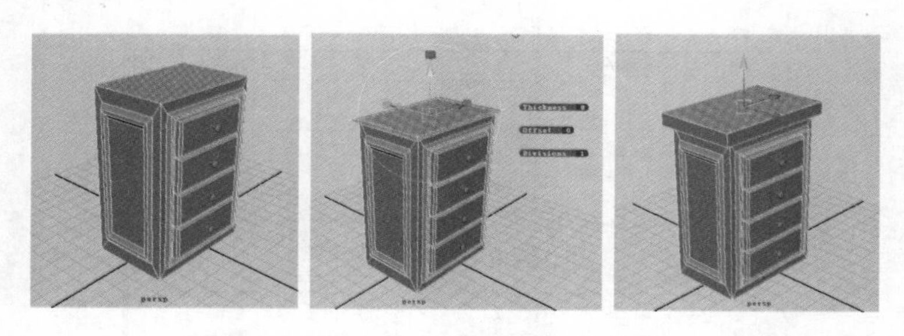

图 3—67　挤出柜子与书架的分割面

9. 挤出书架底部长度与宽度

执行 Edit Mesh/Extrude 命令，挤出书架的位置，要注意结合 Top 视图，调整挤出面的长度、宽度与下面的柜子的长度、宽度相匹配，如图 3—68 所示。

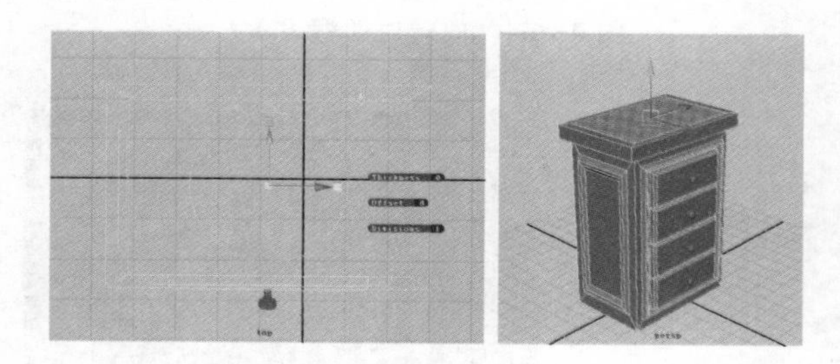

图 3—68　挤出书架底部长度与宽度

10. 挤出书架的高度

在视图选择书架底部面，执行 Edit Mesh/Extrude 命令，挤出书架高度部分以及书柜顶部位置，如图 3—69 所示。

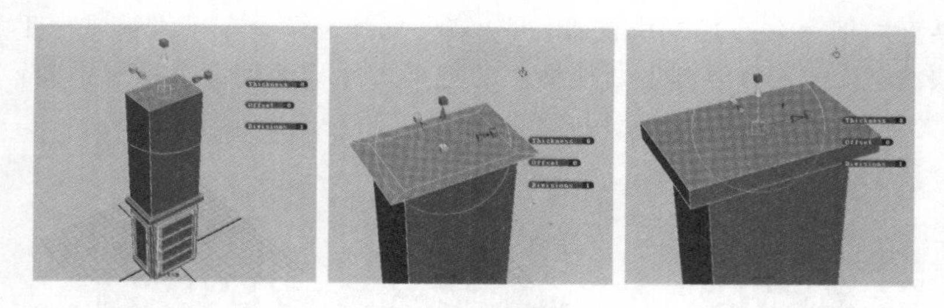

图 3—69　挤出书架的高度

11. 挤出书架装饰线

执行 Edit Mesh/Extrude 命令，挤出书架侧面装饰线。挤出的面有时候过于软化，看不出棱角。可执行 Normals（法线）/Harden Edge（硬化边缘）命令，来改变外观显示，如图 3—70 所示。

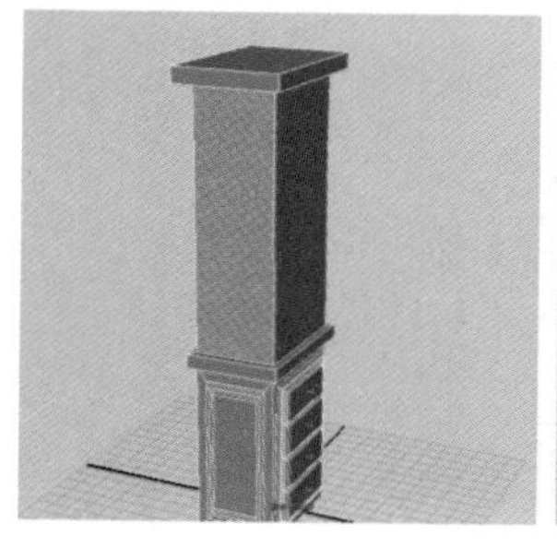
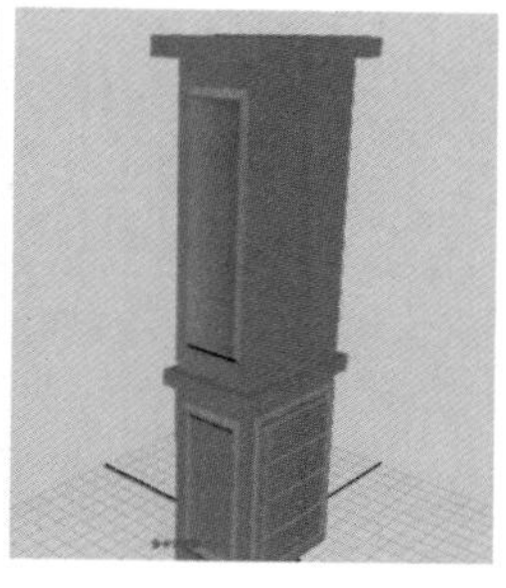
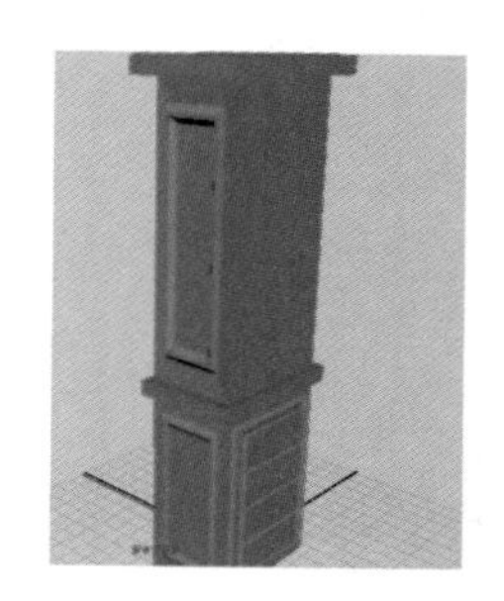

图 3—70 挤出书架装饰线并硬化边缘

继续挤出书架装饰线，要注意结合 Front 视图、Side 视图，调整挤出装饰线面的长度、宽度以及高度要与下面的柜子的长度、宽度、高度相匹配，如图 3—71 所示。

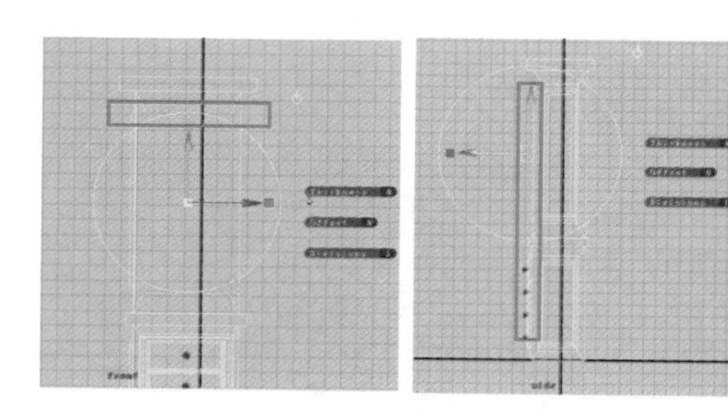

图 3—71 挤出书架装饰线

在 Front 视图删除书架右侧面的面，选择右侧面的点移动到柜子的边缘，将柜子右边的点调整成一条垂直线，如图 3—72、图 3—73 所示。

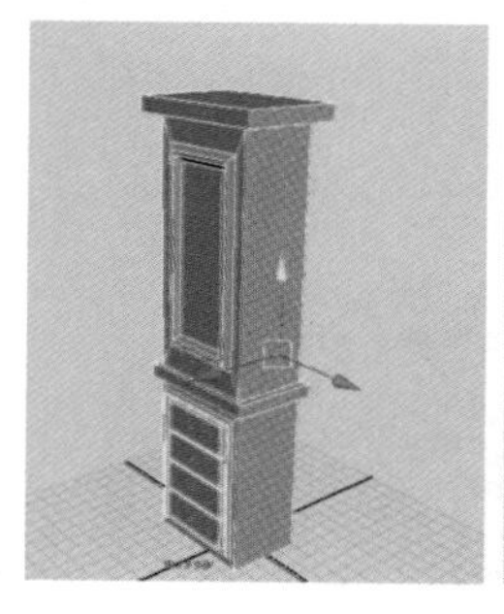
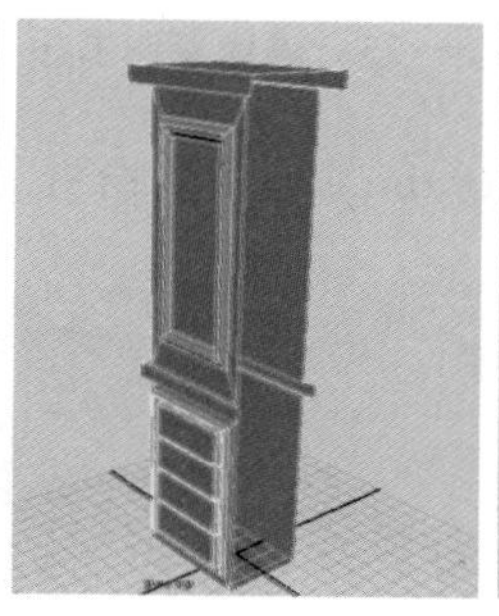

图 3—72 删除柜子侧面面

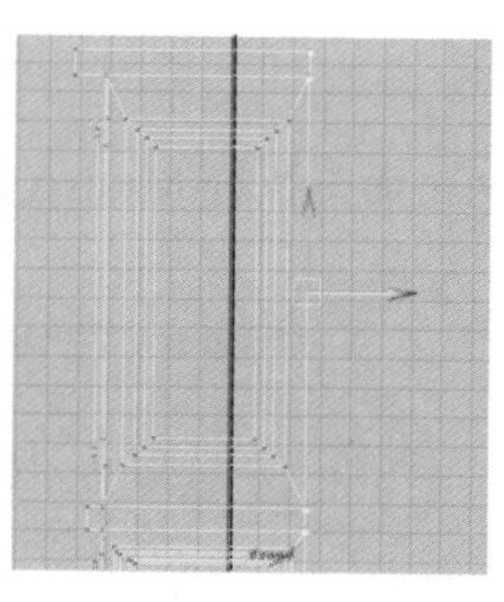

图 3—73 对齐右边点

12. 合并把手

将柜子和把手合并成同一个物体。选择把手和柜子，执行 Mesh（网格）/Combine（合并）命令，把手与柜子并成一个多边形物体，如图 3—74 所示。

注意：Combine 命令只能操作多边形与多边形的合并。不能与 NURBS 其他属性的模型合并。

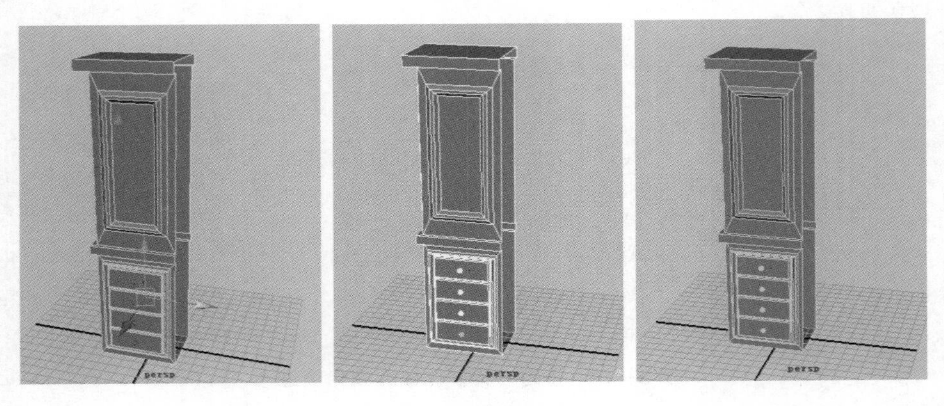

图 3—74　合并把手

13. 镜像复制书柜并合并柜子

使用快捷键 Ctrl+D，复制出书架的另一面。选择复制的多边形，在通道盒输入 Scale（缩放）X 轴：−1，镜像书柜，如图 3—75 所示。

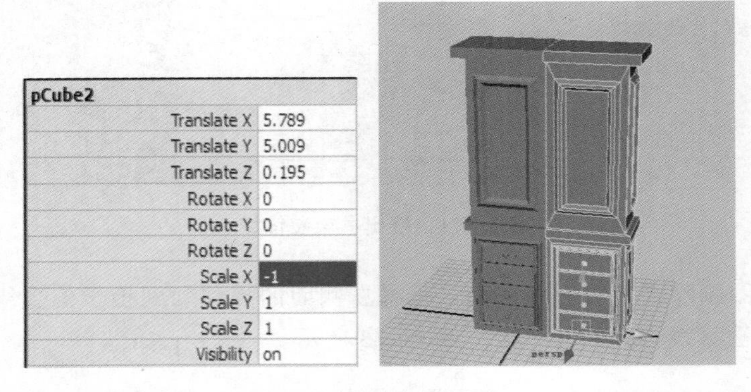

图 3—75　镜像复制书柜

选择书架两个面，执行 Mesh/Combine 命令，合并书架，如图 3—76 所示。

图 3—76　合并柜子

14. 合并点

选择合并后书柜中间部分的点，使用缩放工具进行X轴向的挤出，缩小点之间的距离。执行Edit Mesh/Merge命令，打开属性对话框，将融合范围输入0.1，这样点在0.1的范围都会合并为同一个点，如图3—77所示。

注意：Merge命令要求物体必须是同一个物体，才能执行此命令。

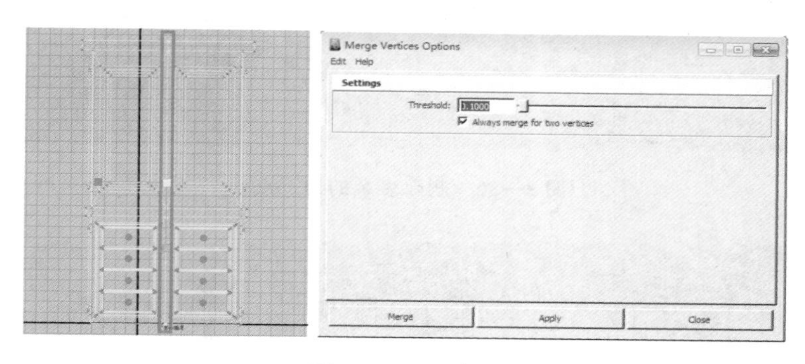

图3—77　融合点

15. 删除柜子多余的线

右键选择Edge，选择柜子多余的边，按Delete键删除线，如图3—78所示。

图3—78　删除柜子多余的线

16. 删除柜子多余的边、点

右键选择Vertex（点），选择删除边后留下的点，按Delete键删除多余的点，如图3—79所示。

图3—79　删除多余的点

使用同样的方法，在视图选择柜子多边形并右键选择 Edge，删除柜子上方的线以及柜子背后的边，并将多余的点删除，如图 3—80、图 3—81 所示。

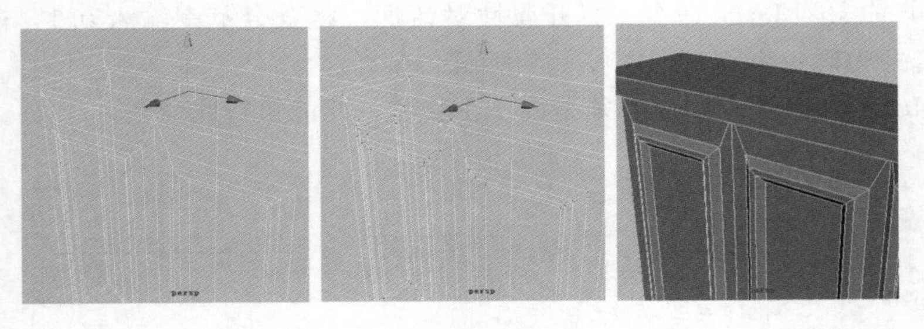

图 3—80　删除多余的边、点

图 3—81　删除多余的边、点

制作书架细节，勾选菜单 Edit Mesh/Keep Faces Together 命令的选项。在视图选择书架并右键选择 Face 选项，选择柜子中间一周的面，执行 Edit Mesh/Extrude 命令，挤出面并调整面的形状，如图 3—82 所示。

图 3—82　挤出面

继续使用此方法，执行 Edit Mesh/Extrude 命令，制作出书架顶部的周边的面的形状，如图 3—83 所示。

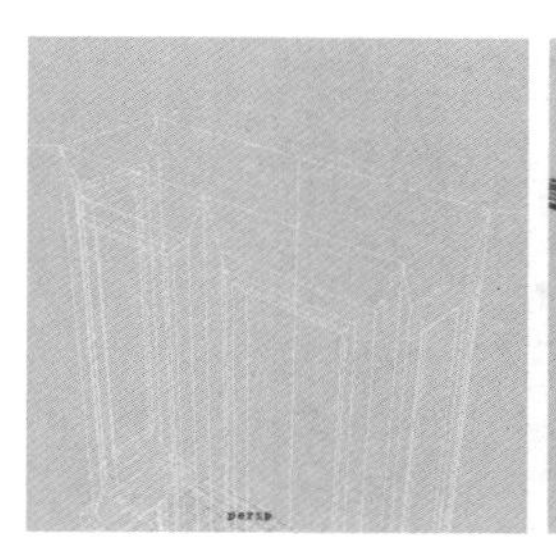 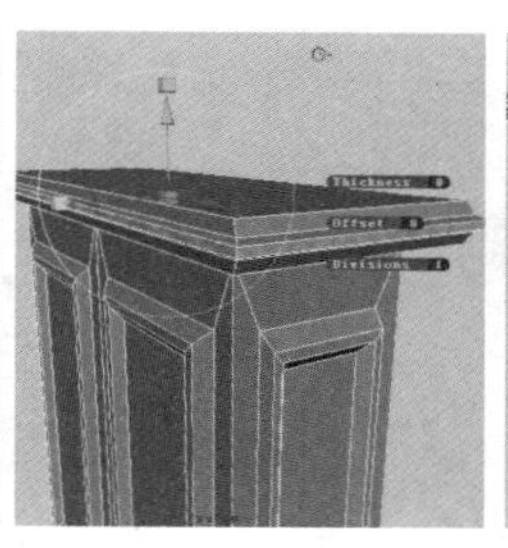 

图 3—83　挤出面

17. 提取书架门

在视图选择书架并右键选择 Face 面，选中门上的面，使用 Mesh/Extract（提取）命令，将多边形上的面提取出来，如图 3—84 所示。

图 3—84　提取书架门

更改门的轴心，选择提取出来的门，按 Insert 插入键，进入轴心修改，将轴心移动到门的左侧，再次 Insert 键结束门的轴心修改。使用旋转工具沿着 Y 轴将门打开，如图 3—85 所示。

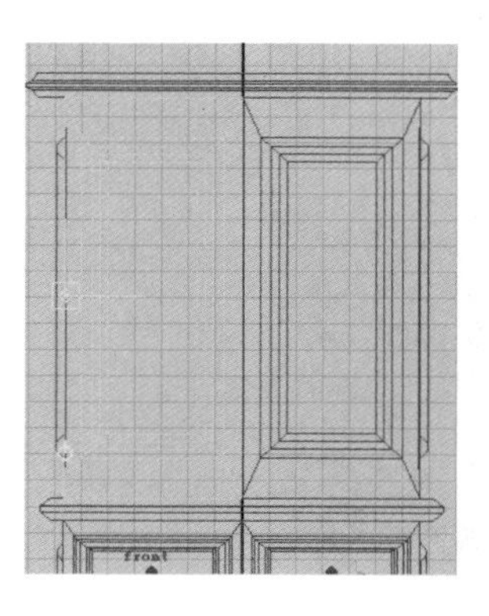 

图 3—85　修改面的轴心

18. 制作柜门厚度

选择门的一圈边，点击 Edit Mesh/Extrude 命令，通过边挤出面，如图 3—86 所示。

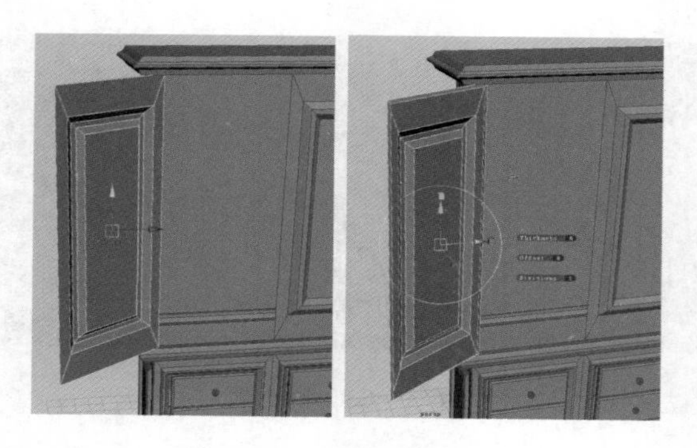

图 3—86 修改面的轴心

执行 Edit Mesh/Fill Hole（补洞）命令，将门上的缺口创建一个面补洞，如图 3—87 所示。

图 3—87 补洞

19. 创建书架隔层

在视图创建矩形，调整好矩形的高度与厚度，并摆放到柜子相应的位置，如图 3—88 所示。

图 3—88 创建书架隔层

20. 制作书籍

在视图创建矩形，选择矩形侧面的三个面，执行 Edit Mesh/Extrude 命令进行面的挤出，制作出的书籍如图 3—89 所示。

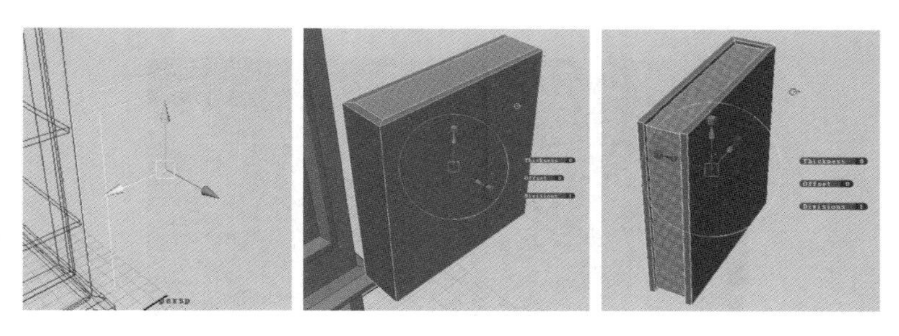

图 3—89　挤出书的侧面

制作书籍的细节，选择 Edit Mesh /Insert Edge Loop Tool 命令在书籍的中间插入一周的边。调整书籍侧面的点，制作出书的侧面弧度效果，如图 3—90 所示。

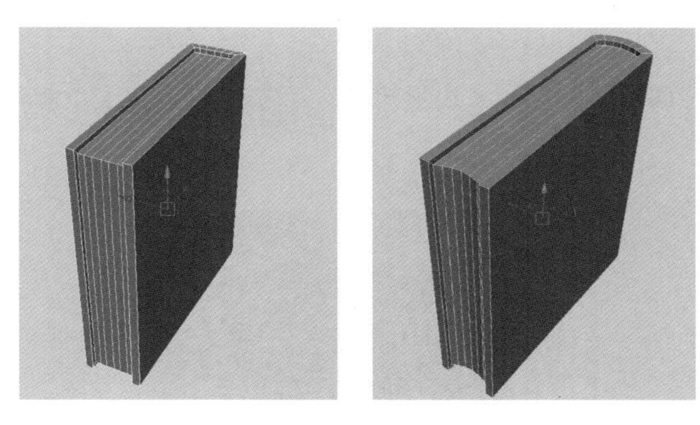

图 3—90　插入曲线调整点

复制多本书籍，修改出不同形状的书籍，不规则的摆放到书架上。完成书柜的制作，如图 3—91 所示。

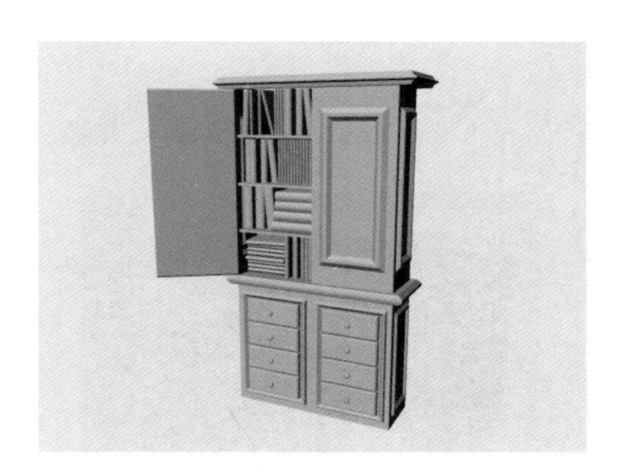

图 3—91　最终效果

3.4.2 制作室内场景

1. 制作墙面

在视图创建墙房间的面，选择多边形矩形

，制作出墙面，如图 3—92 所示。

图 3—92 创建矩形

2. 插入环形边

选择 Edit Mesh/Insert Edge Loop Tool，在墙体插入几条一周边，如图 3—93 所示。

图 3—93 插入环形边

执行 Edit Mesh/Extrude 命令，挤出面制作出墙体边线效果，如图 3—94 所示。

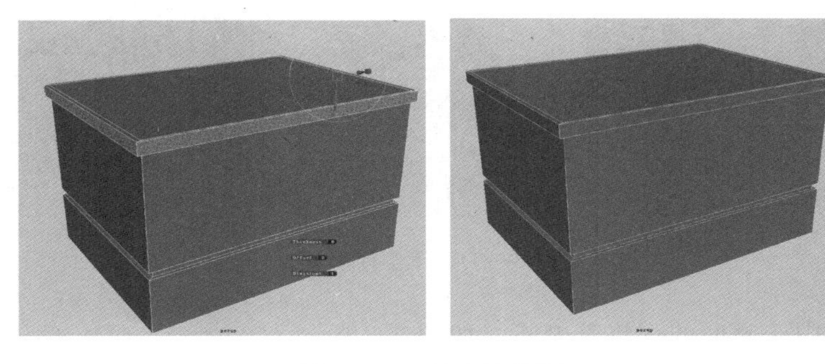

图 3—94　挤出墙体面

3. 显示墙面背面

为了方便场景内部模型在视图的创建，更改墙面的显示。选择墙体多边形，反转多边形法线，将多边形里面的面显示到外面，外面的面显示到里面。首先，执行 Normals/Reverse（反转法线）命令，反转多边形法线，如图 3—95 所示。

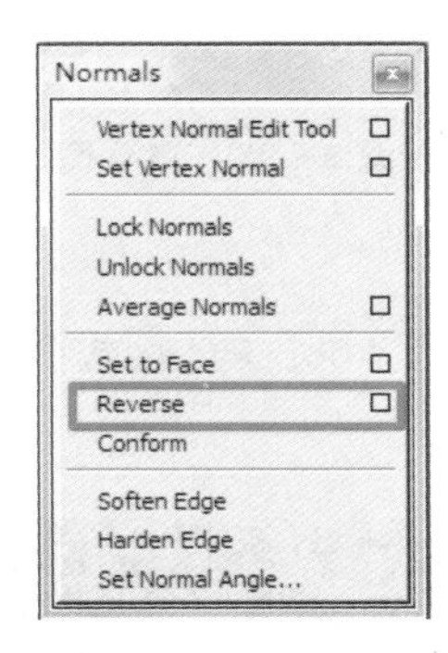

图 3—95　反转法线

执行 Display/Polygons（多边形）/Backface Culling（显示背面）命令，不显示墙体里面的面。操作后在制作场景内部模型时，墙体任意角度都不会挡住摄影机。渲染时墙体是仍然存在的，如图 3—96、图 4—97 所示。

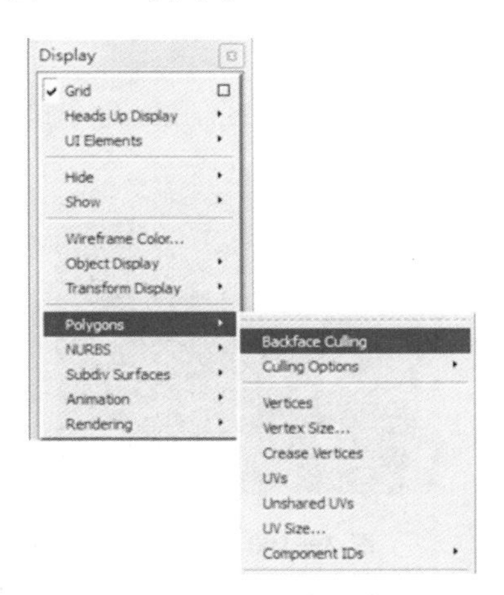

图 3—96　显示背面菜单

图 3—97　不显示背面

选择场景其中一侧面的面将其删除，如图 3—98 所示。

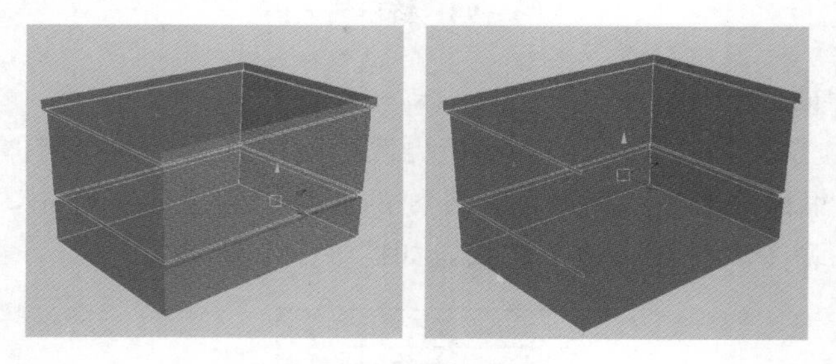

图 3—98　删除面

4. 插入线

选择 Edit Mesh/Interactive Split Tool（交互式分割工具），在多边形墙面上插入线，如图 3—99 所示。

图 3—99　插入线

在视图选择新增的面，执行 Edit Mesh/Extrude 命令挤出墙体，如图 3—100 所示。

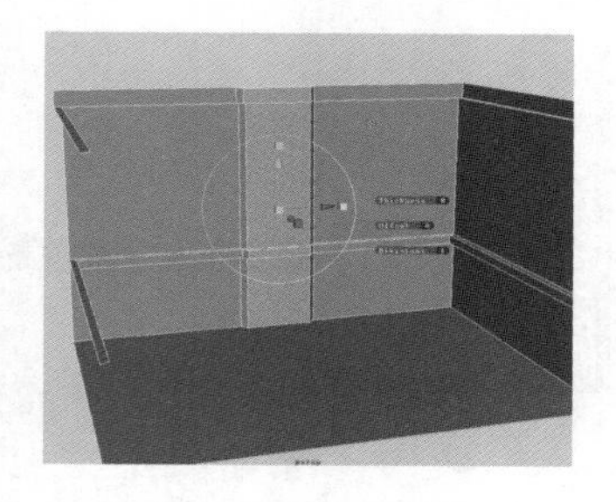

图 3—100　挤出面

5. 挤出窗户外轮廓

在视图选择面，使用 Edit Mesh/Extrude 命令，挤出窗户外轮廓面并删除中间的面，如图 3—101 所示。

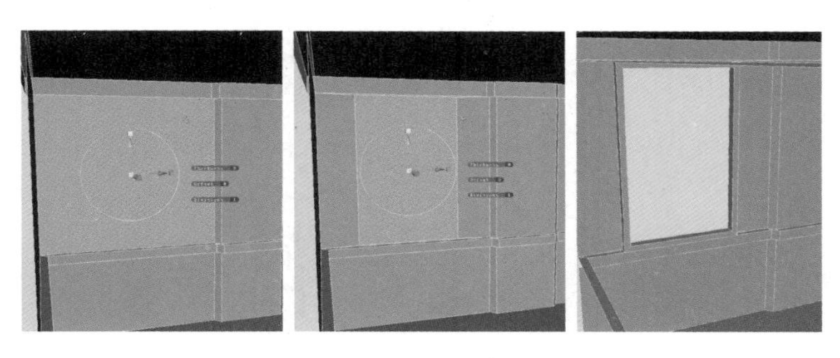

图 3—101 挤出窗户外轮廓

选择 Edit Mesh/Interactive Split Tool，在窗框加入两条边。选择新增的面，执行 Edit Mesh/Extrude 命令，挤出一条窗框，如图 3—102 所示。

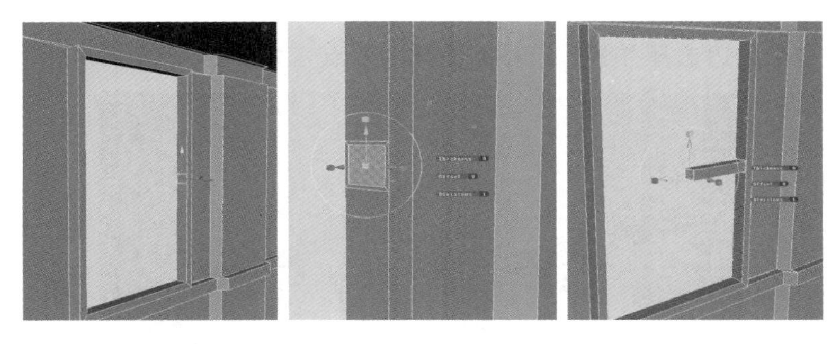

图 3—102 挤出面

使用相同的方法，制作出另外一根窗框，如图 3—103 所示。

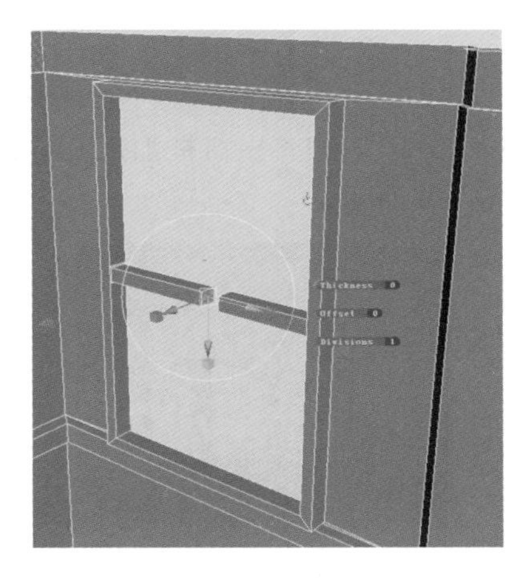

图 3—103 插入曲线、挤出面

选择两个窗框中间的面，按 Delete 键删除面，如图 3—104 所示。

图 3—104　删除中间的面

6. 融合点

选择窗框多边形并右键进入到点的模式，使用缩放工具将两个四边面点缩放到中间，执行 Edit Mesh/Merge 命令，将点进行融合。

融合后将多余的边选择并删除，再删除多余的点，如图 3—105 所示。

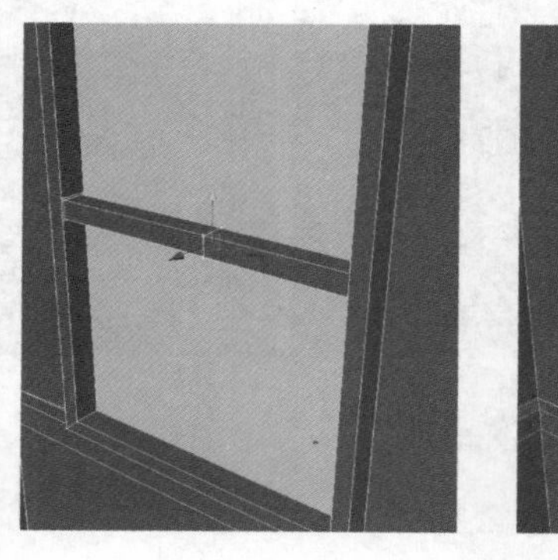

图 3—105　融合点

7. 挤出面并复制面

选择 Edit Mesh/Interactive Split Tool，在窗框加入 6 条边，执行 Edit Mesh/Extrude 命令，挤出 3 条窗框，如图 3—106 所示。

图 3—106　挤出面

选择窗框多边形右键进入到 Face 的模式，选择挤出的面，执行 Edit Mesh/Duplicate face（复制面）命令，将面复制提取出来向上移动，如图 3—107 所示。

图 3—107　复制面

8. Booleans 布尔运算

选择复制的窗框面与窗户轮廓面，执行 Mesh/ Booleans/Union 命令，将两个相交的多边形合并成一个整体，相交的部分将被清除，如图 3—108 所示。

图 3—108　布尔运算

9. 制作窗户下半部分

创建一个多边形 plane 面片并右键进入到 Face 的模式，执行 Edit Mesh/Extrude 命令，挤出面后，将中间的面删除，如图 3—109 所示。

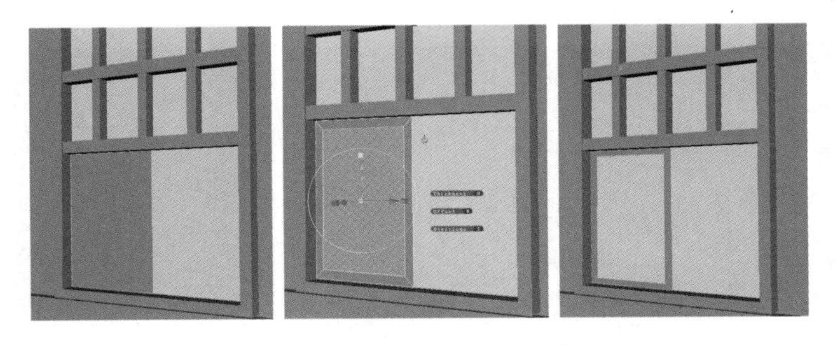

图 3—109　挤出小窗口窗框

选择窗框的面，继续执行 Edit Mesh/Extrude 命令，挤出外框厚度，如图 3—110 所示。

图 3—110　挤出窗框厚度

创建一个矩形多边形，如图 3—111 所示。选择矩形并加选窗框，执行 Mesh/ Booleans /Union 命令，合并并清除相交的部分。使用快捷键 Ctrl＋D，复制出另外一扇窗户，如图 3—112 所示。

图 3—111　创建矩形

图 3—112　复制窗框

10. 制作画框

创建多边形 plane 面，右键进入到 Face 的模式，执行 Edit Mesh/Extrude 命令，挤出窗框厚度，挤出几次，制作出画框效果，如图 3—113 所示。

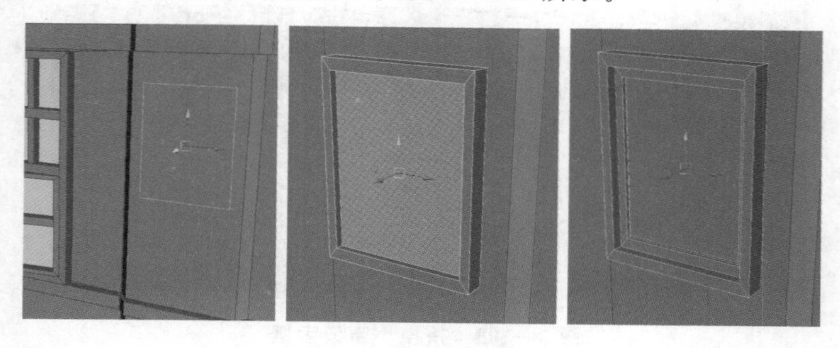

图 3—113　制作画框

11. 制作柜子

创建一个多边形矩形，执行 Edit Mesh/Extrude 命令，挤出柜子基本形状，如图 3—114 所示。

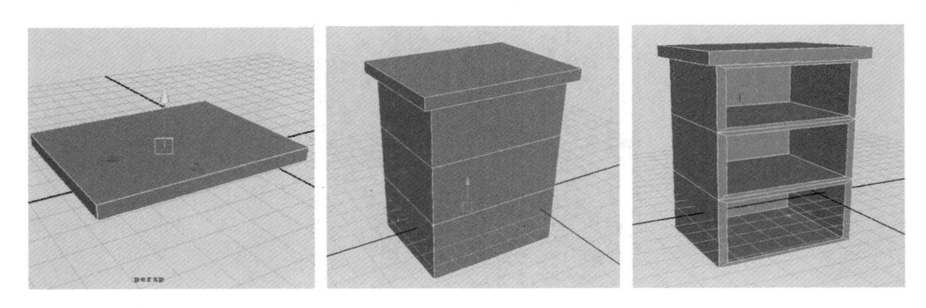

图 3—114 制作柜子

12. 制作抽屉

右键进入到 Face 的模式，选择抽屉的面，执行 Edit Mesh/Duplicate face 命令，将面复制提取出来。

执行 Edit Mesh/Extrude 命令，挤出抽屉的形状，如图 3—115 所示。

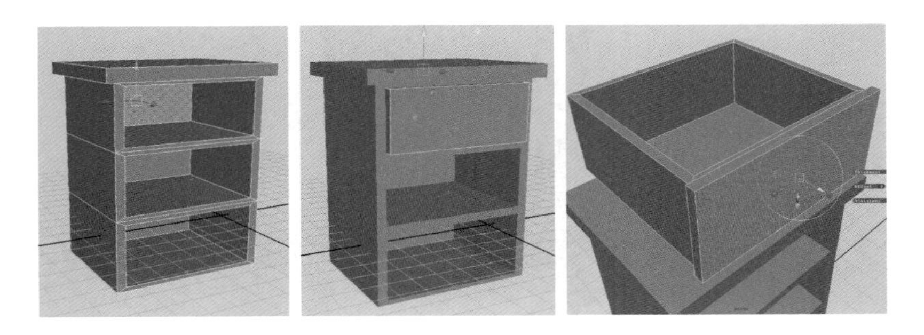

图 3—115 制作抽屉

13. 倒角抽屉边

选择抽屉外边缘的边，执行 Edit Mesh/Bevel（倒角）命令倒角出抽屉边，如图 3—116 所示。

图 3—116 复制窗框

选择抽屉并右键进入到 Face 的模式，选择抽屉的外面的面，执行 Edit Mesh/ Extrude 命令挤出抽屉的把手，如图 3—117 所示。

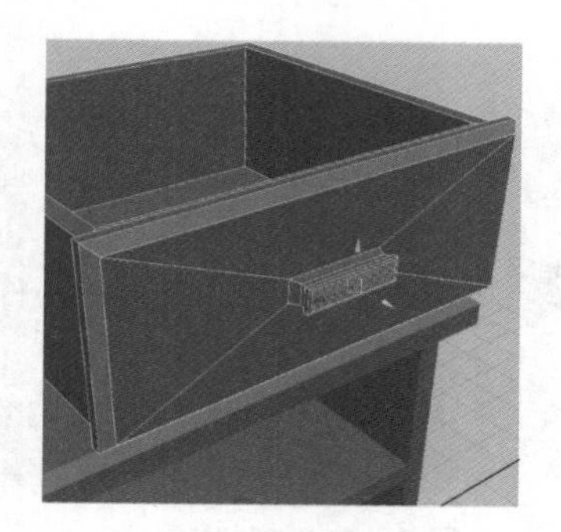

图 3—117 挤出把手面

制作完成抽屉，使用快捷键 Ctrl＋D 复制出另外两个抽屉，并摆到柜子当中，如图 3—118 所示。

图 3—118 复制抽屉

14. 制作凳子

创建多边形矩形，执行 Edit Mesh/Extrude 命令，挤出多边形面并向中心缩放。执行 Edit Mesh/Interactive Split Tool，绘制出凳子腿的面，如图 3—119 所示。

图 3—119 挤出面

选择面，执行 Edit Mesh/Extrude 命令，挤出凳腿的面，再选择四个角的面挤出凳子腿，如图 3—120 所示。

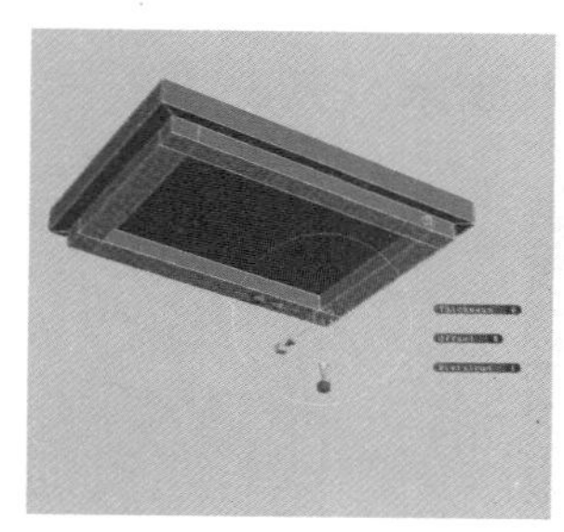 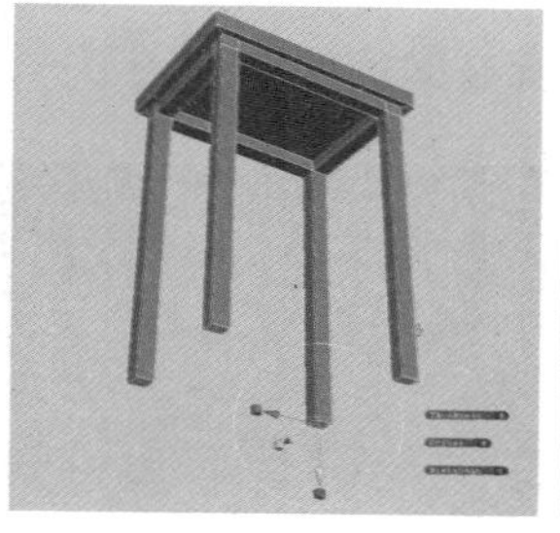 

图 3—120　挤出凳腿

15. 创建多边形花瓶

在视图绘制花瓶侧面曲线，选择菜单 Surfaces/Revolve 命令，打开旋转属性设置对话框，设置 Output geometry 输出类型选择 Polygons 多边形；Type 面的类型选择 Quads 四边面；Tessellation method 细分方法。Count 面的数量设置好后执行旋转命令，创建出多边形花瓶，如图 3—121、图 3—122、图 3—123 所示。

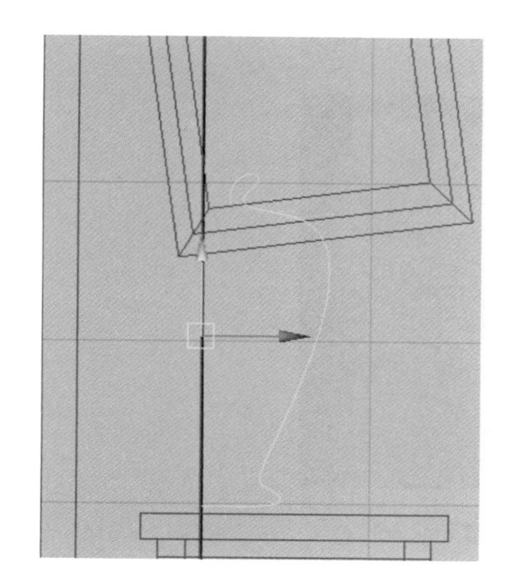

图 3—121　绘制曲线

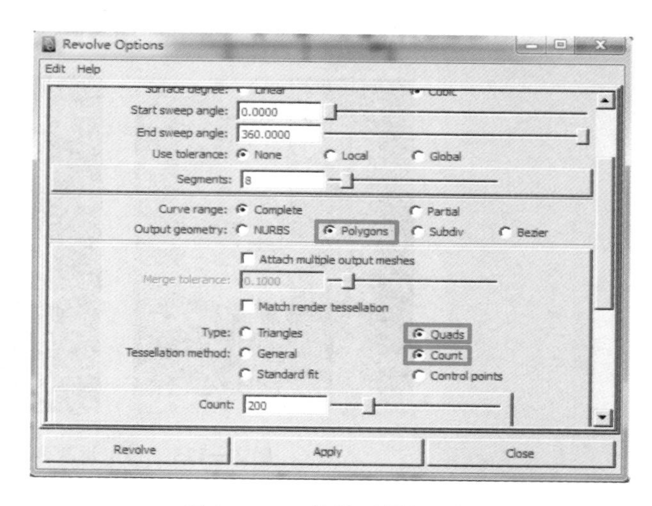

图 3—122　旋转对话框设置

图 3—123　旋转出的花瓶多边形效果

16. 创建画架

制作多边形矩形，并对其进行略微旋转，如图 3—124 所示。

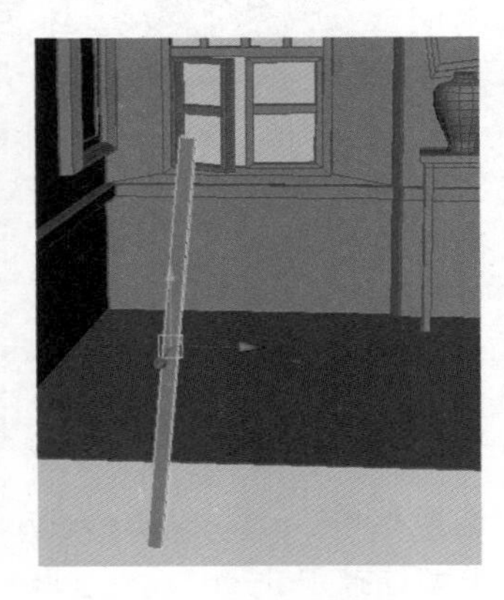

图 3—124　创建矩形

创建多边形圆柱，将圆柱放置与矩形相交。操作方法：先选择矩形，再加选圆柱，执行 Mesh/ Booleans /Difference（差集）布尔运算命令，减去圆柱部分，如图 3—125 所示。

图 3—125　布尔运算差集运算

使用快捷键 Ctrl＋D 复制画架另外一根支架，将其镜像后移动到相应的位置，如图 3—126 所示。

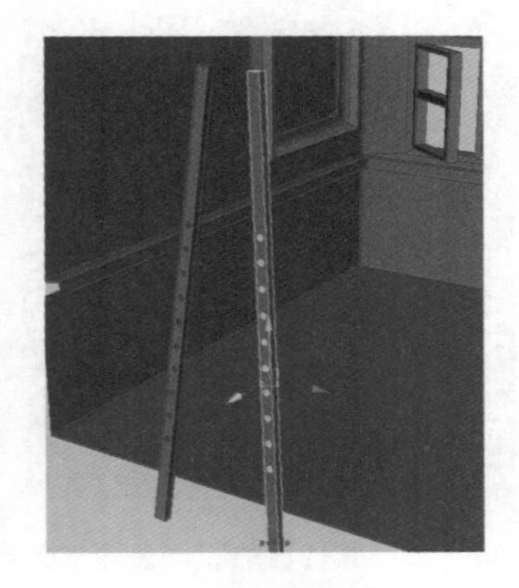

图 3—126　镜像复制

创建多边形矩形，使用交互分割工具绘制两条线，并执行挤出命令完成画架的支架制作，如图 3—127 所示。

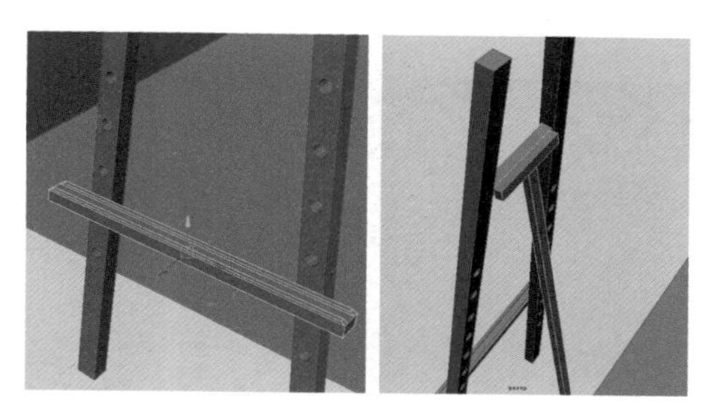

图 3—127　创建矩形制作支架

创建圆柱，调整点制作出铅笔形状，并放置在画架洞里，如图 3—128 所示。

图 3—128　创建圆柱

创建矩形制作画板放置在画架上。完成画架制作，如图 3—129 所示。

图 3—129　创建矩形

17. 制作桌子

创建矩形多边形，执行 Edit Mesh/Bevel 命令，倒角出桌面的边角。

创建矩形制作桌腿，使用快捷键 Ctrl＋D 复制四个角的桌腿。

在视图选择四个桌子腿，加选桌子面。执行 Mesh/ Booleans /Union 命令，清除相交的部分并将别的部分合并，完成桌子制作，如图 3—130 所示。

图 3—130　制作桌子

18. 导入书柜

执行菜单 File/Import（导入）命令，选择书柜文件导入到场景中，将书柜群组，摆放到相应的位置，如图 3—131 所示。

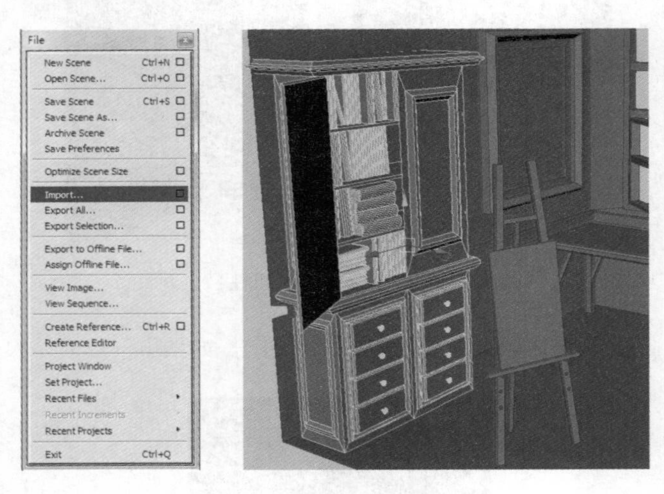

图 3—131　导入书柜

19. 制作地板

选择 Edit Mesh/Interactive Split Tool，在地面的面片绘制边，执行 Edit Mesh/Extrude 命令挤出地面地板效果，如图 3—132 所示。

图 3—132　挤出把手面

20. 制作椅子

创建矩形，执行 Edit Mesh/Bevel 命令，倒角出椅子的边角。执行 Edit Mesh/Insert Edge Loop Tool 在多边形上插入边。

执行 Edit Mesh/Extrude 命令，挤出凳子腿与椅子靠背，如图 3—133 所示。

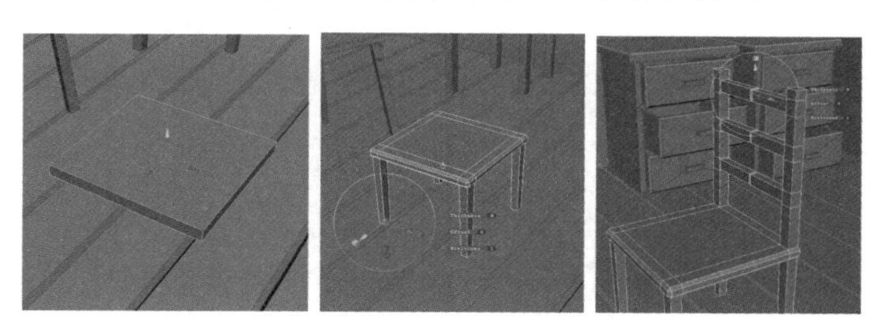

图 3—133　创建矩形挤出椅子

21. 调整椅子形状

选择椅子右键进入到点的模式，使用缩放工具将椅子靠背两边面的点挤压到中间，执行 Edit Mesh/Merge 命令，将点进行融合。

选择椅子靠背点对其旋转，将靠背调整略微弯一点。选择椅子座位，调整座位形状，完成椅子制作，如图 3—134 所示。

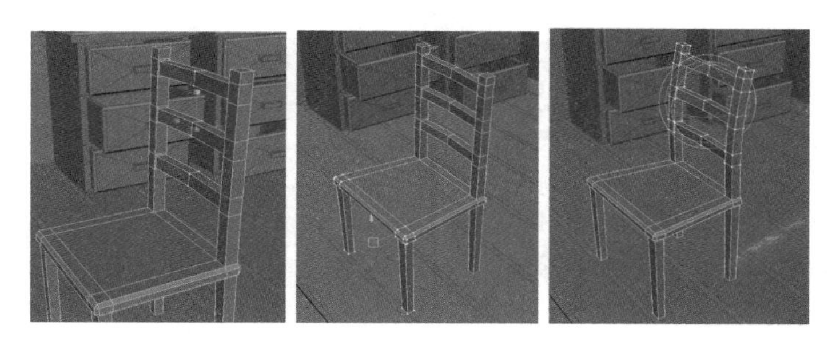

图 3—134　调整椅子形状

22. 创建画纸

创建一个多边形面，修改多边形的细分参数 Subdivisisons Width（宽的段数）：20，Subdivisisons Height（高的段数）：20，如图 3—135 所示。

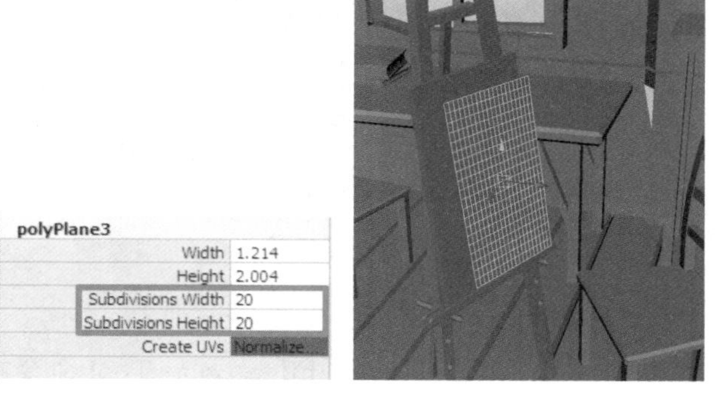

图 3—135　细分面段数

双击移动工具打开工具属性对话框，勾选 Soft Select（软化选择），也可按 B 键打开 Soft Select；打开移动工具属性对话框，修改衰减参数 Falloff radius：2，如图 3—136 所示。

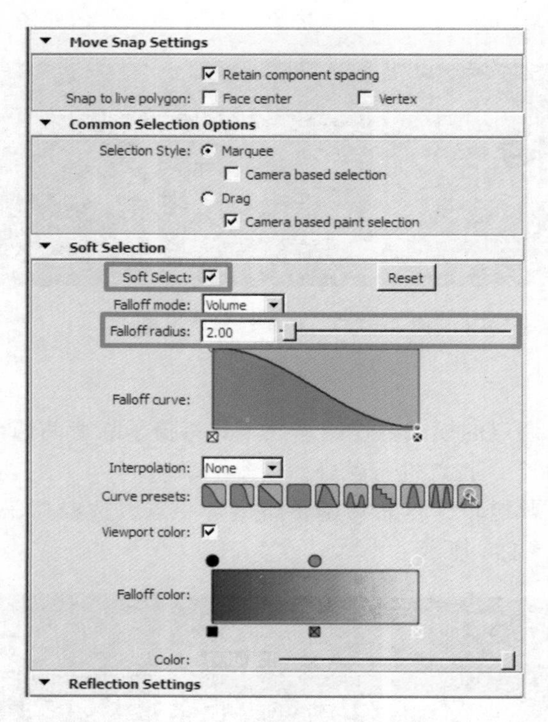

图 3—136　移动工具属性对话框

选择画纸多边形面左下角的一个点，点周边的点也会受到影响，使用移动工具移动点，可制作出纸微微翘起的效果，完成后再次按下 B 结束画纸软化制作效果，如图 3—137 所示。

图 3—137　移动软化点

23. 制作垃圾桶

创建多边形圆柱，执行 Edit Mesh /Insert Edge Loop Tool 命令在圆柱的顶面插入一周的边。执行 Edit Mesh/Extrude 命令挤出垃圾桶的条形，删除条形顶端面，使用快捷键 Ctrl＋D 复制一个垂直镜像，如图 3—138 所示。

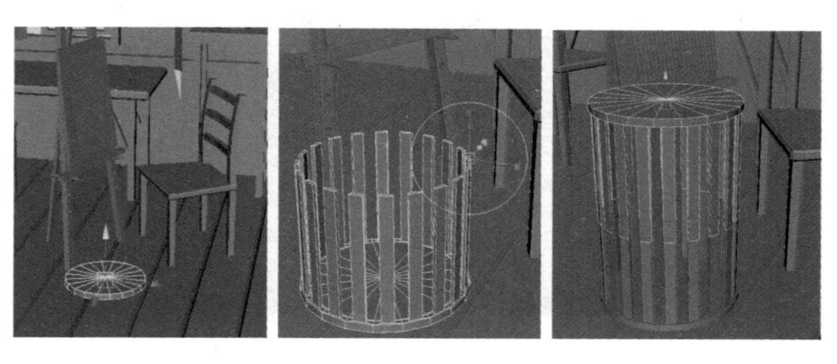

图 3—138　镜像复制面

选择 Mesh/Combine 将桶上下两个物体进行合并。合并后，右键进入到多边形点的模式状态，使用缩放工具将两边面的点挤压到中间，执行 Edit Mesh/Merge 命令，将点进行融合。选择边将中间多余的边删除，再选择点删除多余的点，如图 3—139 所示。

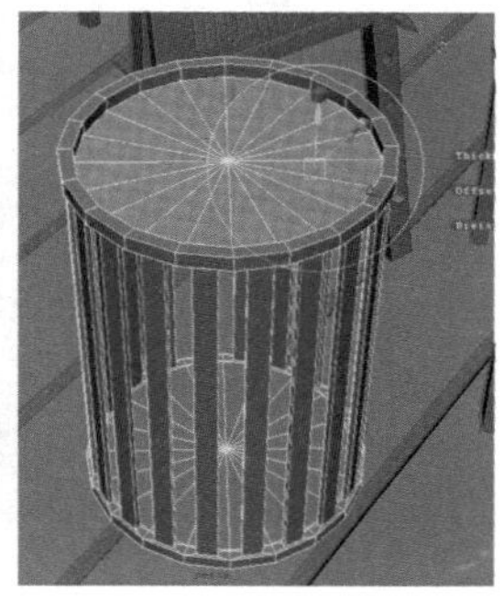

图 3—139　合并面删除多余的边、点

选择桶的顶部的面向下挤出垃圾桶边高度，删除中间的面，执行 Edit Mesh/Merge 命令，合并点完成桶的制作，如图 3—140 所示。

图 3—140　删除中间的面

使用同样的方法，创建矩形，执行 Edit Mesh/Extrude 命令，挤出电视以及电视柜的制作，制作效果如图 3—141 所示。

图 3—141　制作电视，电视柜

最后完成场景最终制作，效果如图 3—142 所示。

图 3—142　最终效果

第四章　Maya 灯光设置

在 Maya 三维世界里，灯光的创建是模仿现实世界中光线的重要方法，三维灯光的创建可以模仿出现实生活中的不同光感，例如，自然光、灯光等，可 Maya 通过制作出不同光线以及光效等效果。

在 Maya 三维制作中不能忽视光线的创建以及影调的调整，灯光的质量好坏是三维动画制作中重要部分之一。学会如何控制三维灯光设置属性，通过对灯光属性的设置来模仿多种真实世界光效是制作优秀三维作品的关键。

4.1　Maya 灯光的类型

在 Maya 场景中系统会自动创建一个方向灯，这是 Maya 自带的默认灯光。除了系统默认灯光外，Maya 根据光源的发光方式，设置了灯光的创建。用来模拟现实生活中的各种光源。当创建的指定灯光后，Maya 系统默认灯光会自动关闭。

Maya 常用的灯光创建方式如下。

通过工具栏的 Rendering 标签，选择对相应的灯光按钮进行创建，如图 4—1 所示。

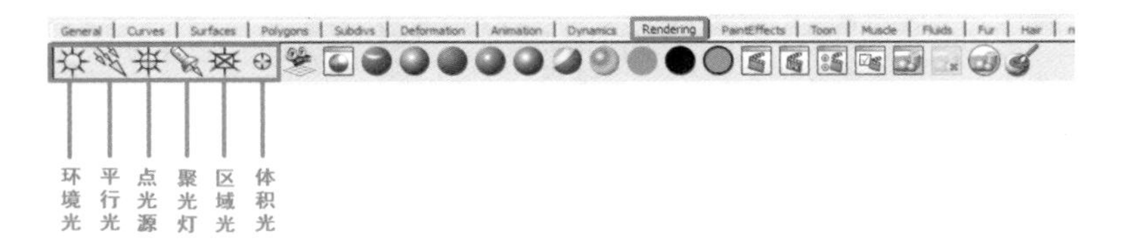

图 4—1　工具栏创建灯光

通过菜单创建灯光：Create/Lights（灯光），对相应的灯光进行创建，如图 4—2 所示。

创建完灯光后，对灯光位置的调整，使用常用的变换工具以及通道盒变换参数调整位置外，还可以通过视图进行灯光位置以及角度的调整。操作方法：首先在视图选择要调整的灯光，选择好要调整的视图后，执行视图菜单 Panels/Look Through Selected 视图锁定选择物体角度显示选项，使用调整视图的方法来调整灯光角度的位置以及照射角度，如图 4—3 所示。

Maya 系统共提供了 6 种灯光，它们是 Ambient Light、Directional Light、Point Light、Spot Light、Area Light 和 Volume Light。

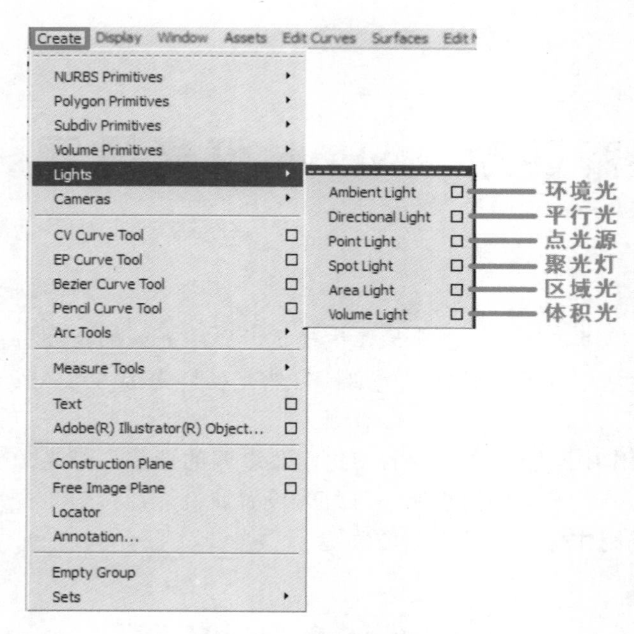

图 4—2　菜单创建灯光

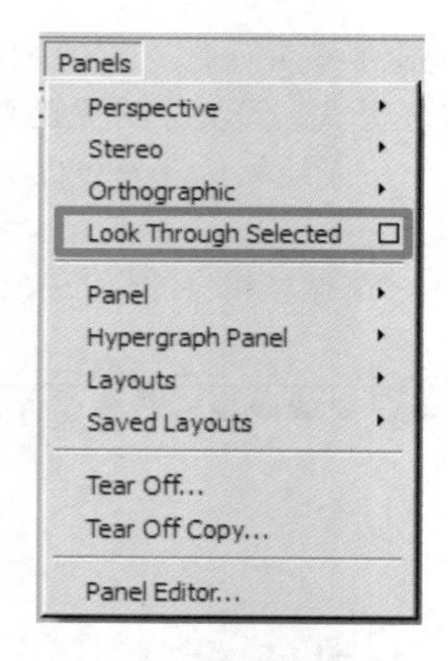

图 4—3　视图锁定显示

4.1.1 Ambient Light

Ambient Light（环境光）可以让整个场景的环境都变亮，它向四周发散，有点雾状感，容易让场景缺乏层次感。

环境光还有一个重要特点，可以减弱材质表面的凹凸效果，使画面变得灰、平，如图4—4所示。

 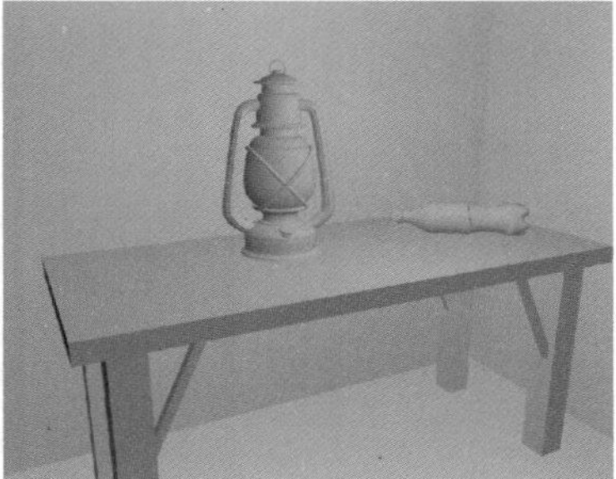

图 4—4　环境光

4.1.2　Directional Light

Directional Light（平行光）仅在一个方向上发射光源，平行光的光线都是平行的。使用平行光可以模拟远距离的光源，比如太阳。

注意：改变平行光的位置或者缩放灯光图标的大小是不会改变平行光的照明效果，除非改变它的照射角度，如图 4—5 所示。

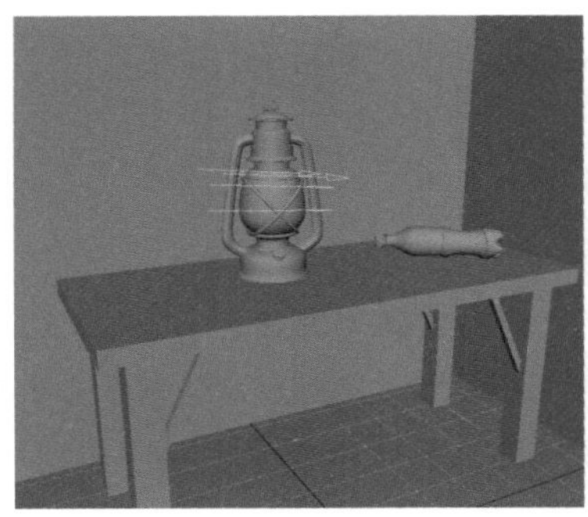 

图 4—5　平行光

4.1.3　Point Light

Point Light（点光源）是没有具体方向的光源，它以光源为中心向四周均匀散发光源，类似于灯泡的效果。

点光源常用来模拟室内照明效果，还经常在场景中作为辅助光源来使用，如图 4—6 所示。

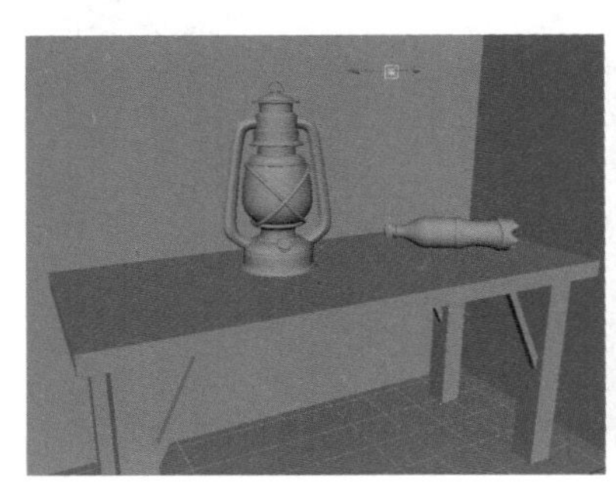 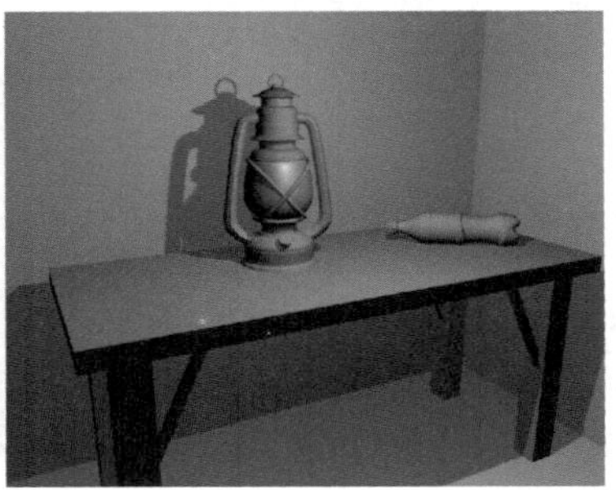

图 4—6　点光源

4.1.4 Spot Light

Spot Light（聚光灯）的特点是从光源所在位置向目标点投射出一束光线，照明的范围由窄逐渐变宽。聚光灯是可以控制光源方向的，它的形状像一个圆锥形，可以模拟台灯效果，如图 4—7 所示。

聚光灯拥有很全面的参数设置，能够很方便地对物体进行深入的刻画，还可以配合灯光雾一起使用。

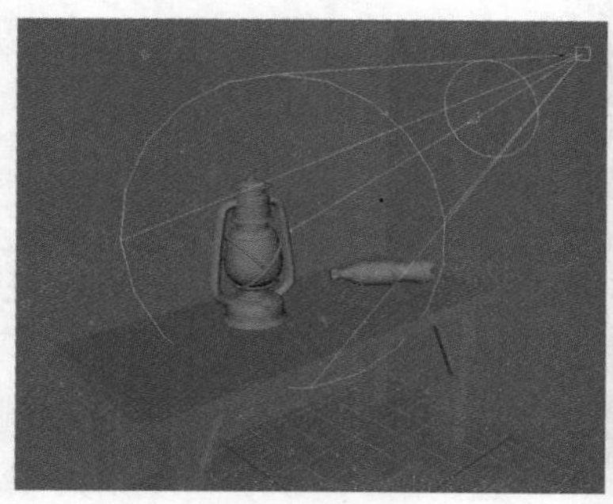
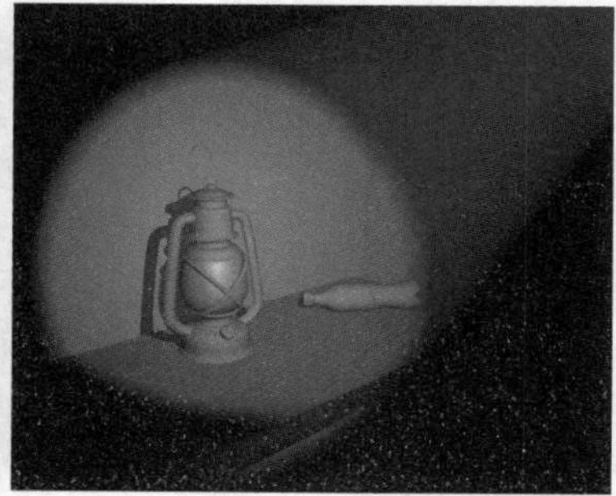

图 4—7 聚光灯

4.1.5 Area Light

Area Light（区域光）是以一个面作为光源发射的灯光，具有较柔和的光影效果，但同时也会让软件的速度变慢，因此在实际使用时要控制其数量。

区域光图标大小会影响到灯光的强度以及强度范围，区域光图标的大小可以使用缩放命令来改变，如图 4—8 所示。

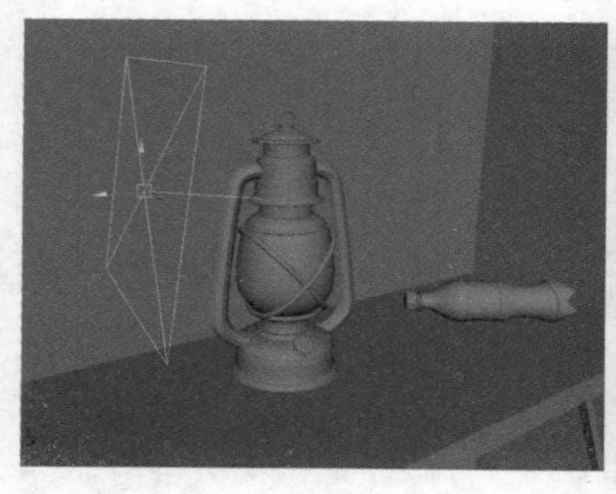

图 4—8 区域光

4.1.6 Volume Light

Volume Light（体积光）是根据一定的体积范围进行灯光照明，体积光可在操作视图中看见，可通过视图来调整衰减区域，如图 4—9 所示。

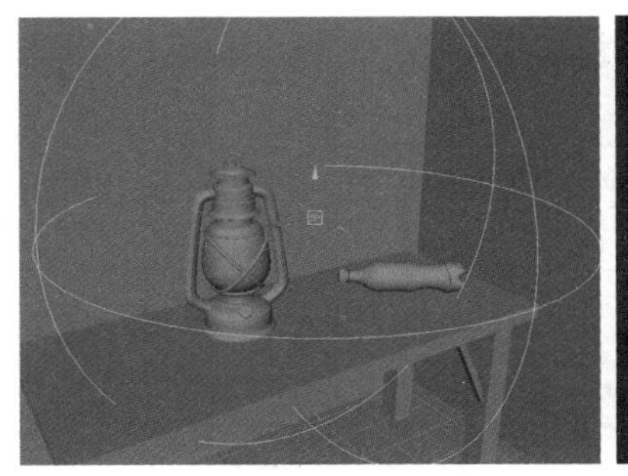

图 4—9　体积光

4.2　灯光通用属性设置

在视图选择某个灯光，使用快捷键 Ctrl+ A 可以打开该灯光的属性设置对话框。也可以在 Hypershade 超级滤光器对话框中，双击打开灯光的节点，打开灯光属性设置对话框，如图 4—10 所示。

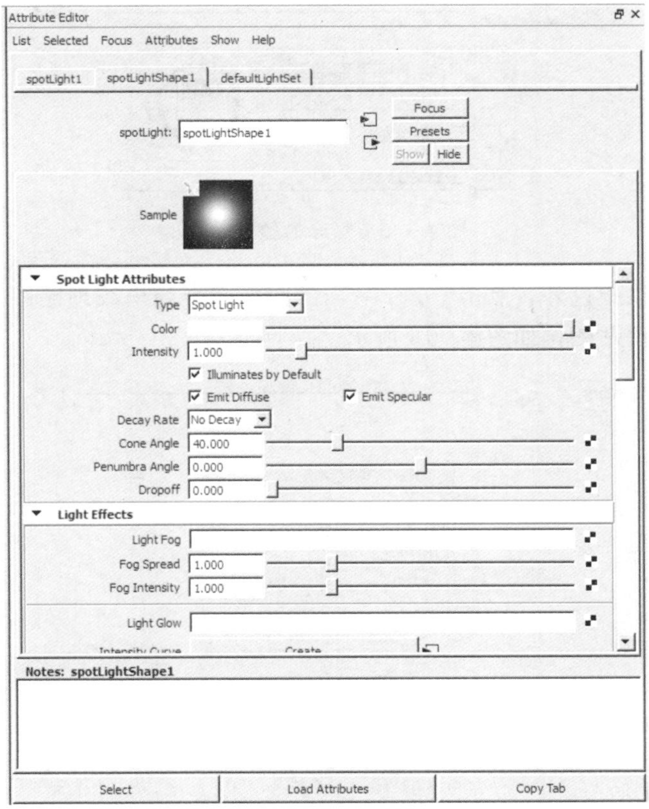

图 4—10　点光源光照效果

4.2.1 灯光通用属性的设置

1. Type

Type（灯光类型）选项可对灯光类型进行替换，该选项有 Maya 提供的 6 种灯光类型，如图 4—11 所示。

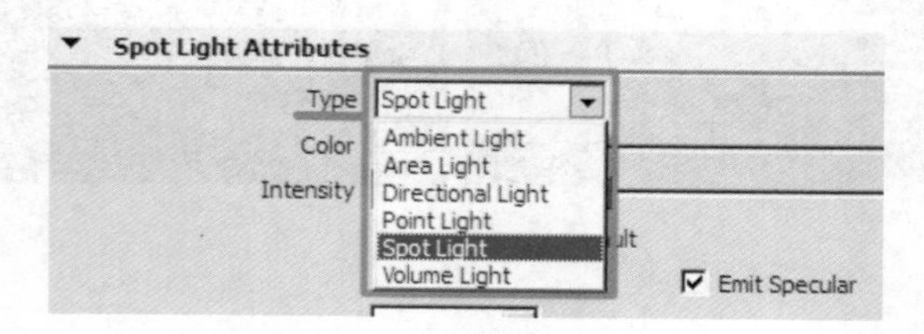

图 4—11　灯光类型

当灯光类型被替换后，在该属性设置对话框中前一个灯光与替换的灯光的公共属性参数是不会被改变的，其他不相同的属性参数将会丢失，灯光在场景的位置也会保持不变。

2. Color

Color（灯光颜色）可对灯光的颜色进行选择与编辑。点击 Color 色块，会弹出颜色对话框，可对颜色进行选择与编辑，如图 4—12 所示。

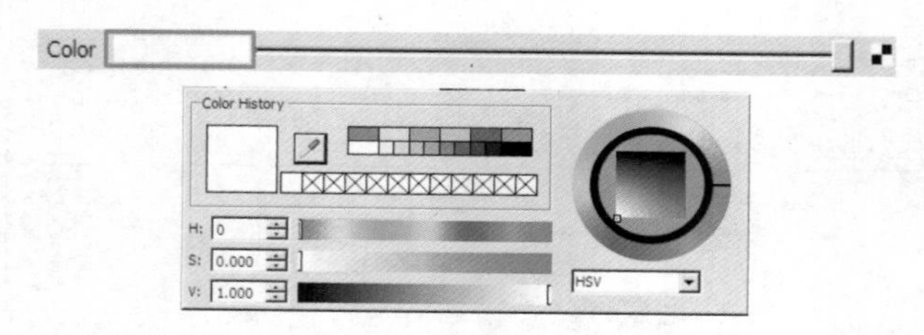

图 4—12　灯光的颜色设置

该选项除了修改颜色外，点击 Color 后面的图标，会弹出纹理贴图对话框，可选择纹理，为灯光添加纹理贴图，如图 4—13 所示。

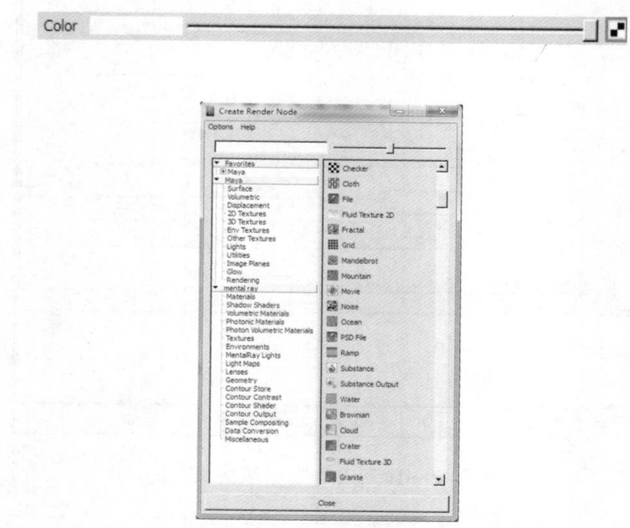

图 4—13　纹理贴图对话框

3. Intensity

Intensity（灯光强度）通过参数的增减控制灯光的强弱度，如图 4—13 所示。

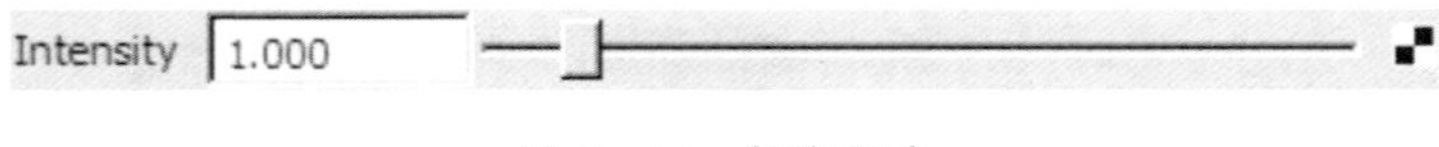

图 4—13　灯光强度

当 Intensity 灯光强度参数为正数，值越高灯光光线强度就越高，如图 4—14 所示。

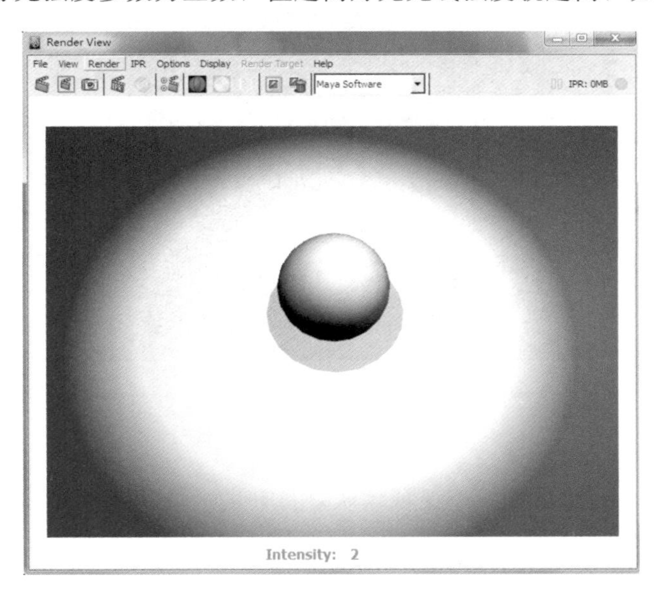

图 4—14　灯光强度为正数

当 Intensity 值为 0 时，不产生灯光效果，如图 4—15 所示。

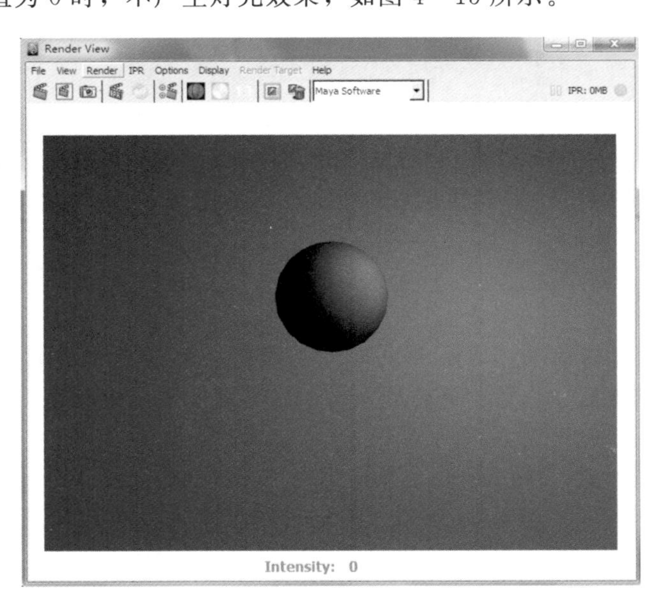

图 4—15　灯光强度为 0

当 Intensity 值为负数时，可以去除灯光照明，还可以减弱局部灯光强度，用它可制作出只产生投影而不产生照明的效果，如图 4—16 所示。

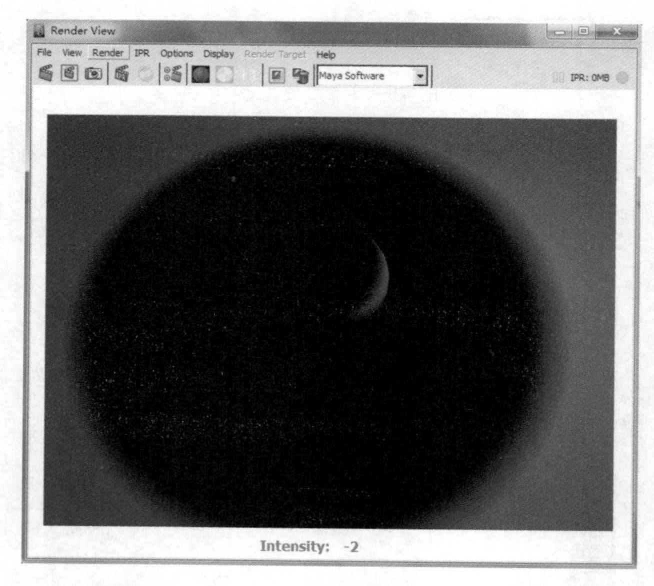

图 4—16　灯光强度为负数

(1) Illuminates by Default：该选项默认是打开的。这个选项是指灯光是否按照默认的状况照明所有的物体。如果不勾选此项，灯光则不照亮任何物体，可将灯光单独连接到需要照亮的物体上，如图 4—17 所示。

(2) Emit Diffuse：该选项是默认打开的，用来控制灯光的漫反射效果。如果此选项关闭，只能看到物体的镜面反射并只保留高光效果，中间层次将不被照明。

(3) Emit Specular：默认是打开的。用来控制灯光的镜面高光效果，在做辅光时通常此项是关闭的，以获得更合理的效果。

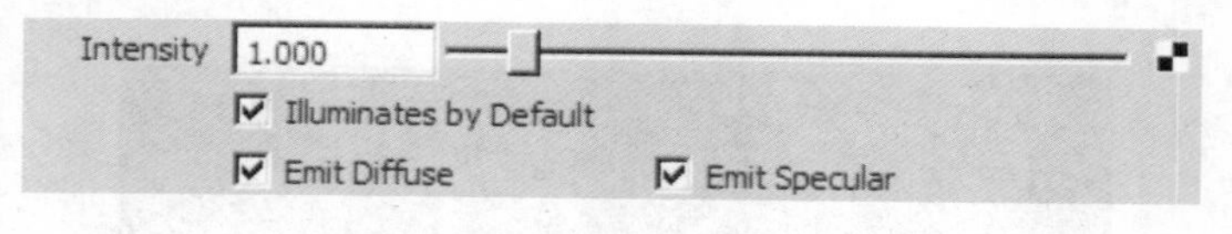

图 4—17　Illuminates by Default

4. Decay Rate

Decay Rate（灯光的衰减）是用来设置灯光照射物体的范围。离灯光越近物体就越亮，离灯光越远，则越暗。这种控制灯光从亮到暗并随着距离渐远而减弱的速率，被称为灯光的衰减。

灯光的四种衰减方式：No Decay（无衰减）、Linear（线性衰减）、Quadratic（平方衰减）和 Cubic（立方衰减），默认值为 No Decay，如图 4—18 所示。

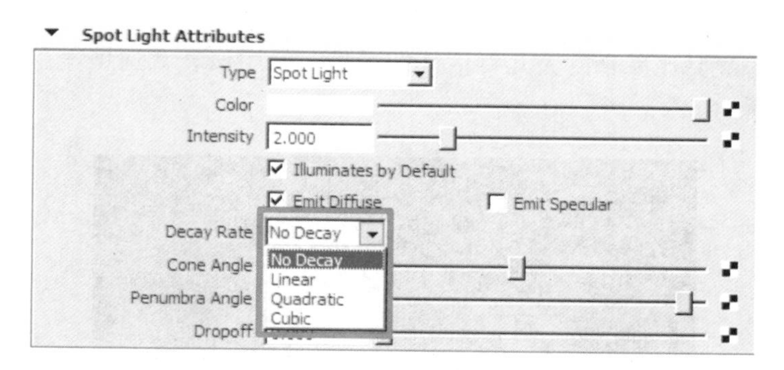

图 4—18　灯光的衰减设置

(1) No Decay：无衰减是指无论光源远近，亮度都是相同的，没有衰减变化。使用该衰减选项电脑运算速度也会比较快，如图 4—19 所示。

图 4—19　无衰减

(2) Linear：以一种线性方式均匀衰减，这种衰减在一定的范围内实现灯光从亮到暗的衰减效果。使用该衰减选项电脑运算速度也会比较快，如图 4—20 所示。

图 4—20　线性衰减

（3）Quadratic：用来模拟现实生活中光线的衰减方式，真实感强。如果设置此选项，那么灯光的强度一般要比原来的大几百倍才能看见，使用该衰减选项电脑运算速度会比较慢，如图 4—21 所示。

图 4—21　平方衰减

（4）Cubic：根据立方比例进行衰减，真实感更强。如果设置此选项，那么灯光的强度一般要比原来的大几百倍或者几千倍才能看见，使用该衰减选项电脑运算速度会比较慢，如图 4—22 所示。

图 4—22　立方衰减

4.2.2　不同类型的灯光属性设置

1. Spot Light

Spot Light 具有自己独有的属性对话框和设置框，如图 4—23 所示。

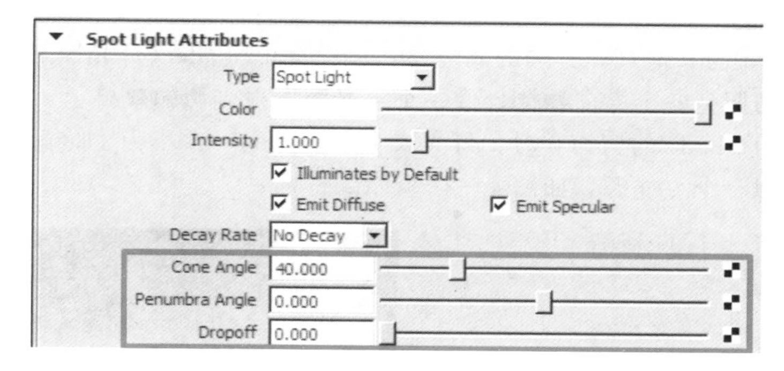

图 4—23　聚光灯属性设置

（1）Cone Angle：聚光灯锥角角度，用来控制聚光灯光束扩散的程度，如图 4—24 所示。

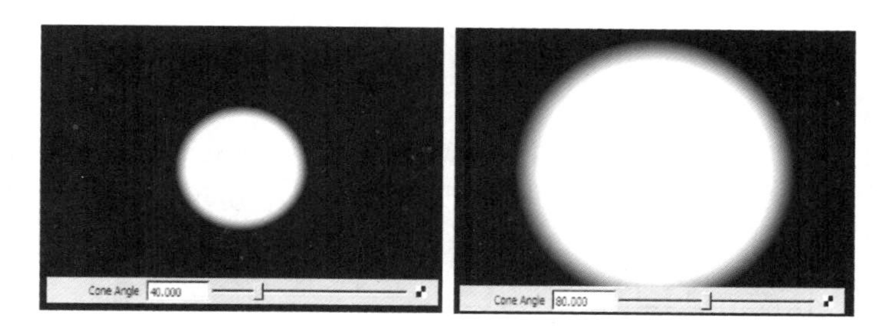

图 4—24　Cone Angle

（2）Penumbra Angle：控制聚光灯的锥角边缘在半径方向上的衰减程度，如图 4—25 所示。

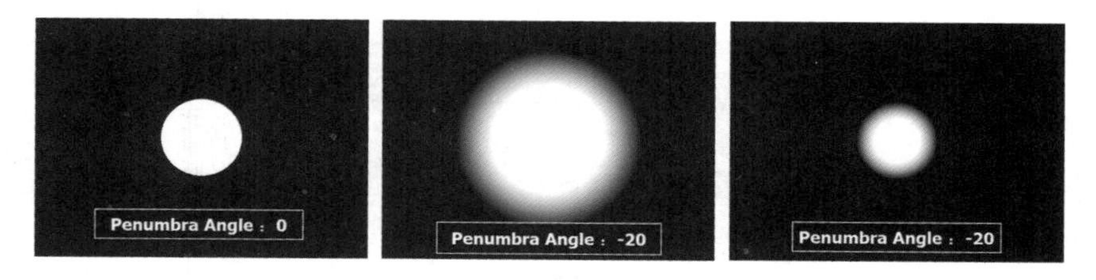

图 4—25　Penumbra Angle

（3）Drop off：控制灯光强度从中心到聚光灯边缘减弱的速率，如图 4—26 所示。

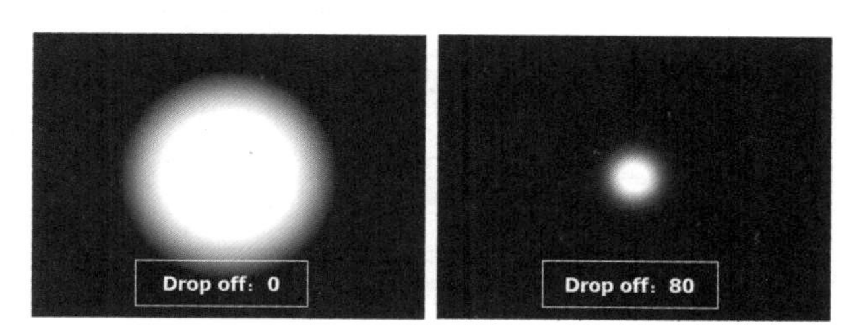

图 4—26　Drop off

2. Ambient Light

Ambient Light 与其他灯光不同的属性是：Ambient Shade（灯光照射方式）参数是用于控制环境光均匀照亮各个方向物体，像一个点光源发射光源的效果。

如果 Ambient Shade 的值为 0 时，灯光来自所有方向，大小为 1 时，灯光来自环境光所在的位置，类似一个点光源，如图 4—27 所示。

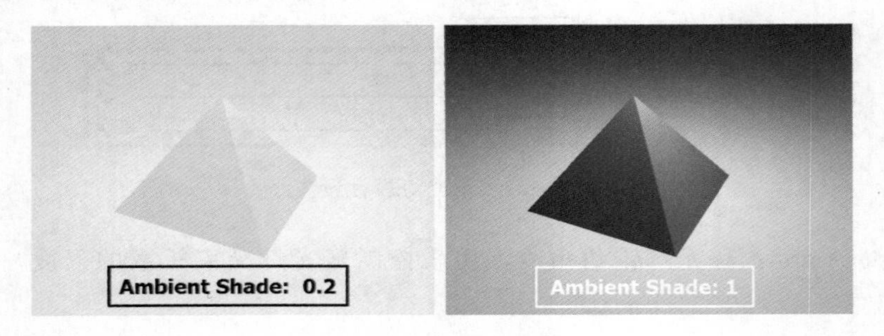

图 4—27　聚光灯照射方式

3. Volume Light

Volume Light 与其他灯光不同的属性参数设置为：Light Shape（灯光形状）、Color Range（色彩的范围）和 Penumbra（半阴影），如图 4—28 所示。

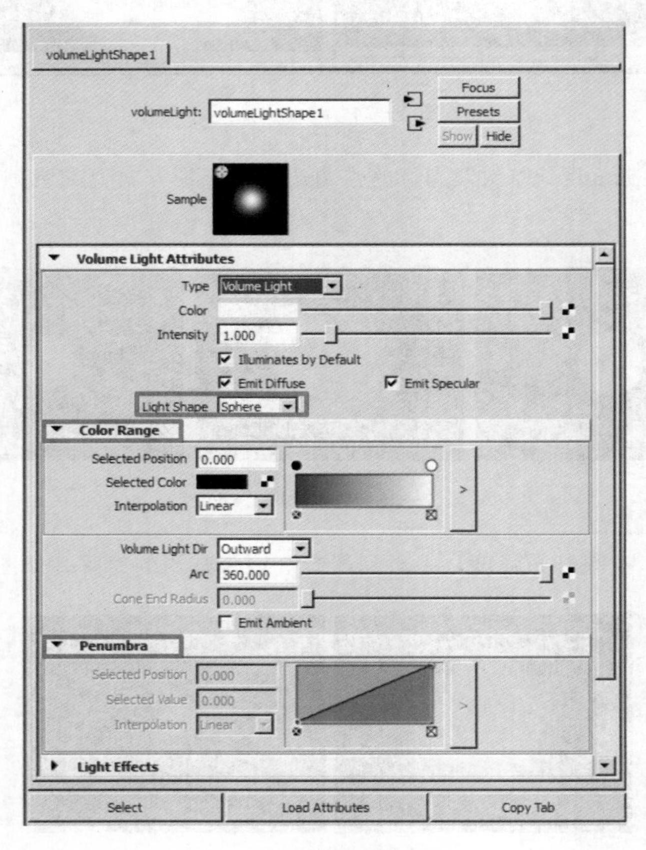

图 4—28　体积光属性设置

（1）Light Shape：决定体积光灯光的形状。

灯光的形状有 4 个灯光形状可以选择，包括 Box、Sphere、Cylinder 和 Cone，如图 4—29 所示。

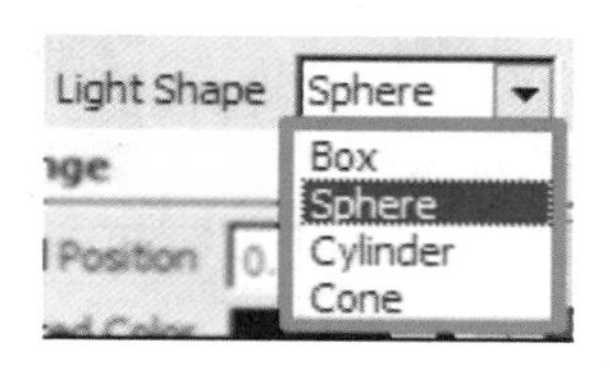

图 4—29　体积光的形状选择

（2）Color Range：设置渐变颜色。

（3）Penumbra：半阴影，此部分仅用于 Cylinder 圆柱形状的灯光和 Cone 圆锥体形状的灯光，主要用来调整光线的强度。调整效果如图 4—30 所示。

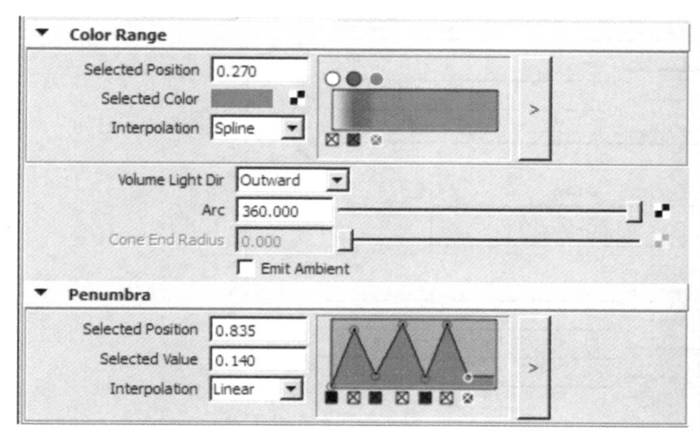

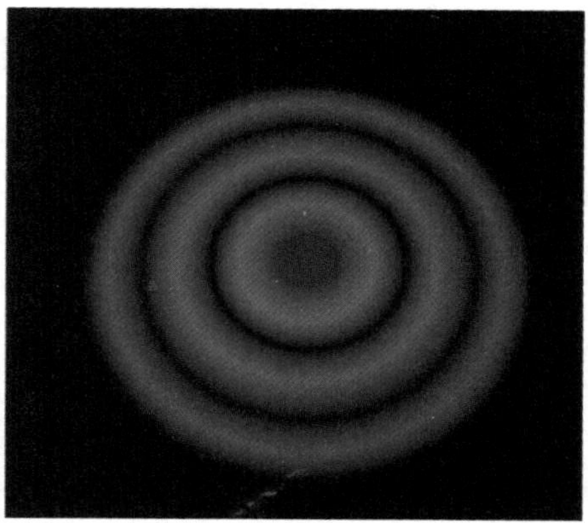

图 4—30　色彩设置，半阴影设置

4.2.3　Light Effects

Light Effects（灯光特效）除了可以控制灯光的基本照明属性外，Maya 还提供了一些灯光特殊效果，如 Light Fog（灯光雾）、Light Glow（辉光）等。

不同的灯光包括不同的灯光特效。灯光特效参数设置与灯光属性设置同一个对话框，如聚光灯灯光特效属性设置，如图 4—31 所示。

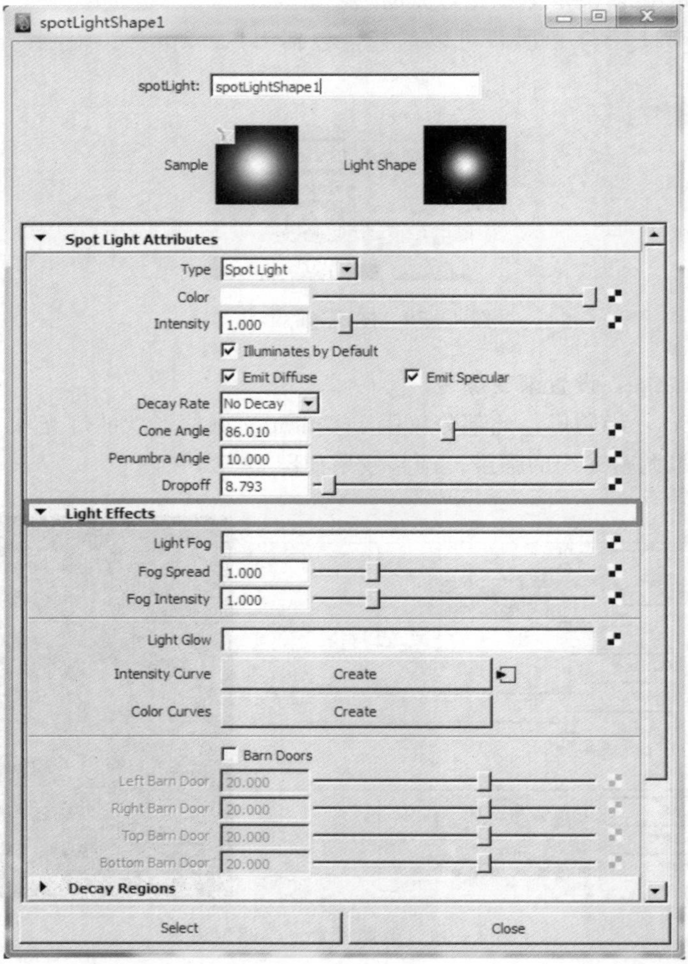

图 4—31　灯光特效

1. Light Fog

Light Fog 可配合点光源，聚光灯和体积光使用。灯光雾是指在灯光的照明范围内添加云雾的效果，可以通过参数改变雾的大小与形状。

点光源的灯光雾是球形的，聚光灯的灯光雾是锥形的，体积光的灯光雾效果是由它的体积形状决定的。Light Fog 的设置对话框，如图 4—32 所示。

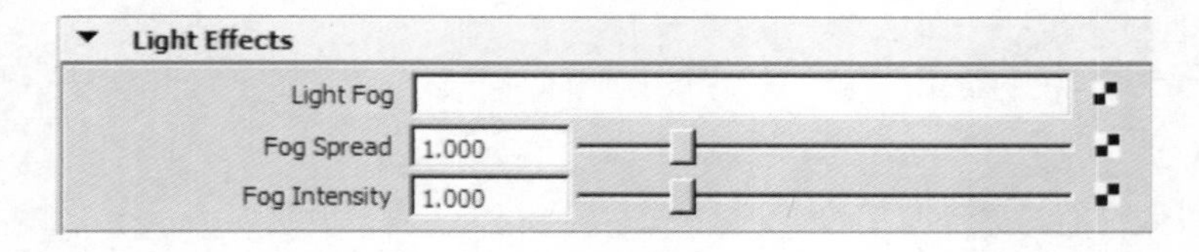

图 4—32　灯光雾

(1) Light Fog：点击 Light Fog 参数右侧的贴图按钮为灯光创建灯光雾效果，该灯光雾节点的名称会显示在中间的名称栏中，如图 4—33 所示。

图 4—33　创建灯光雾

点击添加灯光雾，弹出灯光雾设置的对话框，主要参数如图 4—34 所示。

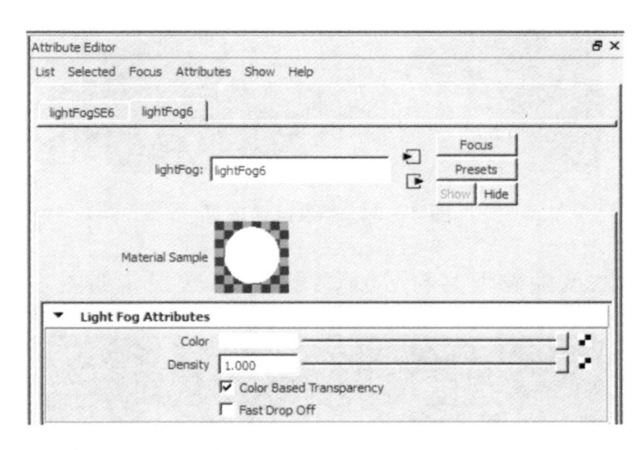

图 4—34　灯光雾设置对话框

Color：设置灯光雾的颜色，系统默认为白色。注意：灯光雾的颜色还会同时受到灯光颜色的影响。

Density：控制灯光雾的密度，雾的密度越大，视觉效果越亮。

Color Based Transparency：控制灯光雾中的物体呈现模糊效果的设置。勾选后，处在雾中或是雾后的物体模糊程度会受 Color 颜色和 Density 密度的影响。该选项默认为勾选。

Fast Drop Off：勾选后，雾中或雾后的各物体会受不同程度的模糊，模糊的程度同时也会受 Density 值和物体与摄像机的距离影响；如果不勾选，雾中或雾后的物体产生同样程度的模糊，模糊的程度受 Density 值影响。

(2) Fog Type：该参数只在点光源的属性编辑对话框中出现，用来设置灯光雾的三种不同浓度衰减方式，如图 4—35 所示。

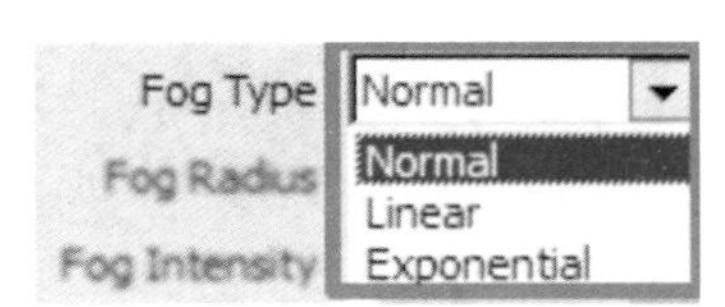

图 4—35　纹理贴图按钮

Normal：灯光雾的浓度不随着距离产生变化，如图 4—36 所示。

图 4—36　Normal 效果

Linear：灯光雾的浓度随着距离的增加呈线性衰减效果，如图 4—37 所示。

图 4—37　Linear 效果

Exponential：灯光雾的浓度随距离的平方成反比衰减，如图 4—38 所示。

图 4—38　Exponential 效果

（3）Fog Radius：控制灯光雾球状体积的大小，如图 4—39 所示。

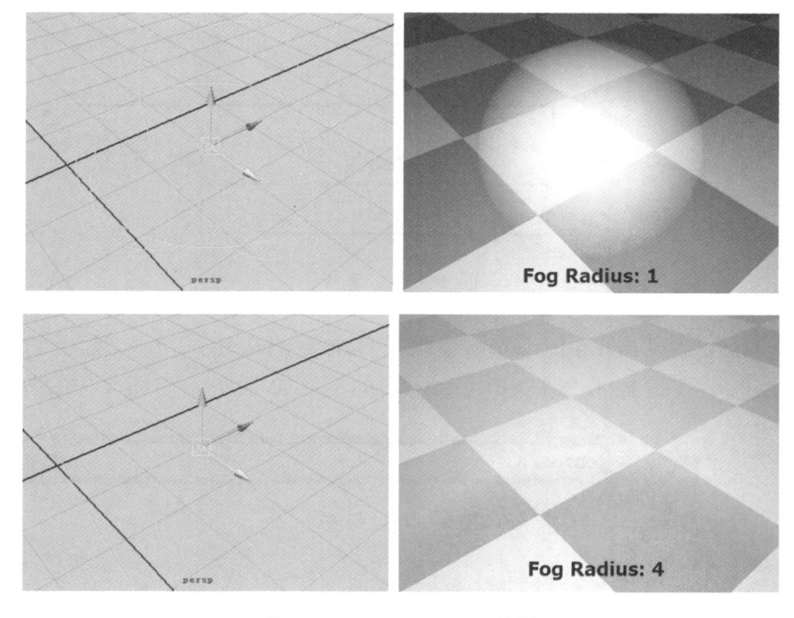

图 4—39　Fog Radius 效果

（4）Fog Spread：是用来控制雾在横断面半径方向上的衰减参数设置，如图 4—40 所示。

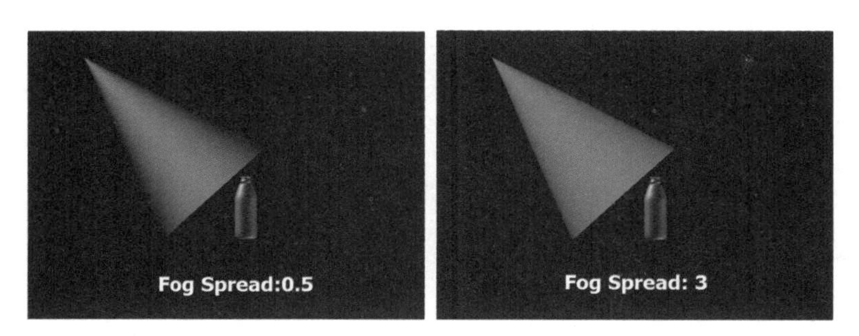

图 4—40　Fog Spread 雾扩散

（5）Fog Intensity：是用来控制雾的强度，如图 4—41 所示。

图 4—41　Fog Intensity 雾强度

2. Light Glow

Light Glow 可以通过打灯光后，让灯光产生辉光、光晕和镜头光斑等特效。Light Glow 设置对话框如图 4—42 所示。

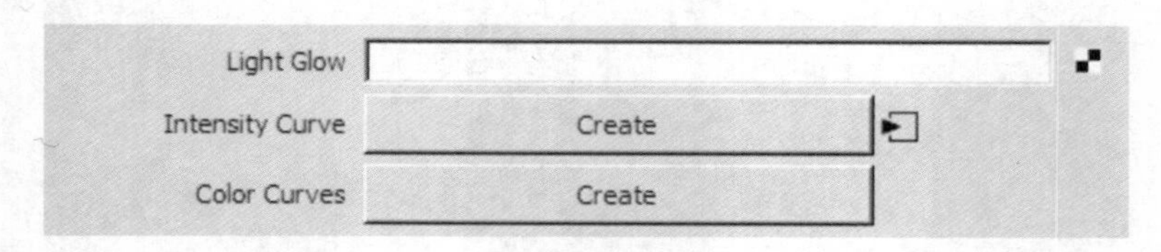

图 4—42　辉光

（1）Light Glow：点击 Light Glow 参数右侧的贴图按钮，Maya 就会给灯光创建了辉光效果，该节点的名称会显示在 Light Glow 中间的名称栏中，如图 4—43 所示。

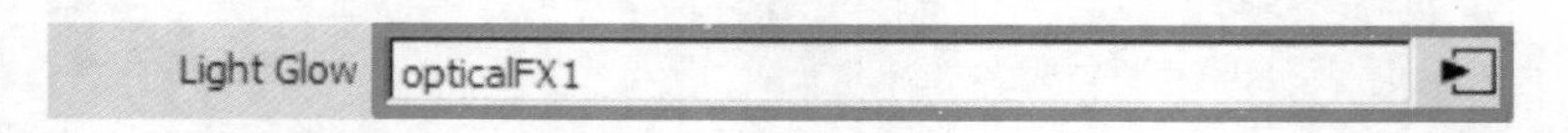

图 4—43　辉光

创建辉光后，会弹出辉光设置的对话框，Optical FX Attributes 为光学节点属性，这部分主要控制辉光、光晕和镜头光斑设置的视觉效果。主要参数如图 4—44 所示。

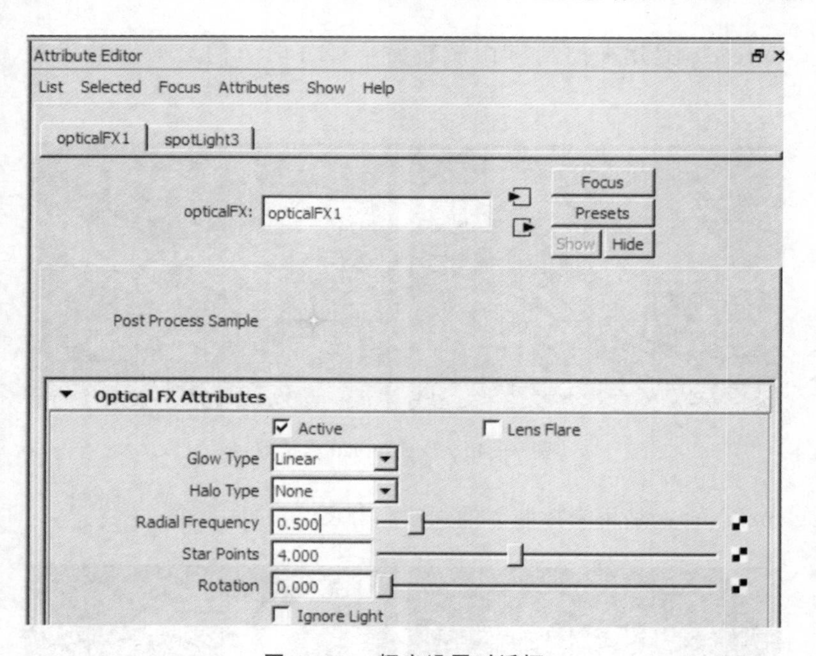

图 4—44　辉光设置对话框

Active：控制打开或关闭灯光光学特效。默认状态下是勾选的。

Lens Flare：控制打开或关闭镜头光斑效果。默认状态下该选项没有勾选，勾选后镜头光斑效果选项会激活 Lens Flare Attributes（镜头光斑属性）部分参数。

（2）Glow Type：辉光类型。Maya 提供了 Linear、Exponential、Ball、Lens Flare 和

Rim Halo 五种辉光效果，通过下拉选项可以选择辉光的类型，如图 4—45 所示。

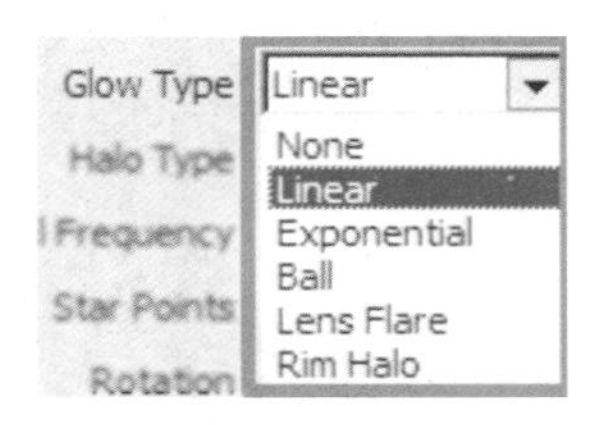

图 4—45 辉光类型选择

None：不显示辉光效果。

Linear：辉光从灯光中心向四周呈线性衰减，如图 4—46 所示。

图 4—46 线性衰减

Exponential：辉光从灯光中心向四周呈指数衰减，如图 4—47 所示。

图 4—47 四周衰减

Ball：辉光从灯光中心在指定的距离内迅速衰减。衰减距离由 Glow Spread 参数指定，如图 4—48 所示。

图 4—48　迅速衰减

Lens Flare：模拟灯光照射多个摄像机镜头的效果，如图 4—49 所示。

图 4—49　摄像机镜头效果

Rim Halo：在辉光周围生成一圈圆环状的光晕。光晕环的大小由 Halo Spread 参数控制，如图 4—50 所示。

图 4—50　环状光晕

(3) Halo Type：光晕类型。Maya 提供了 Linear、Exponential、Ball、Lens Flare 和 Rim Halo 五种光晕效果，通过下拉选项选择辉光的类型，如图 4—51 所示。

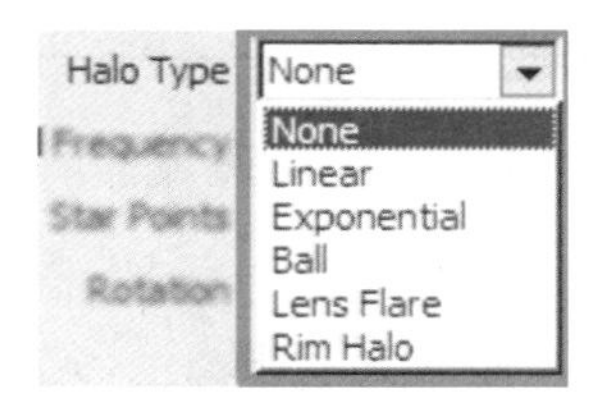

图 4—51　光晕类型

注意：辉光类型和光晕类型可以结合起来混合使用。

4.2.4　Shadows

Maya 默认的 Shadows（灯光阴影）是关闭的。通过调节阴影的属性可以设置更清晰真实的阴影。Shadows 灯光阴影设置对话框，如图 4—52 所示。

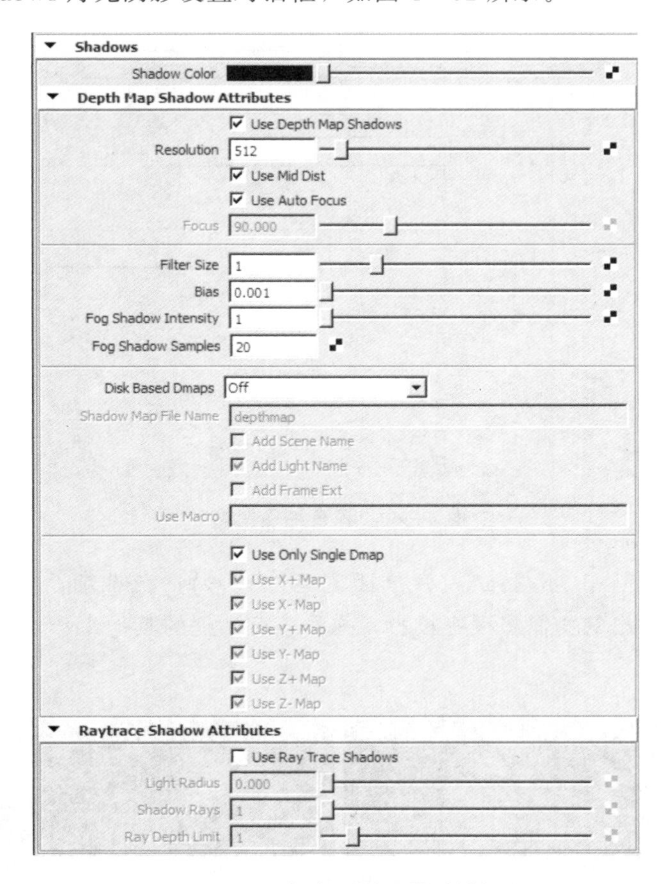

图 4—52　灯光阴影设置对话框

1. Shadows Color

Shadows Color（阴影颜色）默认为黑色，用户可以根据场景的需求更改灯光颜色，也可点击后面的贴图图标进行阴影贴图，如图 4—53 所示。阴影的颜色最好与灯光的颜色有冷暖的对比。

图 4—53 阴影颜色

2. Depth Map Shadows

Depth Map Shadows（深度贴图阴影）的阴影生成方式特点是渲染速度快、生成的阴影相对比较软、边缘柔和，但是不如 Ray Trace Shadows（光线追踪阴影）真实。Depth Map Shadows 的参数设置对话框，如图 4—54 所示。

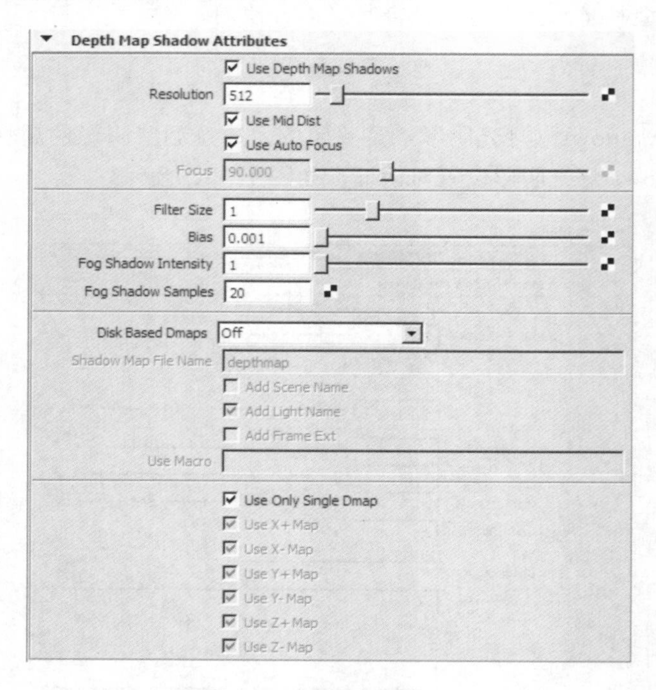

图 4—54 深度贴图阴影

（1）Use Depth Map Shadows（深度阴影贴图）：勾选此选项，就能打开灯光投影。不勾选此项灯光照射出的物体将没有投影，并且该对话框的其他参数也不能进行编辑，如图 4—55 所示。

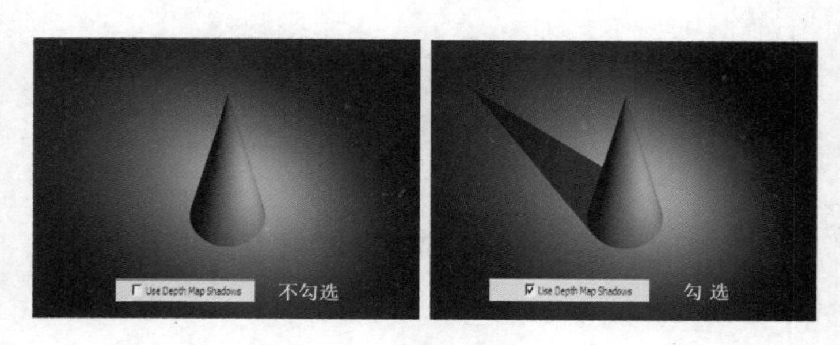

图 4—55 深度贴图阴影选项

（2）Resolution（深度阴影贴图分辨率）：该选项参数越大，阴影效果就会越好，但一般设置时参数不要过大，数值太大会影响渲染速度。通常主光的阴影贴图分辨率可以设置的高一些，如图 4—56 所示。

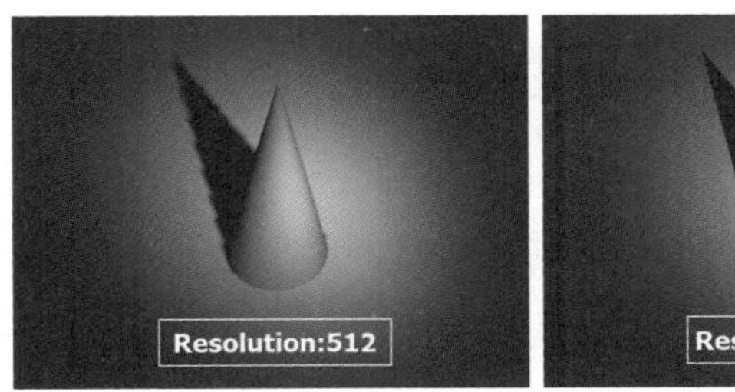

图 4—56　深度贴图阴影分辨率

（3）Filter Size（模糊大小）：控制阴影的边缘，数值越大阴影的边缘越模糊，适当地更改此选项可以使阴影更加自然，如图 4—57 所示。

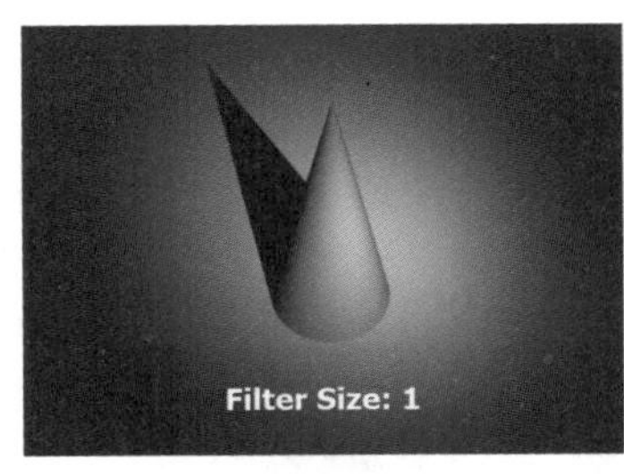

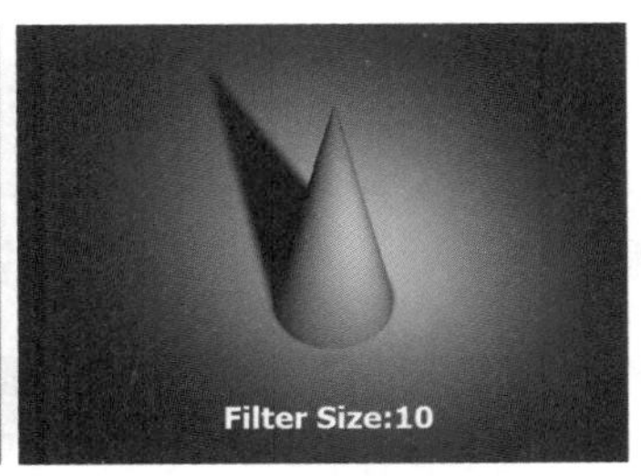

图 4—57　模糊大小

（4）Bias（偏移）：将深度阴影贴图向灯光的方向或远离灯光的方向进行偏移，如图 4—58 所示。

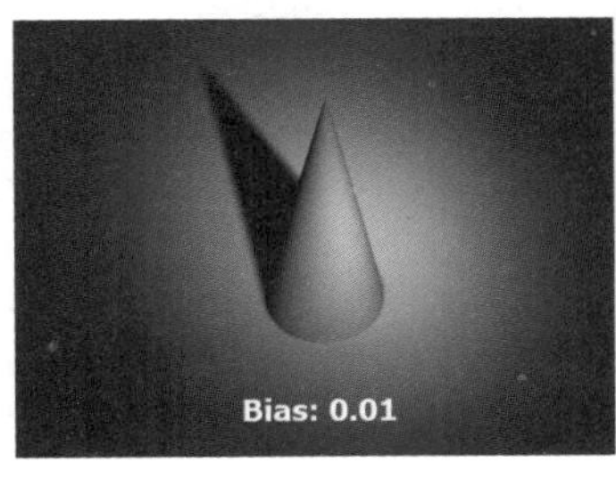

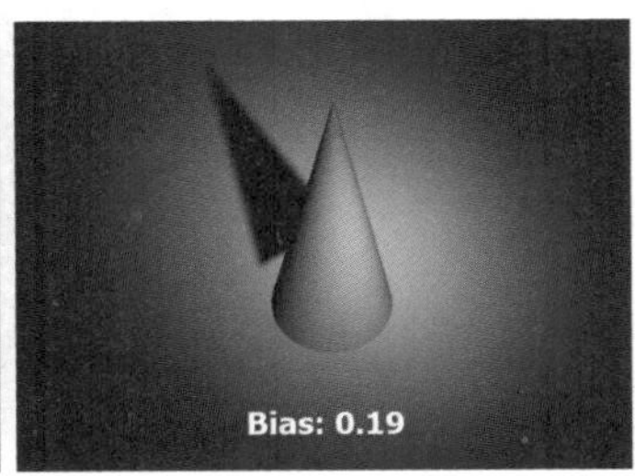

图 4—58　偏移

（5）Fog Shadow Intensity（灯光雾阴影强度）：控制灯光雾阴影的强度，强度数值越大，雾阴影的浓度越高。

（6）Fog Shadow Samples（灯光雾阴影采样）：该选项数值越大，灯光雾阴影颗粒越细腻，但渲染速度也会越慢。

（7）Disk Based Damps（硬盘保存贴图）：可将灯光的深度贴图保存在硬盘上，以便下次的重复使用，可节约渲染时间。深度贴图会被保存到工程目录下的 Depth 文件夹内。Disk Based Dmaps 包括三个选项，默认状态为关闭状态，如图 4—59 所示。

图 4—59 硬盘保存贴图

Off：关闭硬盘保存贴图，默认为关闭状态。

Overwrite Existing Dmap(s)：Maya 将使用新建的深度贴图，将贴图保存到电脑中，如果硬盘已经有深度贴图保存，则新的贴图会覆盖原先的贴图。

Reuse Existing Dmap(s)：再次使用原先保存的深度贴图，如果先前没有保存，那么 Maya 将新建深度贴图并保存。

4.2.5 Ray Trace Shadows

Ray Trace Shadows（光线追踪阴影）生成方式是比较真实的，它是根据摄像机到光源之间运动的路径进行跟踪计算，从而确定如何投射阴影的一种方法。

光线追踪能够产生深度贴图不能产生的效果，比如玻璃、塑料的阴影，使用光线追踪阴影会产生柔和的边缘投影。这种阴影渲染的特点是渲染速度慢，但是生成的阴影比 Depth Map Shadows 深度贴图阴影效果更加真实，阴影比较硬，边缘清晰，如图 4—60 所示。

图 4—60 光线追踪阴影效果

光线追踪是能够真实地表现出反射和折射效果。光线追踪阴影的参数对话框设置，如图 4—61 所示。

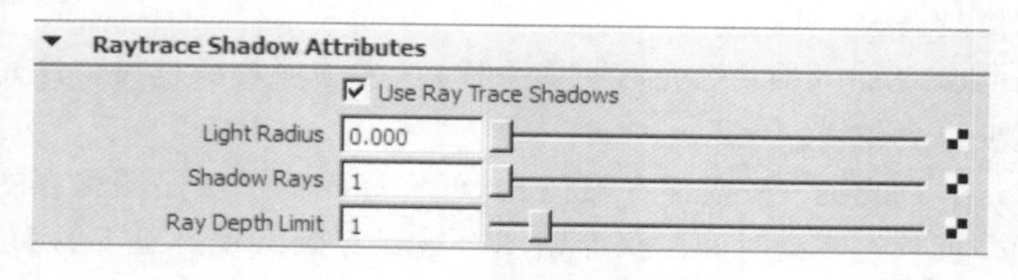

图 4—61 光线追踪阴影设置

Maya 创建灯光后，默认状态下是不投射阴影的。这是考虑到渲染速度的原因。如果要投射灯光阴影，要在灯光的属性编辑对话框中手动打开阴影选项，即选择 Depth Map Shadows 或是 Ray Trace Shadows。深度贴图阴影和光线追踪阴影两者只能保留一个，不能同时使用，当勾选其中一个，另一个将会失效。

（1）Use Ray Trace Shadows（光线追踪阴影）：勾选 Use Ray Trace Shadows 选项打开光线追踪阴影选项，如图 4—62 所示。

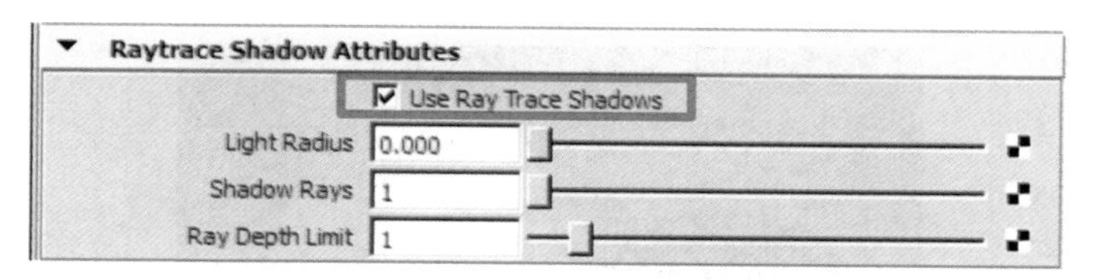

图 4—62　光线追踪阴影

勾选 Use Ray Trace Shadows 使用光线追踪阴影选项的同时，需要勾选 Render Setting（渲染设置）对话框中的 Raytracing（光线追踪）选项。操作方法：打开菜单 Windows/Rendering Editors/Render settings 对话框，在 Raytracing Quality 选项栏，勾选 Raytracing 选项，打开光线追踪阴影渲染，如图 4—63 所示。

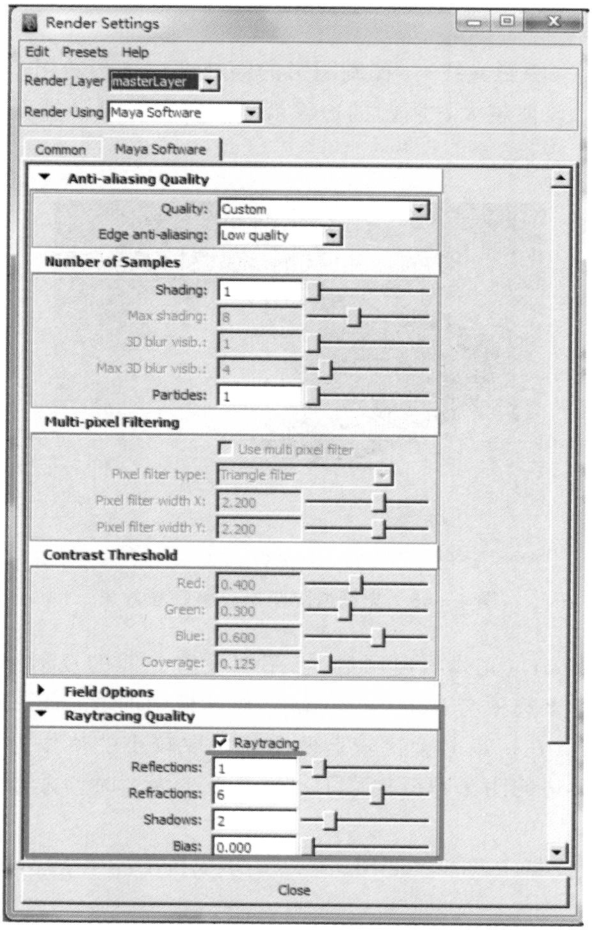

图 4—63　渲染设置

（2）Light Radius（灯光半径和灯光角度）：设置灯光的半径或角度，控制阴影边缘的柔和度。用于控制光线追踪生成的阴影边缘的模糊程度。该值越大，阴影的边缘就越模糊，但是颗粒现象越明显，数值越大越柔和。该参数可通过调整 Shadow Rays 参数来改善颗粒现象，生成柔和细腻的阴影边缘。该选项会根据灯光的类型变化而变化，点光源和聚光灯为 Light Radius，环境光对应的是 Shadow Radius，而平行光对应的是 Light Angle，如图 4—64 所示。

图 4—64　光线追踪阴影颗粒效果

（3）Shadow Rays（阴影光线）：控制阴影的颗粒度。该参数用于控制光线追踪生成的阴影边缘的细腻程度，该值越大，阴影的边缘就越细腻，但是计算量也会相应增加，渲染速度变慢，如图 4—65 所示。

图 4—65　光线追踪阴影改善颗粒效果

（4）Ray Depth Limit（光线深度限制）：用来设置光线的反射或者折射的最大次数，默认为最小次数 1 次。该选项与 Render settings 对话框中的 Raytracing 光线追踪 Shadows 数值共同起作用。Maya 在渲染时会比较这两个值，取较小的值作为控制。此外，当这个值为 1 时，透明物体后边的阴影不会被显示出来，至少为 3 时，才会显示出透明物体后边的阴影。

Ambient Light 只支持 Ray Trace Shadows，不支持 Depth Map Shadows。

第五章　Maya 材质与贴图

在现实世界中，物体质感是通过眼睛看到或者触摸感受到的。对于 Maya 而言，材质的设置是表现物体质感至关重要的部分。在三维世界 Maya 制作中，物体的材质制作通过材质编辑设置或者纹理贴图，表现出物体表面的外观质感。

5.1　材质的创建

5.1.1　材质创建

Maya 材质球的创建，可通过多种方法进行创建，主要包括以下几点。

（1）在 Rendering 标签工具栏中创建材质球，如图 5—1 所示。

图 5—1　工具栏创建材质球

（2）在超级滤光器对话框创建材质球。操作方法是选择 Window/Rendering Editors/Hypershade（超级滤光器）命令，打开超级滤光器对话框设置窗口，如图 5—2 所示。

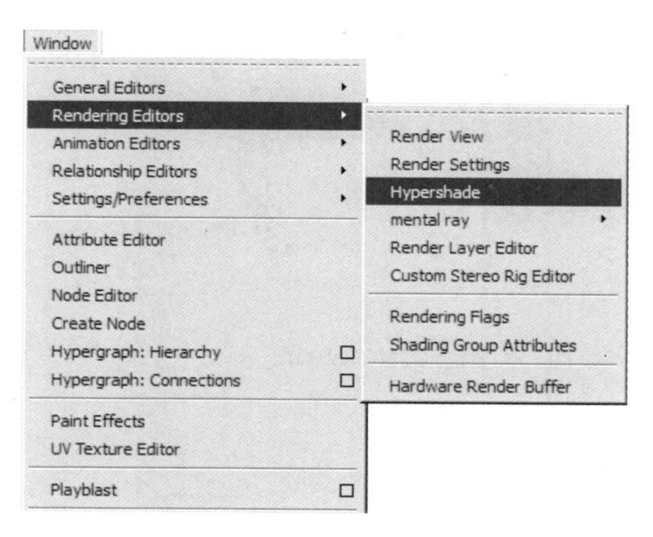

图 5—2　超级滤光器菜单

超级滤光器里有多个标签，可选择相应的材质赋予到场景中的物体上，除了可以创建材质球外，还可创建 2D 贴图，3D 贴图，灯光创建以及编辑贴图等，如图 5—3 所示。

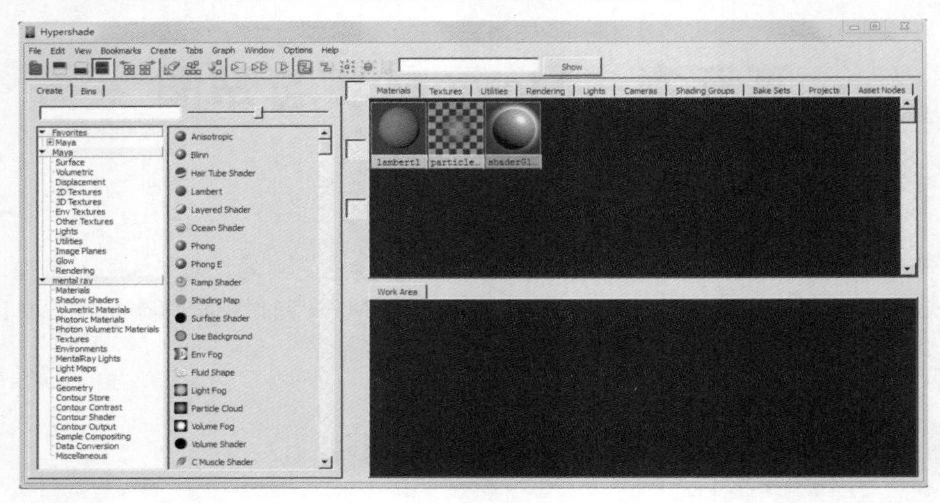

图 5—3　超级滤光器

5.1.2　材质球的赋予

Maya 物体的材质创建与赋予，操作方法有很多种，主要方法如下。

（1）选择场景中要赋予材质的物体，选择 Rendering 标签相对应的材质球，可将材质球赋予到选择好的物体上。

（2）在视图选择物体并右键选择 Assign Favorite Material，列表中选择要指定的材质球选项，可将材质球赋予到选择好的物体上，如图 5—4 所示。

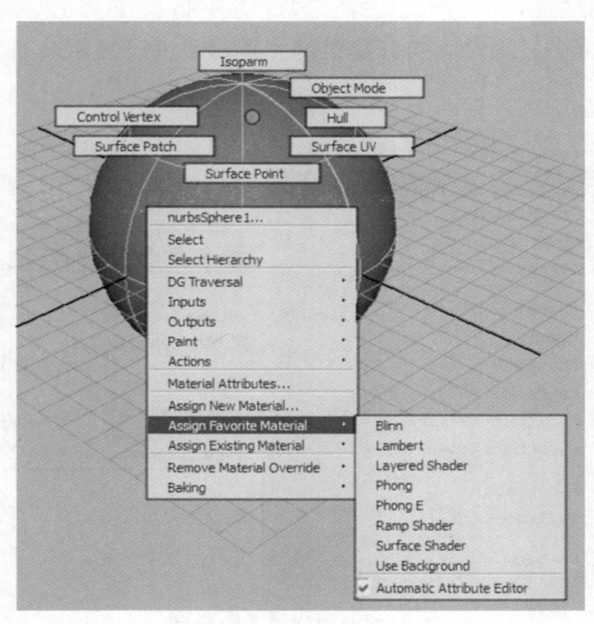

图 5—4　视图右键命令选择材质球

（3）在视图场景选择物体并右键选择 Assign New Material 指定新的材质选项。会弹出 Maya 所有材质球选项对话框，在对话框中选择材质球后，将赋予到选择的物体上，如图 5—5 所示。

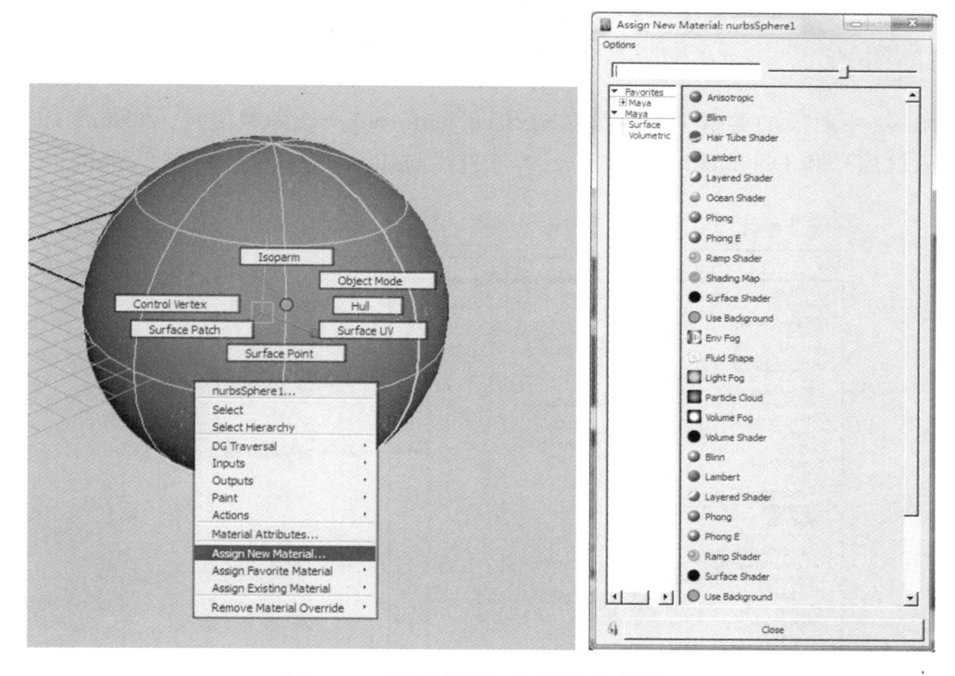

图 5—5　视图右键打开材质球对话框

（4）通过 Hypershade 超级滤光器中进行存在赋予。操作方法是在场景选择物体，打开 Hypershade 超级滤光器对话框，选择创建好的材质，右键选择 Assign Material To Selection 将材质指定选择的物体上，如图 5—6 所示。

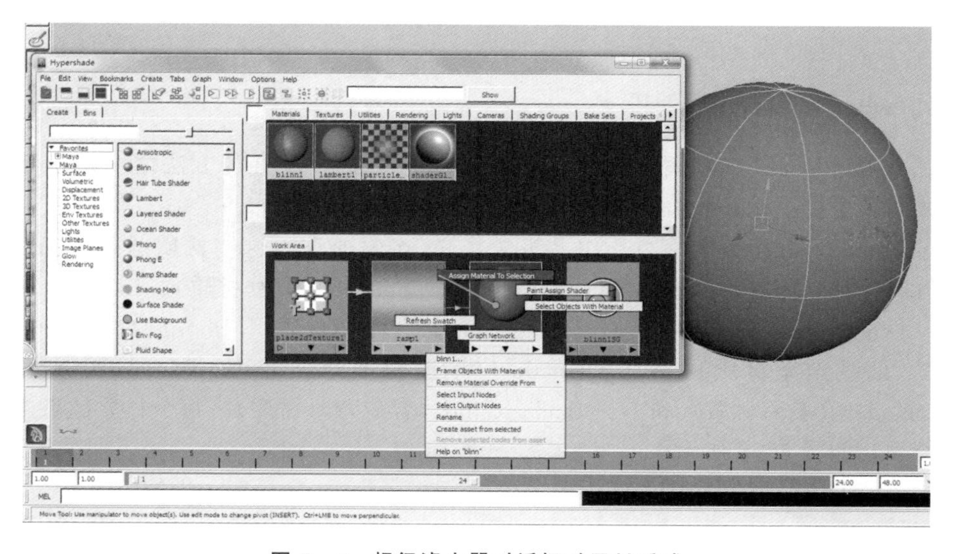

图 5—6　超级滤光器对话框赋予材质球

（5）使用鼠标中间拖曳赋予材质。选择 Hypershade 超级滤光器对话框中创建好的材质球，按下使用鼠标中间按钮并拖曳到场景中的物体上，将材质赋予物体。

5.2 Maya 材质的类型

在 Maya 中材质的类型主要分为：Surface Materials（表面材质）、Volumetric Materials（体积材质）和 Dispalcement Materials（置换材质）三种，如图 5—7 所示。

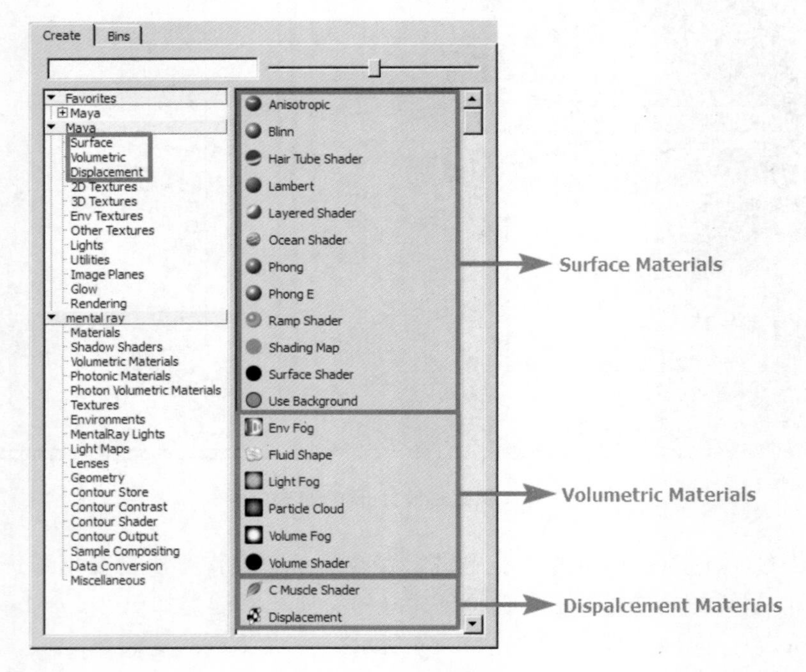

图 5—7 材质类型

5.2.1 Surface Materials

Surface Materials（表面材质）是 Maya 中常用的材质设置的方法之一，表面材质包括的材质球，主要是用来设置物体表现质感的节点材质。

在 Surface Materials 表面材质中共设置了 12 个材质球。这些材质球为：Anisotropic（各向异性材质）、Blinn（高光材质）、Hair Tube Shader（头发材质）、Lambert（无高光材质）、Layered Shader（层材质）、Ocean Shader（海洋材质）、Phong（高光集中材质）、Phong E（细腻光泽材质）、Ramp Shader（渐变材质）、Shading Map（阴影图材质）、Surface Shader（表面材质）和 Use Background（合成背景材质），每个材质球都拥有各自的表面特性，如图 5—8 所示。

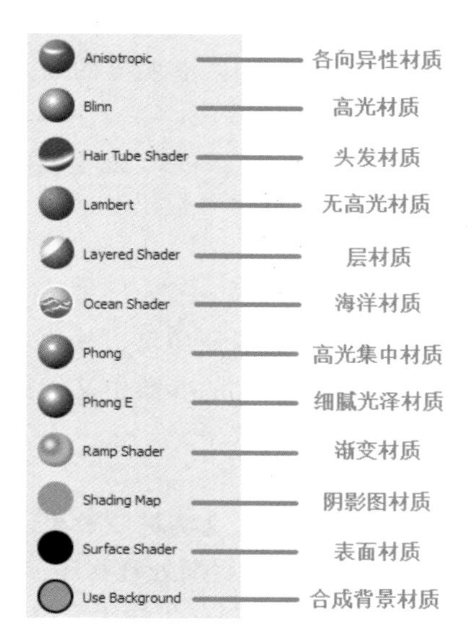

图 5—8　表面材质

1. Anisotropic

Anisotropic 是用来模拟物体表面不规则的高光，模拟具有微细凹槽的表面高光，镜面高亮与凹槽的方向接近于垂直的物体。例如，头发，斑点等物体，都具有备各向异性高亮的特点。

2. Blinn

Blinn 是最常用的材质之一，具有较好的软高光，可以控制高光点的大小和强度，常用来表现铜、铅、钢、金属、陶瓷等材质。

3. Hair Tube Shader

Hair Tube Shader（头发材质）是专门用来表现头发质感的材质，也常用于转换 Paint Effects 为多边形时的材质。

4. Lambert

Lambert 主要用于没有任何高光属性的物体，特别是对粗糙物体来说，这项属性是非常有用的。它不会反射出周围的环境光。常用来表现石灰板、砖块等没有高光的物体。

5. Layered Shader

Layered Shade 可以将两个或两个以上的材质贴图合成在一起。每一层都具有其自己的属性，每种材质都可以单独设计后再连接到分层底纹上。通过将不同的材质、不同的透明度和蒙版叠加在一起来表现物体的质感，通常上层的透明度可以调整或者建立贴图，显示出下层的某个部分。在层材质设置中，白色的区域是完全透明的，黑色区域是完全不透明的。该类型材质在渲染时速度较慢。

6. Ocean Shader

Ocean Shader 是专门应用于流体，表现海洋、水、油等液体材质，属于制作流体效果的材质。

7. Phong

Phong 针对材质高光点很集中的物体使用，有明显的高光区，适用于湿滑的表面与具有光泽的物体，如玻璃、塑料等材质。

8. Phong E

Phong E 与 Phong 的材质很相似，该材质参数比 Phong 材质更加丰富，也具有更加细腻的光泽，可以用来表现塑料、玻璃等。

9. Ramp Shader

Ramp Shader 是一种很常用的材质，灵活使用可以做出丰富的效果。Ramp Shader 不同于其他的高光属性，它可以在每个控制高光的参数中又细分出很多渐变的设置，可以将一个材质球做出很多有层次的颜色变化渐变效果。

10. Shading Map

Shading Map 用于创建类似卡通材质等非真实材质效果，使用该材质需要一个标准材质节点，如 Lambert 或 Blinn，它相当于一个后期处理程序。首先标准材质为表现的点计算颜色，然后使用其他颜色替换前面的颜色。该材质可用于表现卡通等非真实的材质使用。

11. Surface Shader

Surface Shader 不能直接表现光影，它是一个二维材质节点，是通过输出 Alpha 通道或接收其他材质以及纹理节点的输入来模拟的表面材质。

12. Use Background

Use Background 用来合成 Maya 物体和 2D 背景图像，将两者更好地结合。使用 Use Background 材质的物体只能看到这个物体一起阴影和反射效果。

5.2.2 Volumetric Materials

Volumetric Materials（体积材质）描述一个具有体积特征的物体属性，主要用于创建环境氛围效果。

体积材质主要包括 Env Fog、Fluid Shape、Light Fog、Particle Cloud、Volume Fog、Volume Shader，如图 5—9 所示。通过体积材质的使用可以调节出场景中的环境气氛。

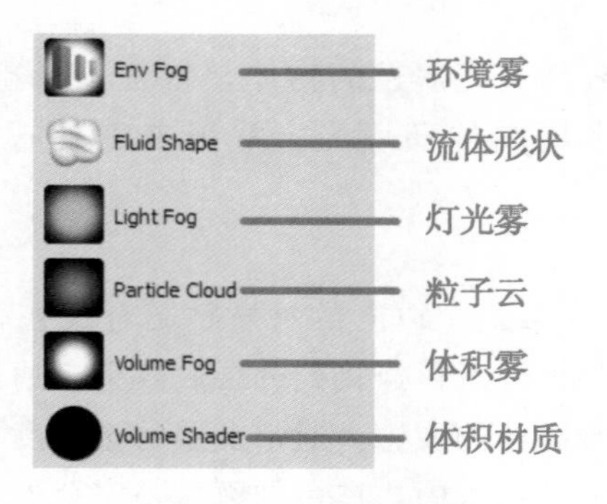

图 5—9　T 体积材质

1. Env Fog

Env Fog（环境雾）通常用于烘托整体空间的气氛，可以模仿空气中细小的粒子，例如雾、烟、灰尘等效果。Maya 有很多形式的雾效果，如灯光产生的灯光雾，粒子产生的雾，体积材质产生的雾等。

2. Fluid Shape

Fluid Shape（流体形状）是针对流体部分的一个材质，可设置流体的密度、速度、温度、燃料、纹理以及着色等。

3. Light Fog

Light Fog（灯光雾）主要是模拟特定光线照亮的细微颗粒，这种材质与环境雾的最大区别在于它所产生的雾效只分布于点光源和聚光源的照射区域范围中，而不是整个场景。

4. Particle Cloud

Particle Cloud（粒子云）这种材质大多与粒子系统联合使用。作为一种材质，它有与粒子系统发射器相连接的接口，既可以生产稀薄气体的效果，又可以产生厚重的云。它可以为粒子赋予相应的材质。

5. Volume Fog

Volume Fog（体积雾）有别于 Env Fog，它可以产生阴影化投射的效果。

6. Volume Shader

Volume Shader（体积阴影）控制体积材质的颜色、透明和遮罩透明，可连接其他属性和效果到体积阴影的颜色透明与遮罩透明等属性上。体积阴影主要用于聚光灯、泛光灯、环境雾和粒子。

5.2.3 Dispalcement Materials

Dispalcement Materials（置换材质）也叫位移节点，通常配合位移贴图使用，用于改变集合体的曲面，在渲染其轮廓时，可以看到曲面的位移。

置换材质包括两个节点为：C Muscle Shader（C 肌肉着色器）和 Displacement（置换着色器），如图 5—10 所示。

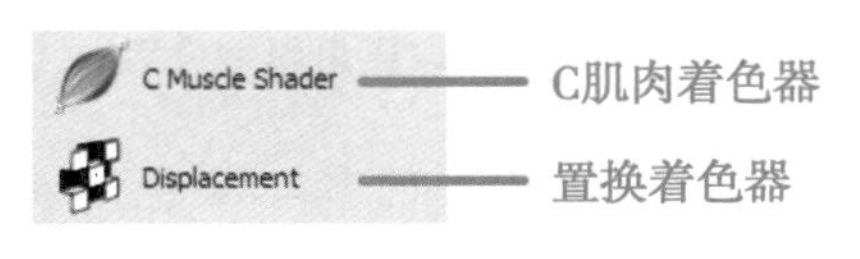

图 5—10　置换材质

1. C Muscle Shader

主要控制肌肉系统皮肤贴图位移节点。

2. Displacement

主要用于物体上凹凸、浮雕的表面。置换产生的效果与凹凸类似，不同之处置换会改变几何图形的形状。

5.3　材质球通用属性

材质球的创建以及节点设置决定着物体材质的表现，下面就对材质常用参数进行详细的讲解。

5.3.1 表面材质

Lambert 没有高光，其他一些材质球都是基于这个材质的，如 Blinn、Phong E、Anisotropic。

1. Common Material Attributes

材质球的通用性设置，如图 5—11 所示。

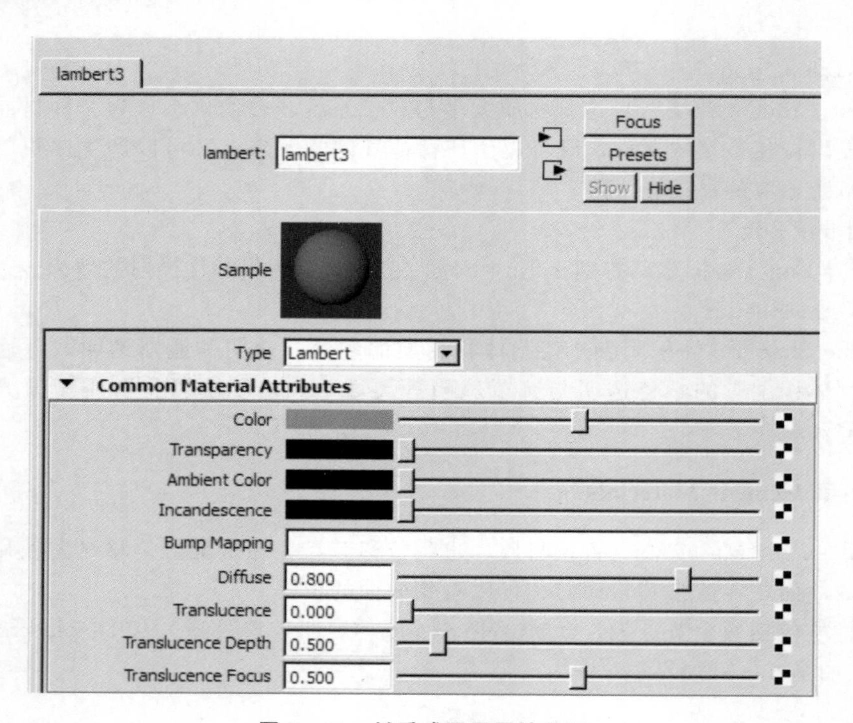

图 5—11　材质球通用属性设置

(1) Color：表面基本颜色。用来更改表面基本颜色或者点击后面的图标进行纹理贴图。

(2) Transparency：控制材质的透明度，通过拖动滑块调节材质的透明度，黑色表示完全不透明，白色表示完全透明。

(3) Ambient Color：暗部设置，可以增加材质暗部区域的亮度以及改变暗部的颜色，数值调大就失去了意义，只有在数值相对小的时候才能实现效果。

(4) Incandescence：自发光设置，模拟自发光效果，对于有些自发光物体的质感表现很有帮助。

(5) Bump Mapping：凹凸贴图，通过改变摄像机坐标空间的表面法线在表面上实现凹凸感。可以直接点击后面的图标进行纹理贴图。

(6) Diffuse：漫反射，可以设置物体的漫反射度，数值为 0，表示该物体完全吸收光线，但仍然会反射高光。

(7) Translucence：半透明，设置灯光穿透物体的程度，可以用来制作树叶、翡翠等具有透光特质的物体，当数值为 0 时，则没有光线穿透物体。

（8）Translucence Depth：半透明深度，光线穿透物体半透明的深度。当数值为 0 则没有半透明衰减。

（9）Translucence Focus：半透明焦距，设置光线穿透物体的半透明的焦距程度，数值为 0 时，光线照射的所有方向上都会产生半透明效果，数值变大后，则需要视角和光线照射方向一致才有半透明效果。

2. Special Effect

材质特效设置，如图 5—12 所示。

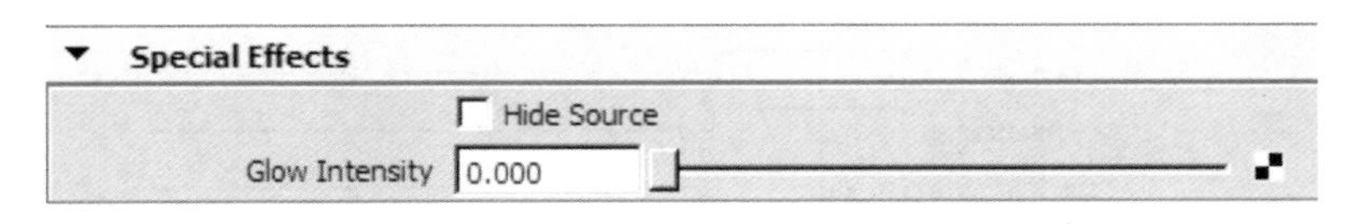

图 5—12　材质特效设置

（1）Hide Source：隐藏发光本体，勾选后如果选中发光的物体就会被隐藏，只留下辉光效果。

（2）Glow Intensity：设置辉光的强度，使材质周围出现辉光效果，数值越大，辉光效果越明显。默认为 0 没产生外发光或者辉光效果。

3. Matte Opacity

Matte Opacity Mode（遮罩不透明模式）用于需要合成渲染，当材质赋予给物体 Alpha 通道后，可以对每一种材质渲染出来的 Alpha 值进行控制，如图 5—13 所示。

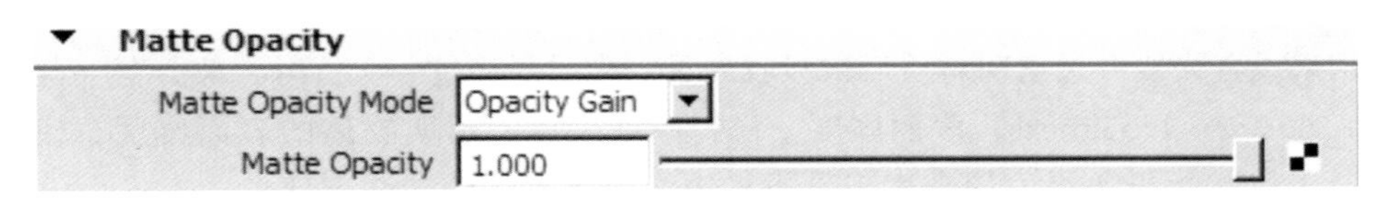

图 5—13　遮罩不透明设置

Matte Opacity Mode 有三种类型：Black Hole（黑洞）、Solid Matte（实体遮罩）以及 Opacity Gain（不透明放缩）三个选项，如图 5—14 所示。

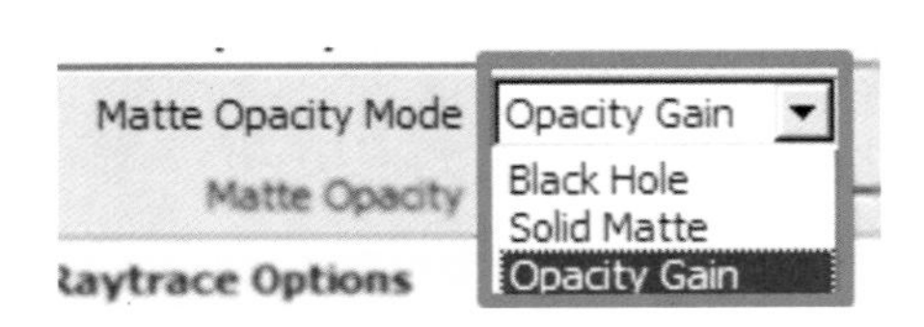

图 5—14　遮罩类型

（1）Black Hole：不渲染该材质的物体，并在 Alpha 通道中留出该物体的洞，且与 Matte Opacity 参数值无关。

（2）Solid Matte：它可以得到一个固定的遮罩数值。

（3）Opacity Gain：这是 Matte Opacity 的默认模式，先计算出 Alpha 值，然后用 Matte Opacity 乘以它。

（4）Matte Opacity：遮罩不透明度。设置遮罩的不透明度，该参数值为 1 时，完全不透明，Alpha 通道中不会出现物体的 Matte；该参数值为 0 时，完全透明，Alpha 通道中出现物体的 Matte。

4. Raytrace Options

Raytrace Options（光线追踪）是根据物理规律计算光线的反射、折射，得到较真实的模拟效果。该设置对话框如图 5—15 所示。

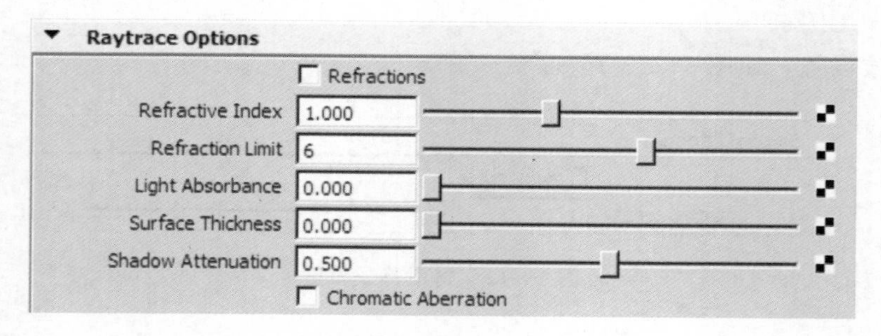

图 5—15　光线追踪

（1）Refractions：打开折射。勾选该项，可打开该材质的折射效果。该选项要和渲染设置 Render Globals 中的 Raytracing 光线追踪的勾选配合，才能获得渲染折射效果。

（2）Refraction Index：折射率，设置材质的折射率。

（3）Refraction Limit：折射的次数。光线被折射的次数低于 6 次就不计算折射，一般折射设置就是 6 次，次数越多，运算速度就越慢，例如，钻石折射次数一般为 12 次。

（4）Light Absorbance：光的吸收率。此值越大，物体对光线的吸收就越强，光线穿透越少。用来设置光线穿过透明材质后被吸收的量。光线每经过一次折射，都会有一定衰减。

（5）Surface Thickness：表面厚度。模拟单面生成的透明物体的表面厚度。模拟表面的厚度，可影响折射效果。用来表现看不见边缘的透明物体如玻璃窗。

（6）Shadow Attenuation ：阴影衰减。表现玻璃等透明物体时，可以设置阴影的衰减，以表现阴影的明暗、焦散等现象。

（7）Chromatic Aberration ：彩色偏移。在光线追踪时，透明物体间通过折射得到丰富的彩色效果。它是一个开关选项，打开后光线在穿过透明物体的表面时，在不同的折射角度下会产生出不同光波的光线。

5.3.2　Specular Shading

Specular Shading（高光）是指表面的光泽度，可设置表面光泽的强度，表面使用不同的方式反射光。常见的参数对话框，如图 5—16 所示。

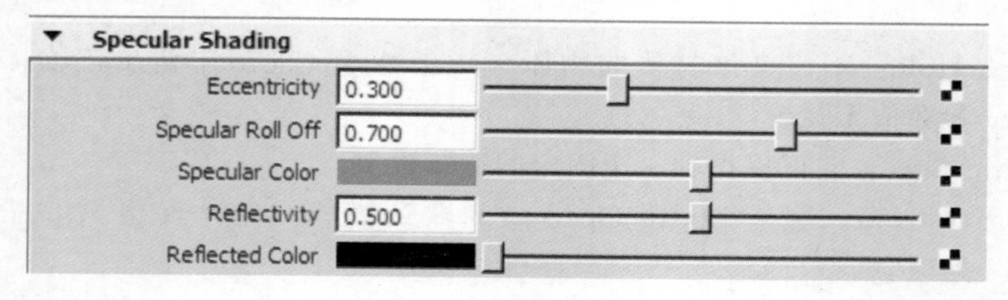

图 5—16　高光属性设置

（1）Eccentricity（离心率）：主要是控制材质的高光区域的大小。

（2）Specular Roll Off（高光强弱）：主要功能是控制高光强弱。

（3）Specular Color（高光颜色）：可以根据设置的颜色来控制高光的色彩或者纹理。

（4）Reflectivity（反射率）：用来控制反射效果的大小。

（5）Reflected Color（反射颜色）：用来设置反射区的颜色。

5.3.3 Ramp Shader

Ramp Shader（渐变材质）可以把多个外部复杂贴图链接到材质上，可在颜色、高光色、反射强度、透明、自发光和环境等多种属性上进行渐变效果设置，并获得极丰富的效果，如图 5—17 所示。

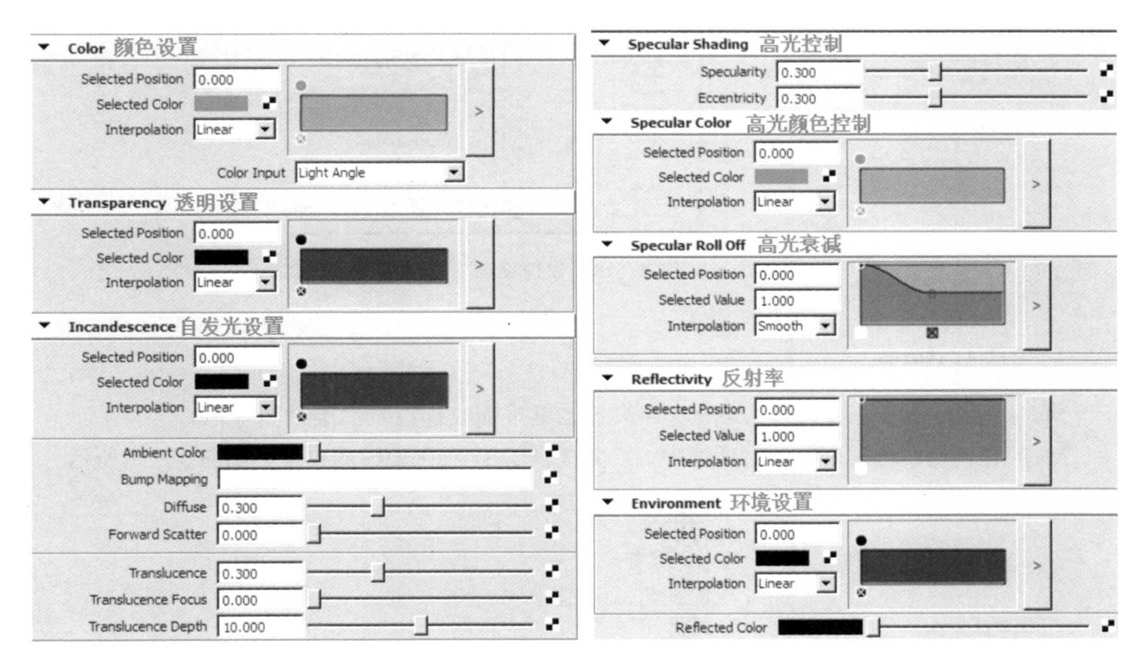

图 5—17 渐变材质

5.4 纹理贴图

纹理贴图主要是用来制作材质纹理，Maya 纹理包括 2D Textures（二维纹理）、3D Textures（三维纹理）、Env Textures（环境纹理）和 Other Textures（层纹理）四个部分，如图 5—18 所示。

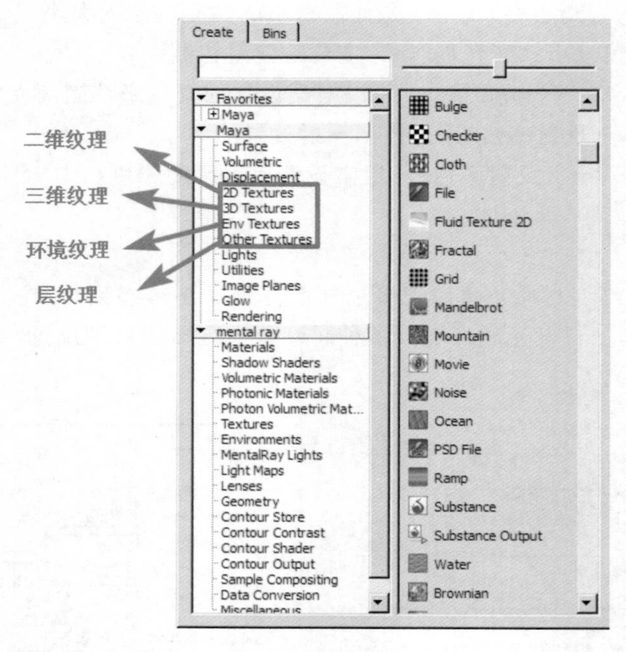

图 5—18　纹理贴图

5.4.1　2D Textures

Maya 的 2D Textures 通过 Maya 程序设置二维平面纹理以及二维贴图坐标。

Maya 在创建二维纹理材质对话框中，一共提供了 17 种平面贴图纹理，如图 5—19 所示。

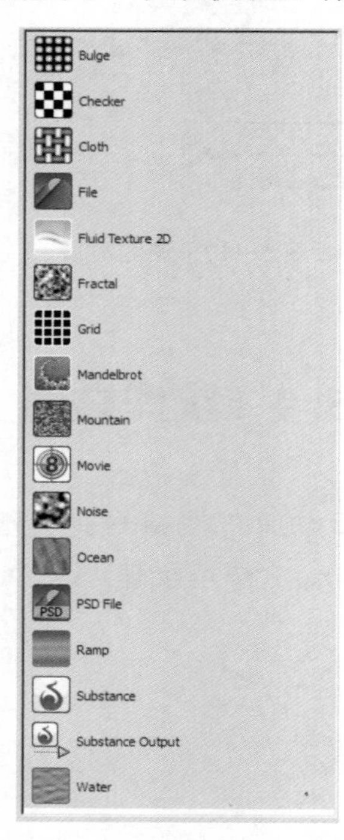

图 5—19　2D Textures 二维纹理

1. Bulge

Bulge（隆起）可以制造出物体表面有过渡效果的隆起效果。通过 U Width 和 V Width 来控制黑白间隙，Bulge 常用来做 Bump 凹凸或者置换纹理贴图，在 Transparency 透明通道中或者 Sepcilar Map 高通贴图中，用来模拟类似现实世界中窗口效果。

2. Checker

Checker（棋盘格）可通过 Color1、Color2 调整两种方格的颜色，Contrast（对比度）可以调整两种颜色的对比度。Checker 纹理也经常用来分 UV 或者是做测试使用。

3. Cloth

Cloth（布料）是三种颜色交错的分布，可用来模拟编织物，布料或者纤维等纹理贴图。

4. File

File（文件贴图）可以将二维图片文件作为贴图贴到材质上，再赋予模型。

5. Fluid Texture 2D

Fluid Texture 2D（2D 流体纹理）可模拟 2D 流体的纹理，用来做流体纹理的二维纹理，设置 2D 流体的密度、速度、温度、燃料、纹理以及着色等效果。

6. Fractal

Fractal（分形）是一个功能很强大的节点，可以用在凹凸或置换纹理上。分形黑白相间的不规则纹理，用来模拟岩石表面、墙壁、地面等随机纹理。通过设置 Amplitude（振幅）、Threshold（阀值）、Ratio（比率）、Frequency Ratio（频率比）、Level（级别）等参数用来控制分形纹理。还可勾选 Animated（动画）制作动画纹理，使其随时间的不同而变化纹理。

7. Grid

Grid（网格纹理）将纹理贴到颜色参数上，用来模拟格子状纹理，制作纱窗、砖墙等，也可以通过黑白贴图贴到透明参数上，用来制作镂空网格效果。

8. Mandelbrot

Mandelbrot（点集合）是复杂平面中的数学点集合，其边界是一个有趣的分形。可对颜色进行自由的选择修改。Mandelbrot 点集合要使用 Maya 软件渲染器渲染，不支持通过 mental Ray 渲染器进行渲染。

9. Mountain

Mountain（山脉）经常用来模拟山脉的形状，模拟山峰表面纹理。如将一个平面的颜色贴图和凹凸贴图都使用该纹理，就可模拟出雪山的效果。

10. Movie

Movie（影片）节点可以导入视频文件 Maya 中作为纹理或背景使用。

11. Noise

Noise（噪波）纹理与 Fractal 节点类似，是指不规则的黑白相间纹理，但随机的方式有所不同。可以用来制作凹凸、颜色等纹理。

12. Ocean

Ocean（海洋）可很好地表现出水波和水的质感。

13. PSD File

PSD File（PSD 文件）是使用的 Photoshop 格式的文件，可以很好地利用 Photoshop

的图层和 Maya 进行交互。其参数属性和 File 节点很类似。

14. Ramp

Ramp（渐变）纹理制作物体表面的过渡变化，在渐变的颜色上每一个色标上都能够进行再次贴图，完成很多复杂的效果。

15. Substance 和 Substance Output

Substance 能够生成高仿真和高自定义的程序贴图。通过 Substance 节点，将 Maya 安装时生成的纹理库文件加载，能够得到丰富的预设纹理。Substance Output 是 Substance 在导出贴图时自动创建的内置节点。

16. Water

Water（水）纹理用来模拟线性水纹效果，模拟水的涟漪，通过凹凸或者置换贴图来模拟水面效果，或者把它贴在颜色通道上模拟水的表面高光以及反射效果等。

5.4.2 2D Textures 的属性

2D Textures 在属性对话框里有一些共同的属性，如图 5—20 所示。

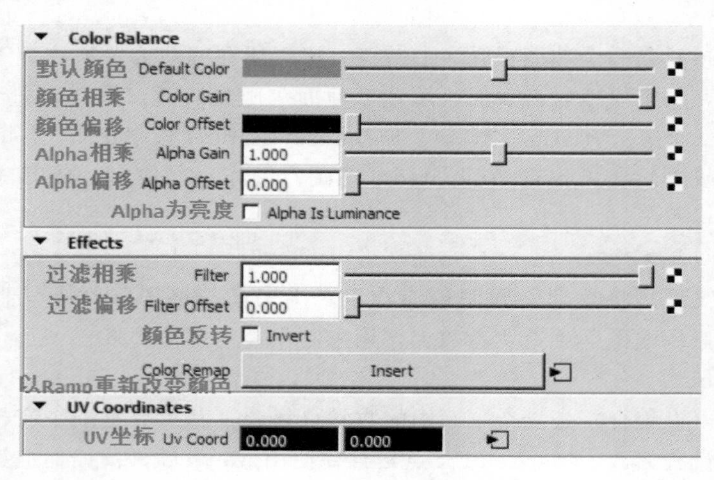

图 5—20　二维纹理属性

1. Color Balance

(1) Default Color：设置当纹理贴图没有覆盖到的物体表面时的颜色。

(2) Color Gain：是用来改变当前纹理的输出值，该设置的调节会影响中间色度区域和高亮区域中的亮度，对图像中阴影部位的亮度影响比较小。参数值越大色彩对比就会加强。

(3) Color Offset：用来改变当前纹理的输出值。色彩偏移值会均匀地影响高亮区域、中间色度区域以及阴影区域，包括图像中白色和黑色的像素点。

(4) Alpha Gain：通过 Alpha 通道计算，可控制图像的对比度。

(5) Alpha Offset：通过 Alpha 通道计算，通道可用于凹凸和偏移效果，也可以降低图像的对比度。

(6) Alpha Is Luminance：将纹理贴图的亮度作为纹理的 Alpha 值，用于纹理的单值输出。默认为关闭状态。

2. Effects

（1） Filter：根据纹理贴图将图像变得更加模糊。

（2） Filter Offset：该参数与 Filter 数值相加得到最终过滤值。

（3） Invert：可以使纹理贴图的颜色进行反转。将白色变为黑色，反之黑色变为白色。可反转 Alpha 通道，把凸变凹，把凹变凸。

3. UV Coord

UV Coord（UV 坐标）主要控制纹理的 UV 坐标，UV Coord 包括 U Coord 和 V Coord 两项。

5.4.3 3D Textures

3D Textures 纹理贴图是在立体空间建立三维贴图坐标，三维纹理贴图能够表现出更好的三维材质效果。

Maya 在 3D Texture 三维纹理贴图当中提供了 14 种贴图，如图 5—21 所示。

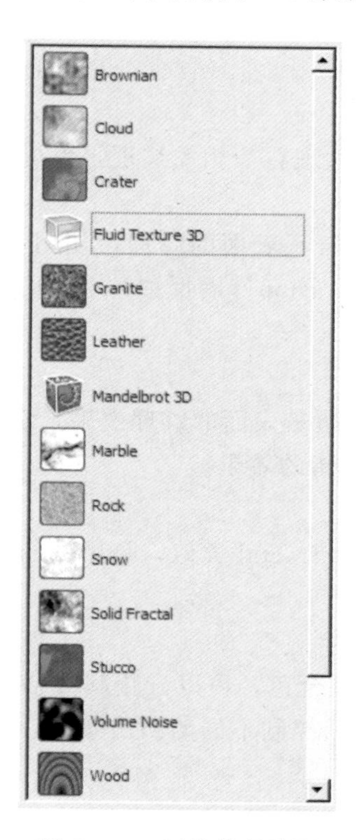

图 5—21 三维纹理贴图

1. Brownian

Brownian（布朗）是一种不规则的分子运动，可用来制作粗糙、凹凸不平的表面效果。Brownian 纹理与前面的 Noise 和 Fractal 纹理类似，都是黑白相间不规则的随机纹理。但随机的方式不太一样。Brownian 纹理同样可以表现岩石表面，墙壁和地面等随机纹理，也可以用来做凹凸纹理。

2. Cloud

Cloud（云）是一个特殊的用来制作云层效果的纹理，黑白相间的随机纹理，能够表现云层、天空等纹理效果。

3. Crater

Crater（熔岩）能够表现地面的凹痕以及星球表面纹理等效果。

4. Fluid Texture 3D

Fluid Texture 3D（3D流体纹理）纹理与Fluid Texture 2D纹理类似，可模拟3D流体的纹理，设置3D流体的密度，速度，温度，燃料，纹理以及着色等。

5. Granite

Granite（花岗岩）是用来表现岩石纹理，尤其是花岗岩的效果。

6. Leather

Leather（皮革）常用来模拟表现皮革，蛇，蜥蜴，泡沫塑料等纹理，配合Bump（凹凸）贴图效果更好。

7. Mandelbrot3D

Mandelbrot3D（点集合）与Mandelbrot类似，是复杂平面中的数学点集合，可对颜色进行自由的选择修改。

8. Marble

Marble（大理石）用来模拟大理石等相关纹理，也可以模拟眼球血丝等纹理效果。

9. Rock

Rock（岩石）可以用来模拟岩石表面的纹理，使用Color1和Color2控制岩石色彩，调整Grain Size（颗粒大小），Diffusion（漫反射）和Mix Ratio（混合比率）可以得到更多效果。

10. Snow

Snow（雪）可用来表现雪花覆盖表面的纹理效果，常配合Noise、Fractal等相关贴图使用。Bump（凹凸）可以得到不错的效果。

11. Solid Fractal

Solid Fractal（固体分形）与Fractal类似，是黑白相间的不规则纹理，用来模拟很多不规则的变化效果，如烟雾等。

12. Stucco

Stucco（灰泥）有两种基本混合色，可以设置其混合方式和颜色。灰泥可以用来表现水泥，石灰墙壁等纹理，通过凹凸控制不同的凹凸效果。

13. Volume Noise

Volume Noise（体积噪波）与2D Texture中的Noise（噪波）节点类似，可以表现随机纹理或凹凸贴图使用。

14. Wood

Wood（木纹）可表现木材表面的纹理，该贴图有木材丰富的参数设置，使用起来方便。

5.4.4 3D Textures 的属性

3D Textures 在从特效参数对话框来看，要比二维纹理属性多，如图 5—22 所示。

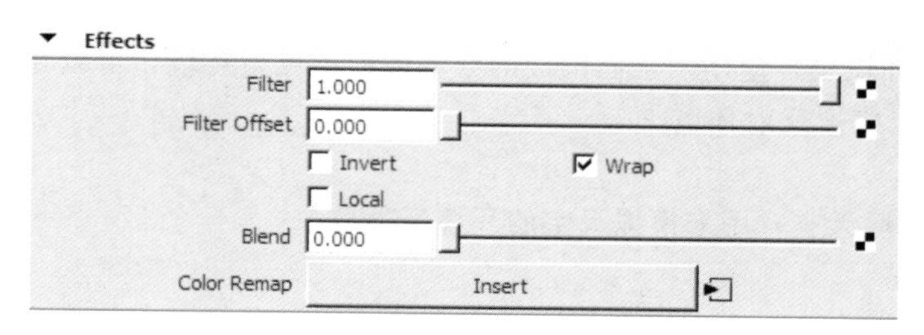

图 5—22 三维纹理特效设置

（1）Wrap：在默认状态下是打开的，可以将纹理覆盖到整个物体表面。

（2）Local：在默认状态下是关闭的，指 3D 纹理为全局应用，这意味着物体表面获得纹理不同的部分。当 Local 属性打开时，纹理只是对局部起作用，因此三维表面就有同样的纹理放置。

（3）Blend：将默认 Default Color 颜色和纹理颜色混合起来，但是只有在 Wrap 关闭时起作用。

（4）Color Remap：可以重新定义纹理的色彩混合。

5.4.5 Evn Textures

Evn Textures 不是用来制作一个物体的纹理，而是在物体渲染的时候制作出虚拟的环境，它通常需要和其他材质节点或者属性相互作用才能体现效果。

Maya 共提供了 5 种节点，如图 5—23 所示。

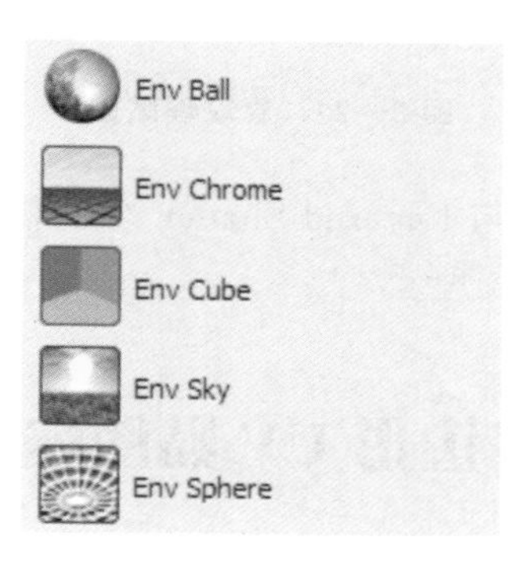

图 5—23 环境纹理

1. Env Ball

Env Ball（环境球）用来模拟球形环境。Env Ball 可以加载高质量的纹理贴图，将 Env Ball 连接到表面材质（Blinn、Phong 之类）的高光和反射属性上，这样就可以简单地虚拟假环境反射了。

2. Env Chrome

Env Chrome（镀铬环境）使用程序纹理虚拟天空和地面，制作反射环境效果。可模拟展厅所带来的反射效果。

3. Env Cube

Env Cube（环境块）使用六个面围成的立方体模拟反射环境，可以在两个面上进行相应的纹理贴图，以模拟反射环境。

4. Env Sky

Env Sky（环境天空）用来模拟天空的环境反射效果。

5. Env Sphere

Env Sphere（环境球）模拟的是一个无穷大的球体，它可以在其 Image（图像）属性上追加纹理贴图，将图片贴到球上模拟物体所处的环境效果。

5.4.6 Other Textures

Other Textures 下只有一个纹理：Layered Texture（层纹理贴图），如图 5—24 所示。

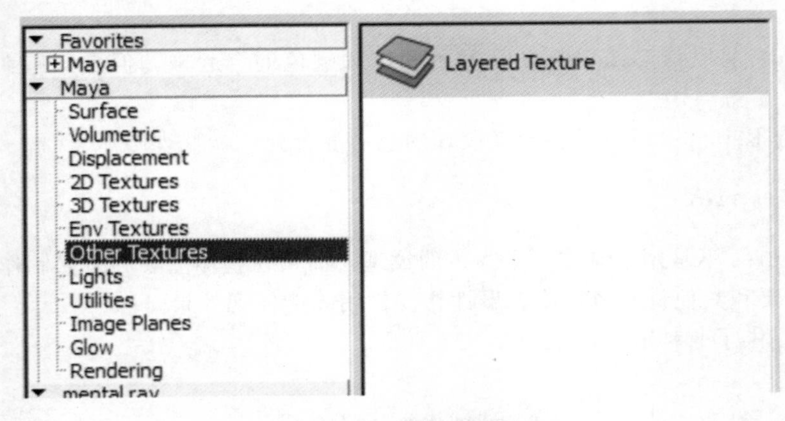

图 5—24 层纹理贴图

Layered Texture（层纹理）与 Layered Shader（层材质）类似，它可以将多个不同的材质球分层合并成一个复合材质纹理。

5.5 多边形 UV 贴图编辑设置

Maya 中的 UV 正如 X、Y 轴，用来确定二维坐标点。主要控制纹理在模型上的对应关系。模型上的每个 UV 直接依附于模型上的每个顶点，位于贴图某个 UV 的像素点将被放置在模型上这个 UV 所依附的顶点之上。

UV 贴图可以分为多边形 UV 和 NURBS UV 两种，多边形的 UV 是可以进行编辑的，而 NURBS 的 UV 是表面内建的，是不可编辑的。

5.5.1 Maya UV 的创建

Maya UV 的创建可通过 Creates UVS 菜单进行创建，Maya UV 的基本投射方式有 4 种，包括 Planar Mapping（平面投射）、Cylindrical Mapping（圆柱投射）、Spherical Mapping（球体投射）和 Automatic Mapping（自动投射），如图 5—25 所示。

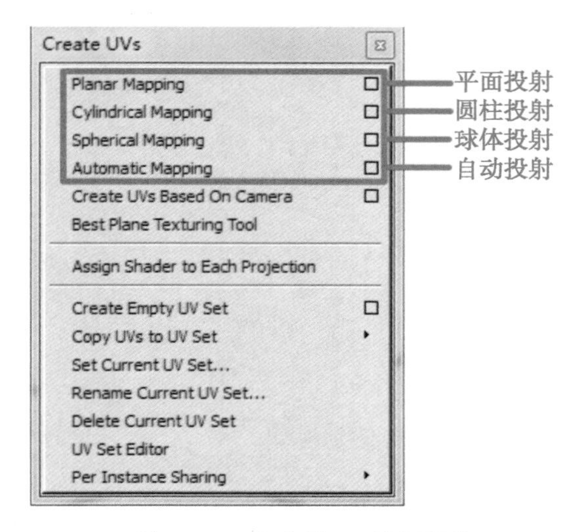

图 5—25 多边形 UV 贴图菜单

1. Planar Mapping

Planar Mapping（平面投射）用于物体平面的方式投射，例如墙面，桌面等物体可以使用此选项进行投射。

2. Cylindrical Mapping

Cylindrical Mapping（圆柱投射）适合圆柱形物体投射，如果模型的原因造成 UV 的 U 向有严重的拉伸，可在完成 UV 投射之后，在 channel box 中把 RotateY 的值改为非零的数如 0.001，就可以改善拉伸。

3. Spherical Mapping

Spherical Mapping（球体投射）适合球体物体。如果模型的原因造成 UV 的 U 向有严重的拉伸，与圆柱投射一样，可在完成 UV 投射之后，在 Channel Box 中把 RotateY 的值改为非零的数如 0.001。

4. Automatic Mapping

Automatic Mapping（自动投射）是向模型多个面同时投射，自动寻找每个面 UV 的最佳放置。它会在纹理空间内创建多个 UV 片，但 UV 片之间的大小比例相近，如果想要再调整完整的 UV，可以在 UV 编辑对话框对其进行编辑与缝合。

5.5.2 UV Texture Editor

点击菜单 Windows/UV Texture Editor（UV 纹理编辑器），打开 UV 纹理编辑器，如图 5—26 所示。

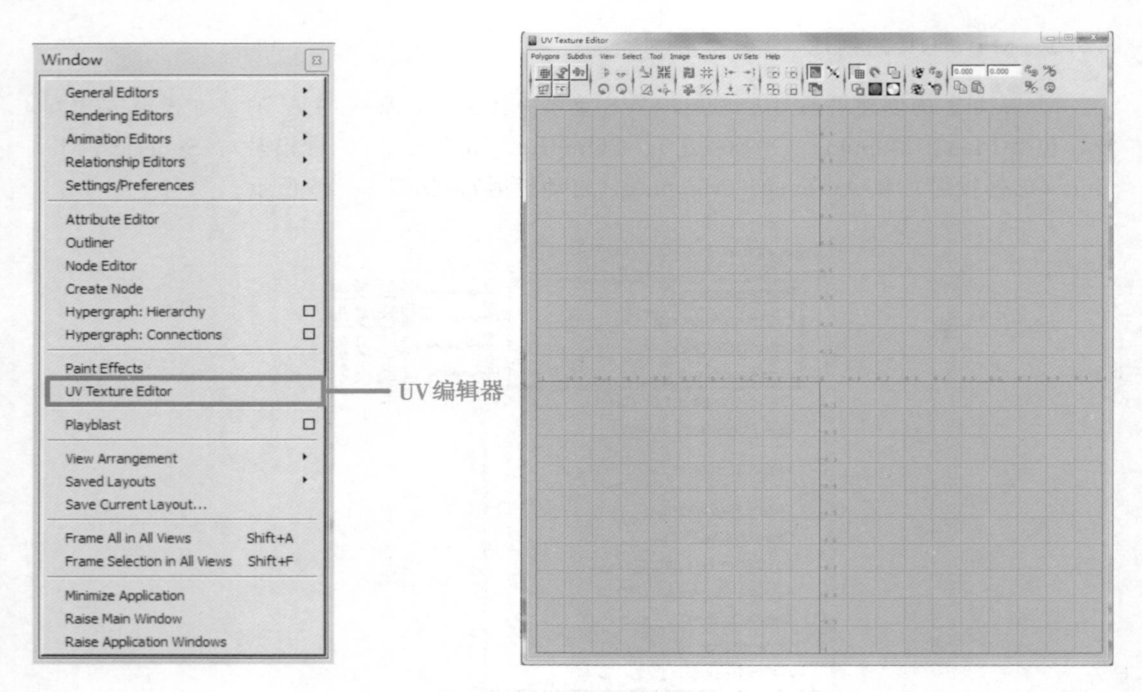

图 5—26 UV 纹理编辑器

UV 纹理编辑对话框包括了 UV 编辑的所有命令。可通过 UV 纹理编辑器灵活地进行多边形的 UV 编辑。当遇到比较复杂的模型，则需要花大量的时间在 UV 纹理编辑器中进行 UV 工作。UV 是绘制贴图的基础。展好后的 UV，通过 Photoshop 平面软件编辑 UV 贴图，绘制好后再将 UV 贴图导入到 Maya 里面对模型进行材质贴图。

5.6 材质实例

5.6.1 制作玻璃布料材质

1. 创建 Phong 材质

打开材质练习 CZ01 文件，选择场景中的瓶子，再选择 Rendering 标签上 Phong 材质，将 Phong 材质赋予到玻璃瓶上，如图 5—27 所示。

图 5—27　创建 Phone 材质

2. 设置透明参数

打开 Phong 材质设置对话框，将 Transparency 滑块拖动为白色，表示完全透明，如图 5—28、图 5—29 所示。

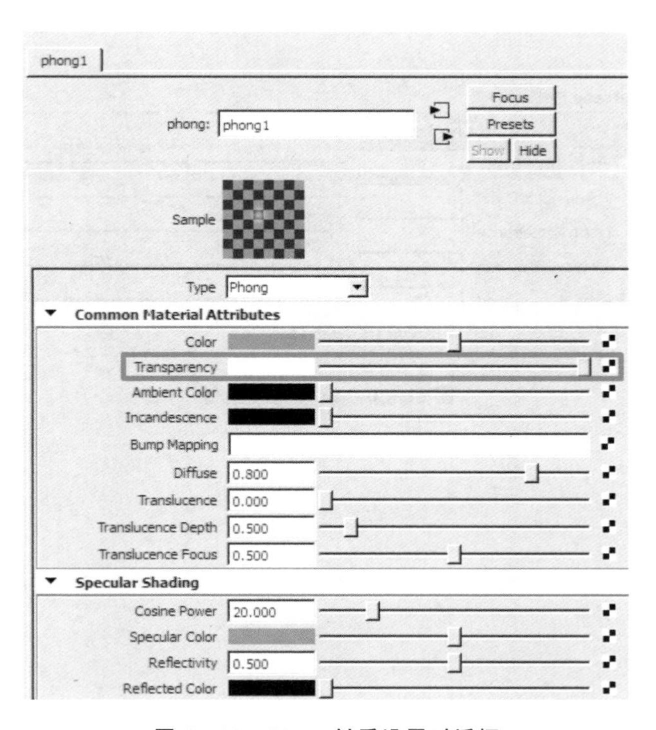

图 5—28　Phone 材质设置对话框

图 5—29　透明渲染效果

3. 设置光线跟踪

展开 Raytrace Options 光线追踪卷展栏，勾选 Refractions 折射选项，设置材质的折射率 Refractive Index：1.33，如图 5—30 所示。Maya 菜单栏中 Windows/Rendering Editors/Render settings 打开渲染设置对话框，在 Raytracing Quality 选项栏，勾选 Raytracing 选项（如图 5—31 所示），这样才能渲染出玻璃光线追踪效果，渲染效果如图 5—32 所示。

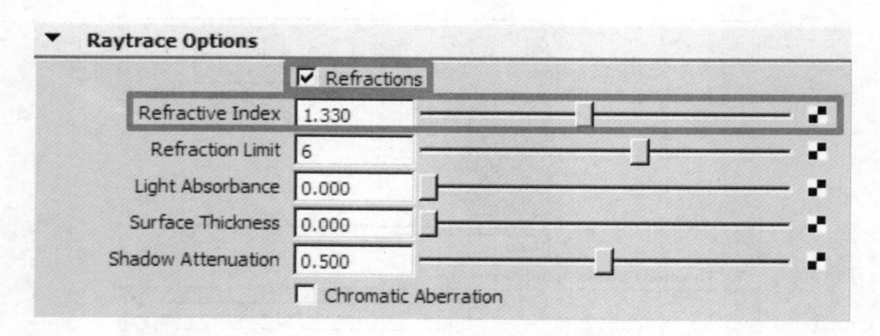

图 5—30　设置光线追踪

Render Settings

Edit Presets Help

Render Layer masterLayer

Render Using Maya Software

Common Maya Software

Anti-aliasing Quality

Quality: Custom

Edge anti-aliasing: Low quality

Number of Samples

Shading: 1

Max shading: 8

3D blur visib.: 1

Max 3D blur visib.: 4

Particles: 1

Multi-pixel Filtering

Use multi pixel filter

Pixel filter type: Triangle filter

Pixel filter width X: 2.200

Pixel filter width Y: 2.200

Contrast Threshold

Red: 0.400

Green: 0.300

Blue: 0.600

Coverage: 0.125

Field Options

Raytracing Quality

Raytracing

Reflections: 1

Refractions: 6

Shadows: 2

Bias: 0.000

Close

图 5—31　渲染设置对话框

图 5—32　渲染效果

4. 创建点光源

在视图当中创建一个 Point Light 点光源，将点光源摆放到瓶子的左前方，如图 5—33 所示。

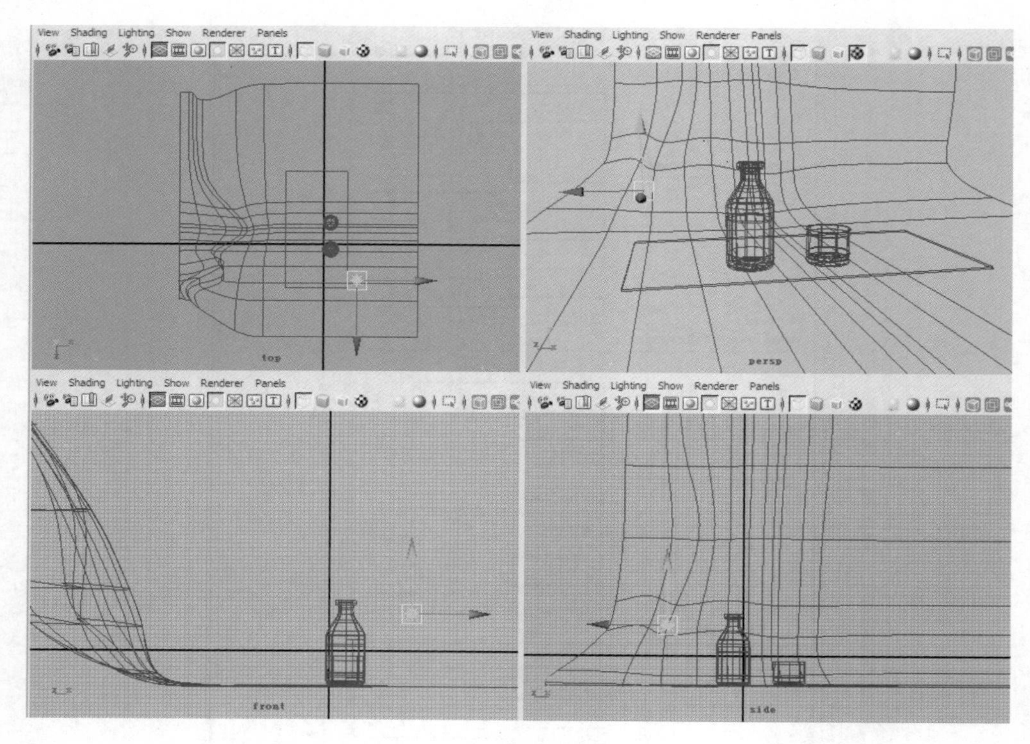

图 5—33 创建点光源

更改点光源的颜色 Color 改为暖色，设置颜色 H：45，S：0.233，V：1，如图 5—34 所示。设置灯光强度 Intensity 为 1.200，参数设置如图 5—35 所示。渲染效果如图 5—36 所示。

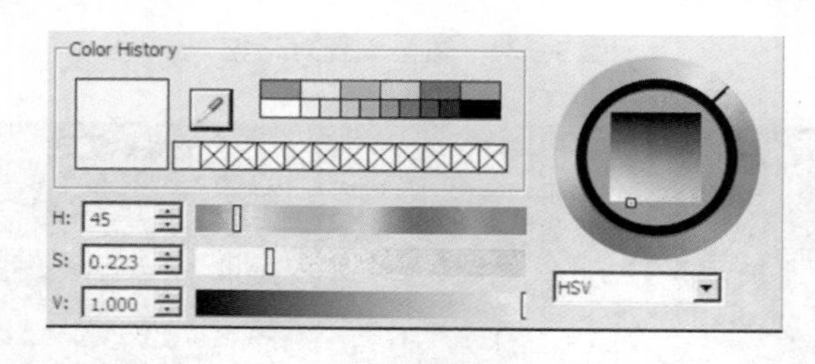

图 5—34 颜色设置

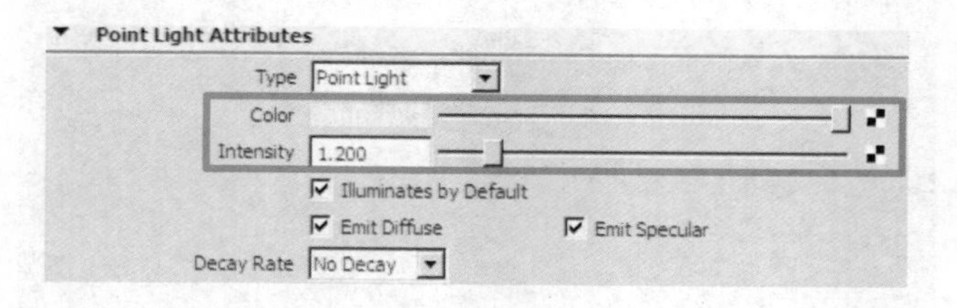

图 5—35 灯光强度设置

图 5—36　渲染效果

在视图中再次创建一个 Point Light 点光源，做暗面的辅光。将点光源摆放到瓶子的右后方，如图 5—37 所示。

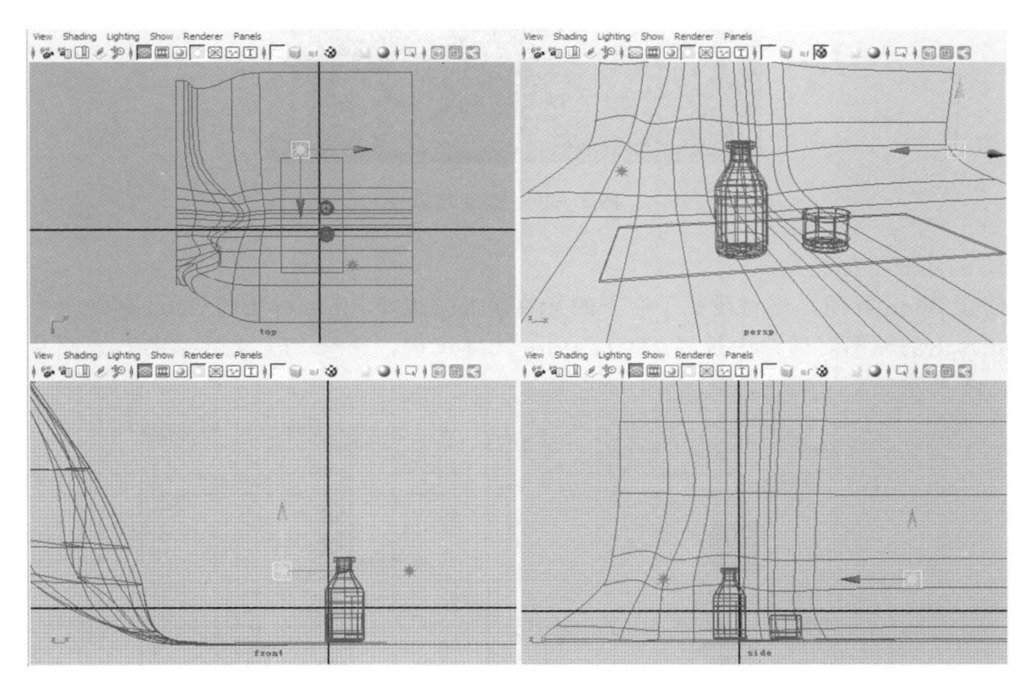

图 5—37　创建辅助光

更改辅助光点光源的颜色 Color 改为冷光源，设置颜色 H：180，S：0.168，V：0.832，如图 5—38 所示。灯光强度 Intensity 为 0.800，如图 5—39 所示。渲染效果如图 5—40 所示。

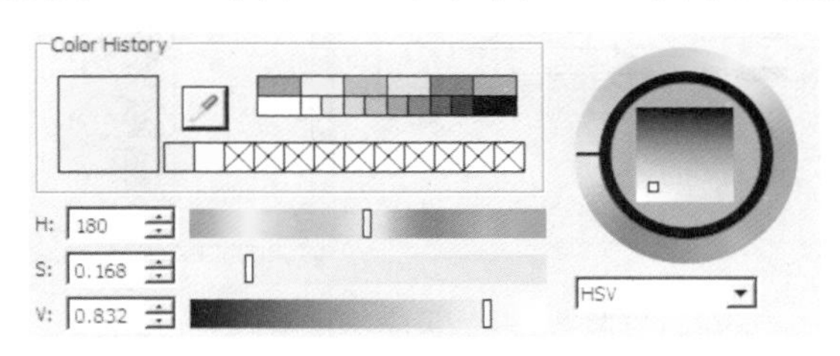

图 5—38　灯光颜色设置

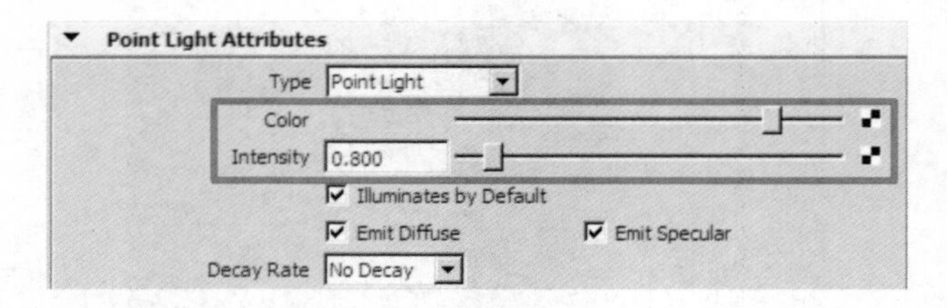

图 5—39　灯光强度设置

图 5—40　渲染效果

5. 创建瓶子标签贴图

创建 Blinn 材质，将材质赋予瓶子的标签面上。选择 Blinn 材质的 Color 颜色参数的按钮，在弹出的贴图对话框中选择 2D Texture 二维纹理，选择 File 文件贴图贴入图片，如图 5—41 所示。

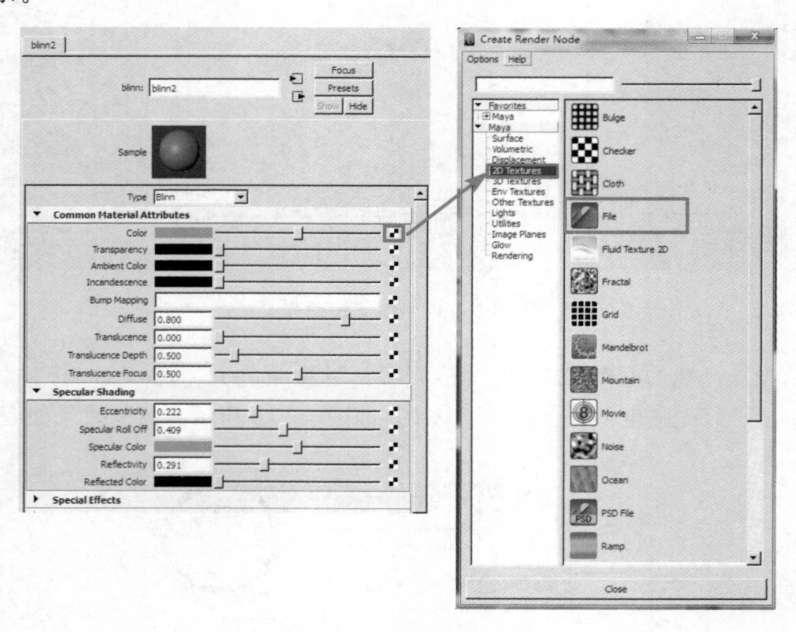

图 5—41　二维纹理贴图

在 File 文件贴图属性对话框中，选择 Image Name 图片路径按钮，选择本书的水果图片路径，将二维图片贴到 Blinn 材质上，如图 5—42 所示。渲染效果如图 5—43 所示。

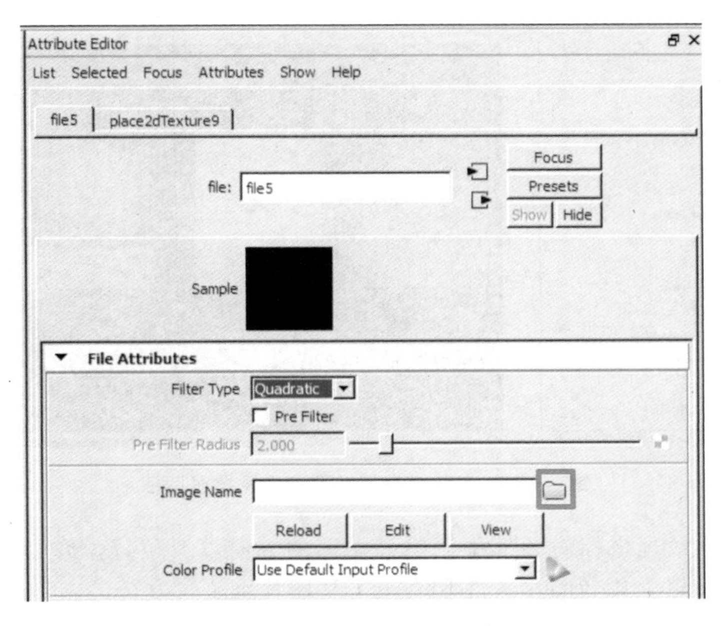

图 5—42　贴图设置对话框

图 5—43　渲染效果

渲染后发现标签贴图是倒的，贴图方向的调整要通过二维纹理贴图坐标进行修改。选择 Window/Rendering Editors/Hypershade 超级滤光器命令对话框，展开 Blinn 材质球，双击 2D Texture 二维纹理贴图坐标图标，可打开贴图坐标标签属性对话框，如图 5—44 所示。

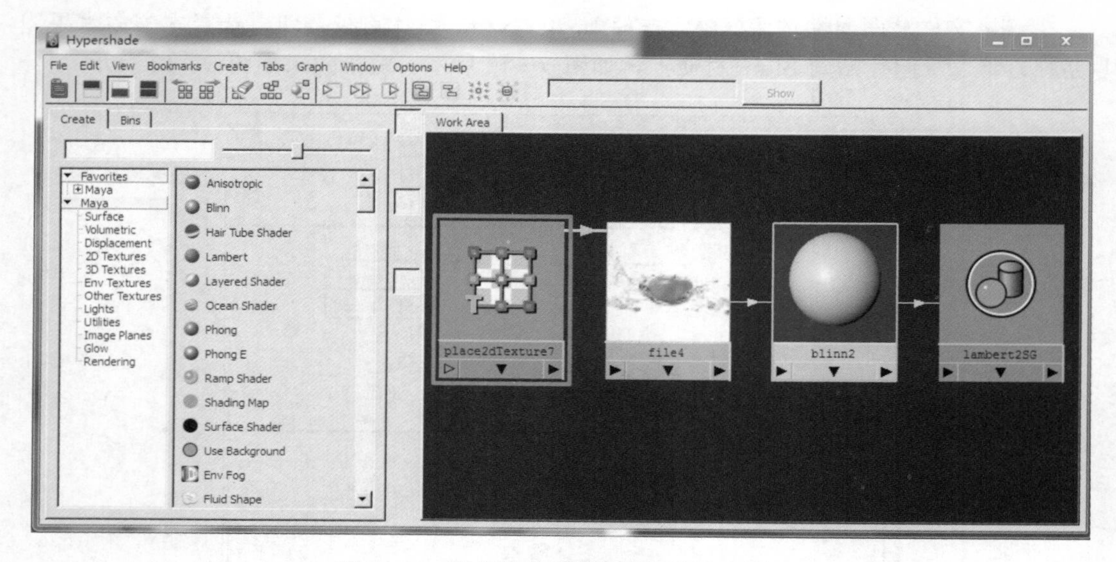

图 5—44　超级滤光器贴图编辑设置对话框

在弹出的二维纹理坐标对话框中调整好贴图的方向以及位置，修改贴图坐标 Rotate UV 旋转 U 项：−90，旋转图片。将 Repeat UV 图片重数改为 0.55，1；修改图片位置偏移值 Offset 参数改为 0.2，0，如图 5—45 所示。渲染效果如图 5—46 所示。

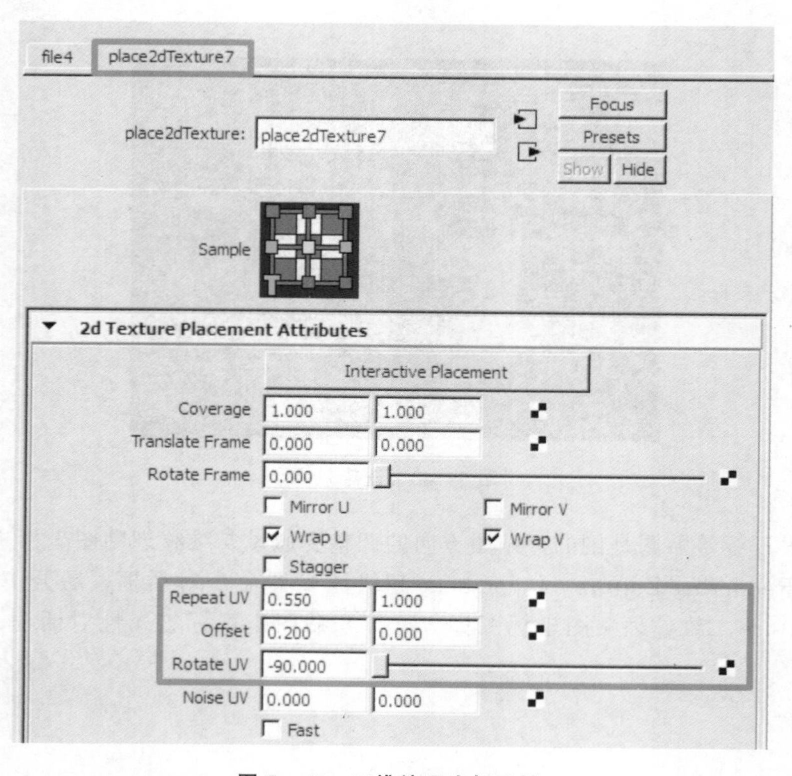

图 5—45　二维纹理坐标设置

图 5—46　渲染效果

设置 Specular Shading 高光属性，修改标签贴图的反射参数，Reflectivity 反射率：1，如图 5—47 所示。提高贴图的反射效果，制作出塑料标签反射质感，如图 5—48 所示。

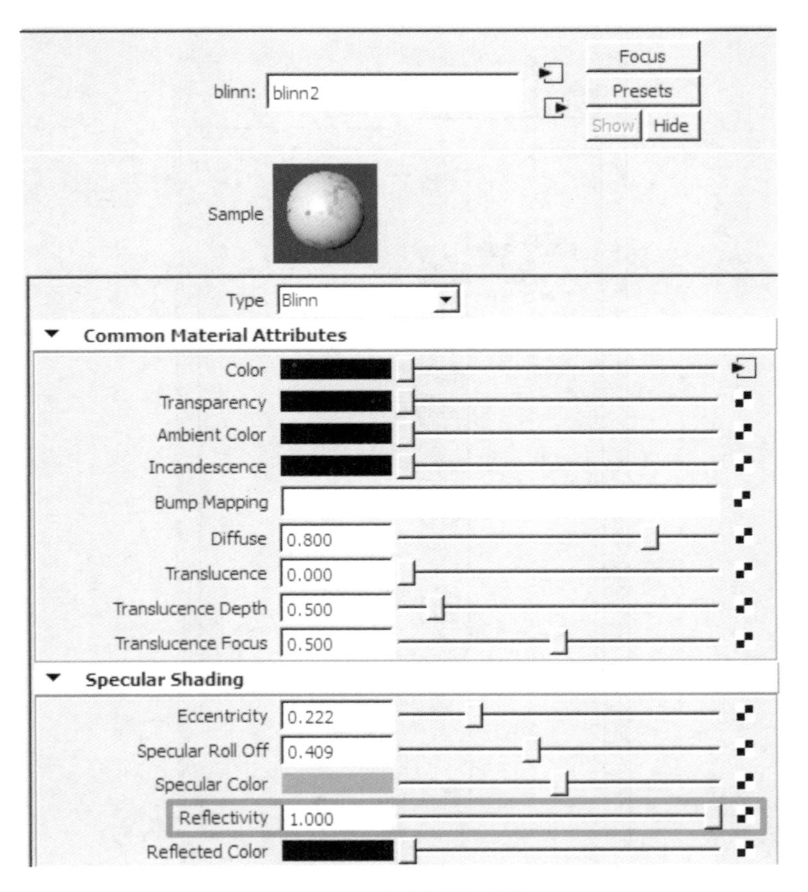

图 5—47　高光属性对话框

图 5—48　渲染效果

6. 制作桌布贴图

选择桌布，赋予 Lambert 无高光材质。打开 Lambert 材质设置对话框，点击 Color 颜色后的图标，在弹出的二维纹理贴图对话框选择 Ramp 渐变纹理，如图 5—49 所示。

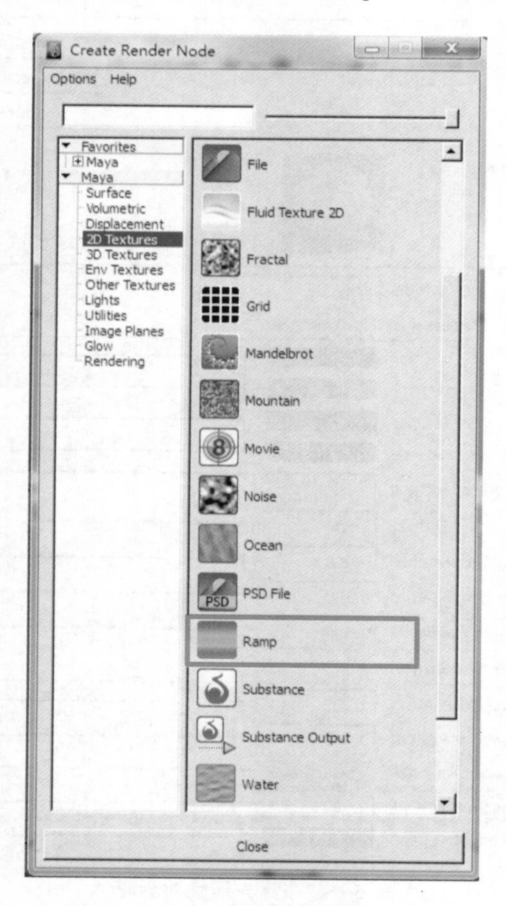

图 5—49　二维纹理贴图选择对话框

修改 Ramp 渐变纹理设置，将 Type 类型改为 Tartan Ramp 格子渐变，修改渐变色效果，如图 5—50、图 5—51 所示。

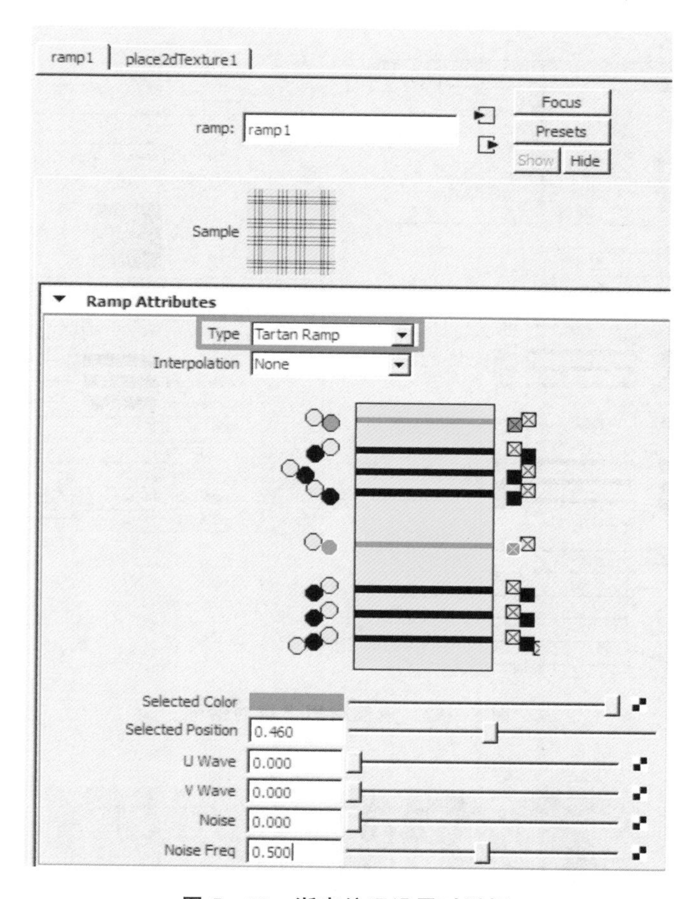

图 5—50　渐变纹理设置对话框

图 5—51　渲染效果

渲染后的布料颜色过亮，返回材质上层对话框，如图 5—52 所示。修改材质 Diffuse 漫反射：0.55，降低高光反射亮度，如图 5—53 所示。

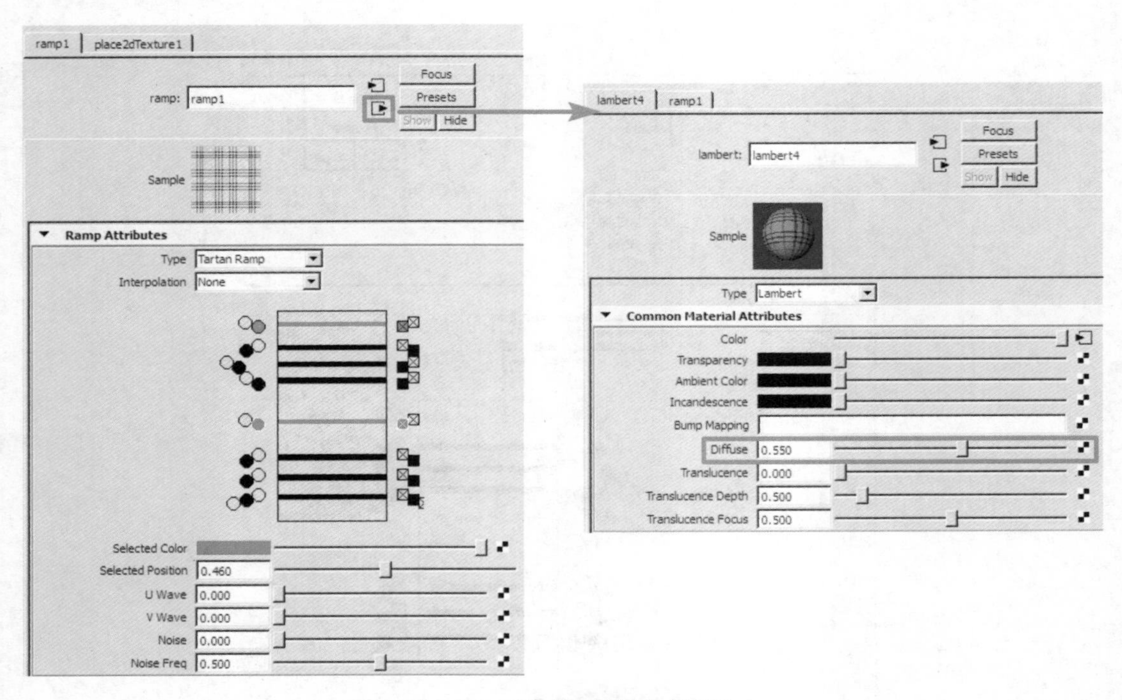

图 5—52　返回材质上层对话框

图 5—53　渲染效果

7. 设置布料凹凸纹理

点击 Bump Mapping 凹凸设置后的贴图按钮，贴入 Cloth 布料二维纹理，如图 5—54 所示。

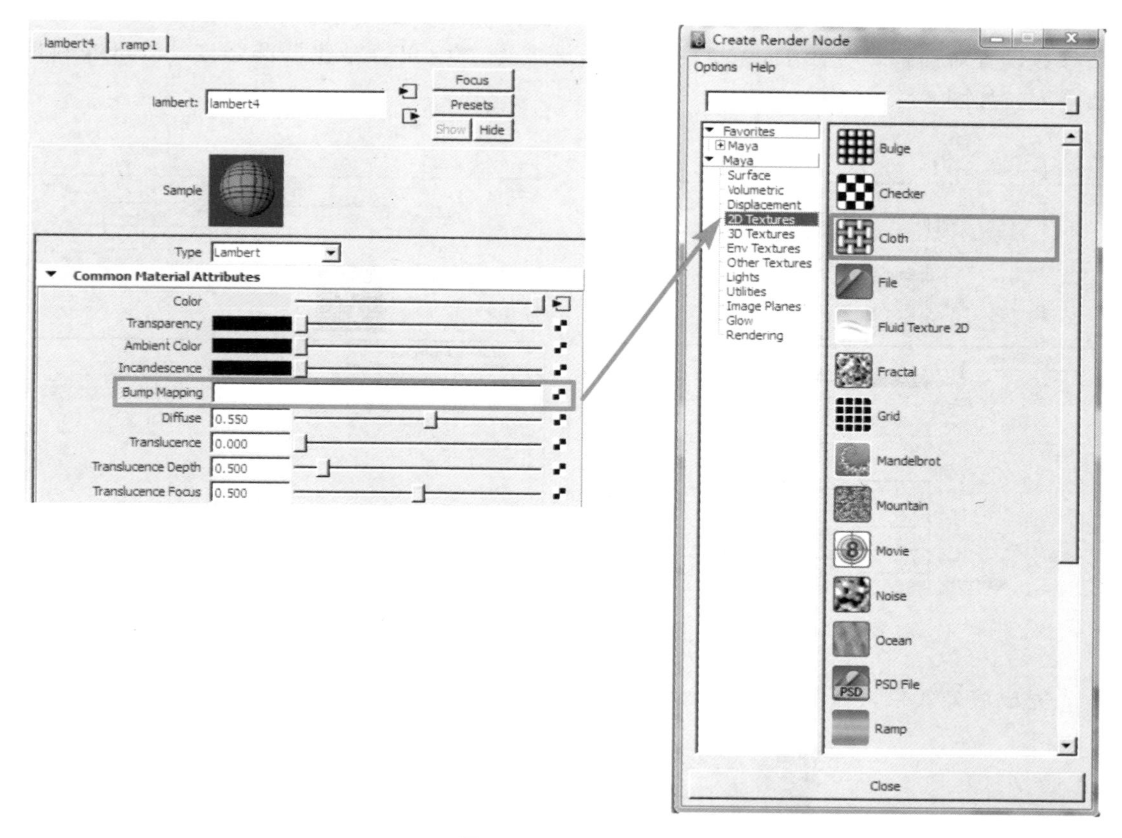

图 5—54　凹凸纹理

修改 Cloth 布料二维纹理贴图坐标参数，Repeat UV（重复参数 UV）值改为 200，200，如图 5—55 所示。

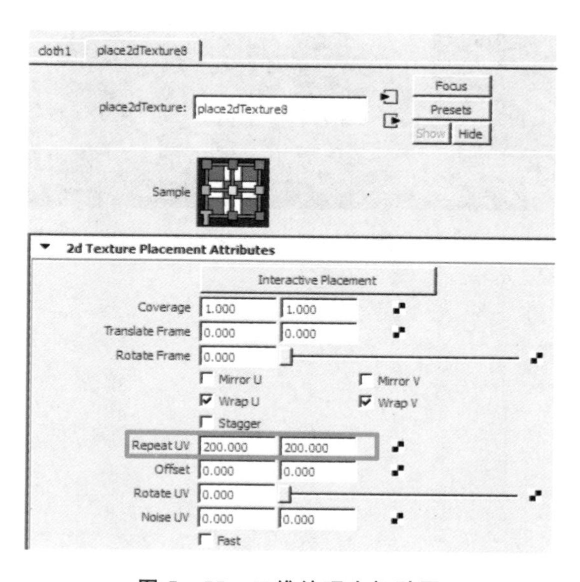

图 5—55　二维纹理坐标贴图

修改 Cloth 布料二维纹理凹凸深度参数，在 Cloth 对话框点击向上一层按钮，回到凹凸参数设置对话框，更改 Bump Depth 凹凸深度为：0.005，减少凹凸强度，降低布料凹凸强度，如图 5—56 所示。

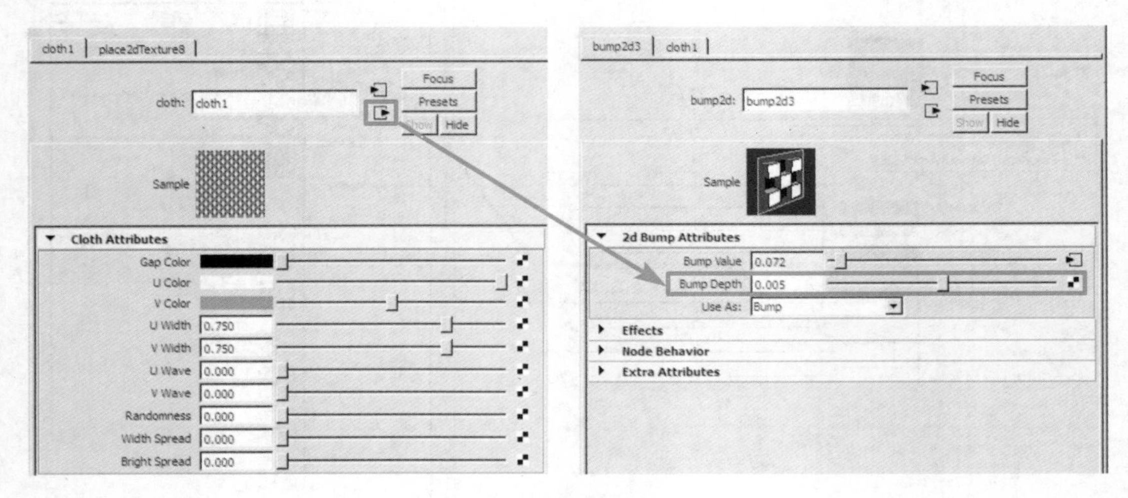

图 5—56　设置凹凸深度

完成渲染效果，如图 5—57 所示。

图 5—57　渲染效果

5.6.2 黄瓜、木板与瓷砖的材质制作

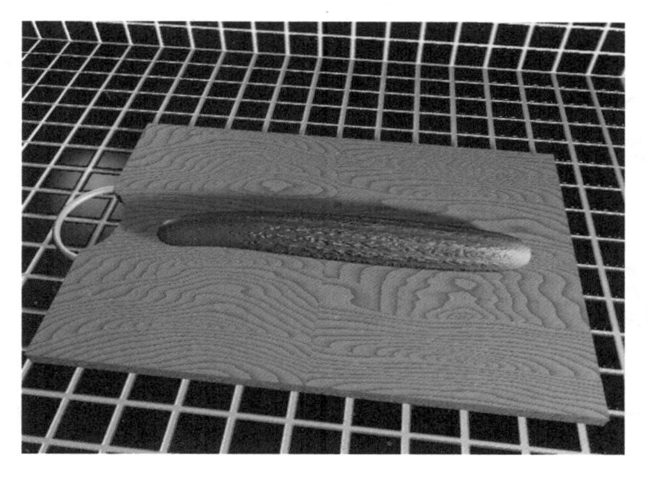

1. 创建 Blinn 材质

打开材质练习 CZ02 文件，选择场景中的黄瓜，创建 Blinn 材质并赋予到黄瓜上，如图 5—58 所示。

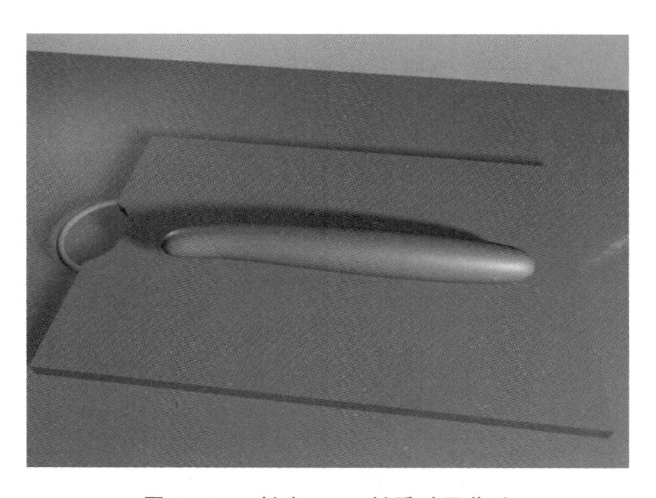

图 5—58 创建 Blinn 材质赋予黄瓜

打开 Blinn 材质设置对话框，点击 Color 颜色后的贴图的图标，在弹出的对话框选择 Ramp 渐变纹理，如图 5—59 所示。

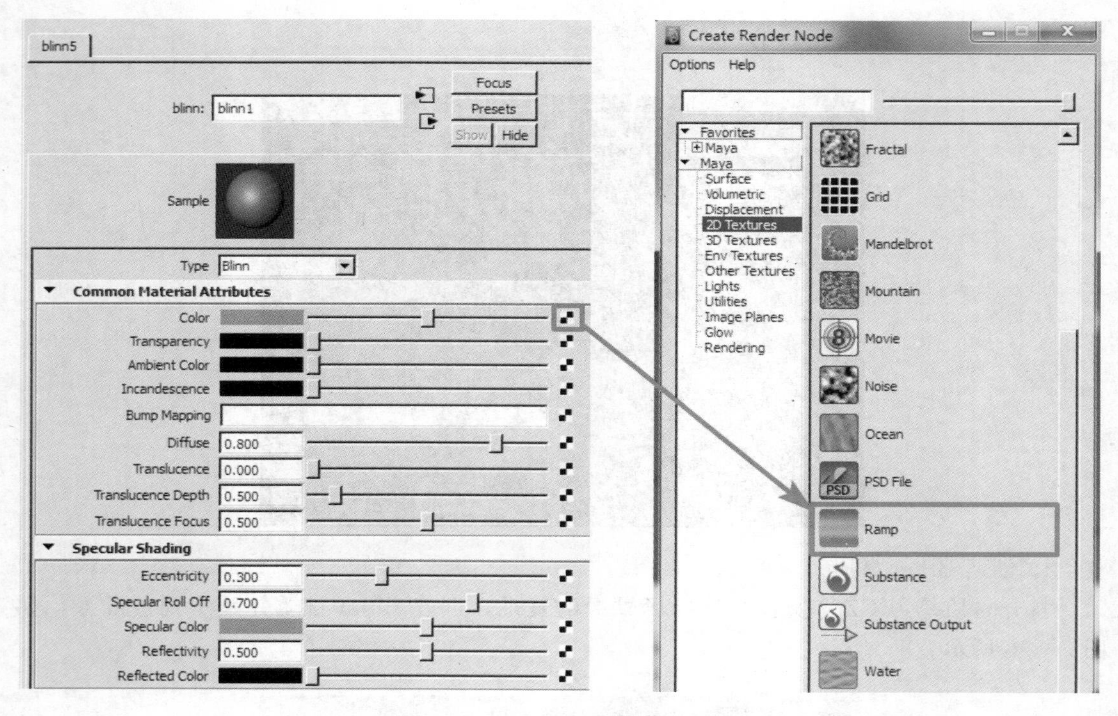

图 5—59 创建 Blinn 材质颜色渐变纹理贴图

在 Ramp 渐变纹理对话框中，将 Ramp 渐变纹理 Type 类型改为 U Ramp；在渐变色中添加色标，制作出整根黄瓜的渐变效果，如图 5—60、图 5—61 所示。

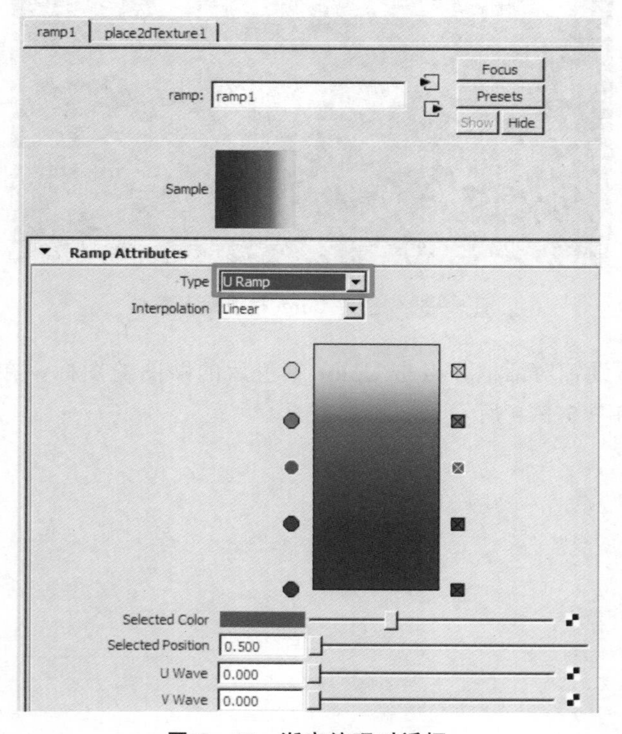

图 5—60 渐变纹理对话框

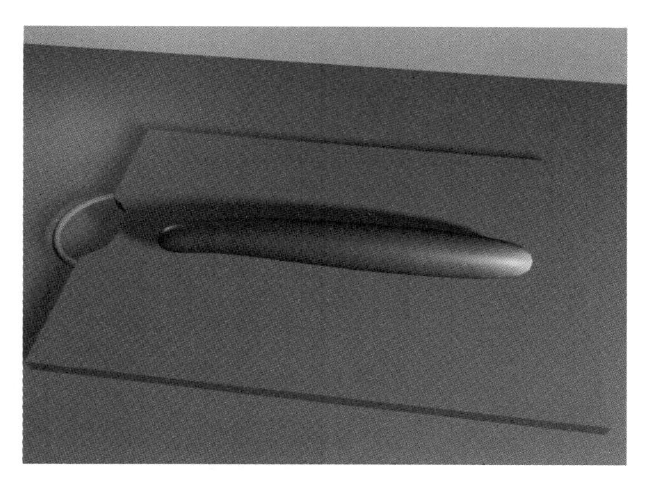

图 5—61　渲染效果

2. 贴入 Ramp 凹凸纹理贴图

打开 Blinn 材质设置对话框，点击 Bump Mapping 凹凸贴图后的贴图按钮，贴入 Ramp 渐变纹理，如图 5—62 所示。

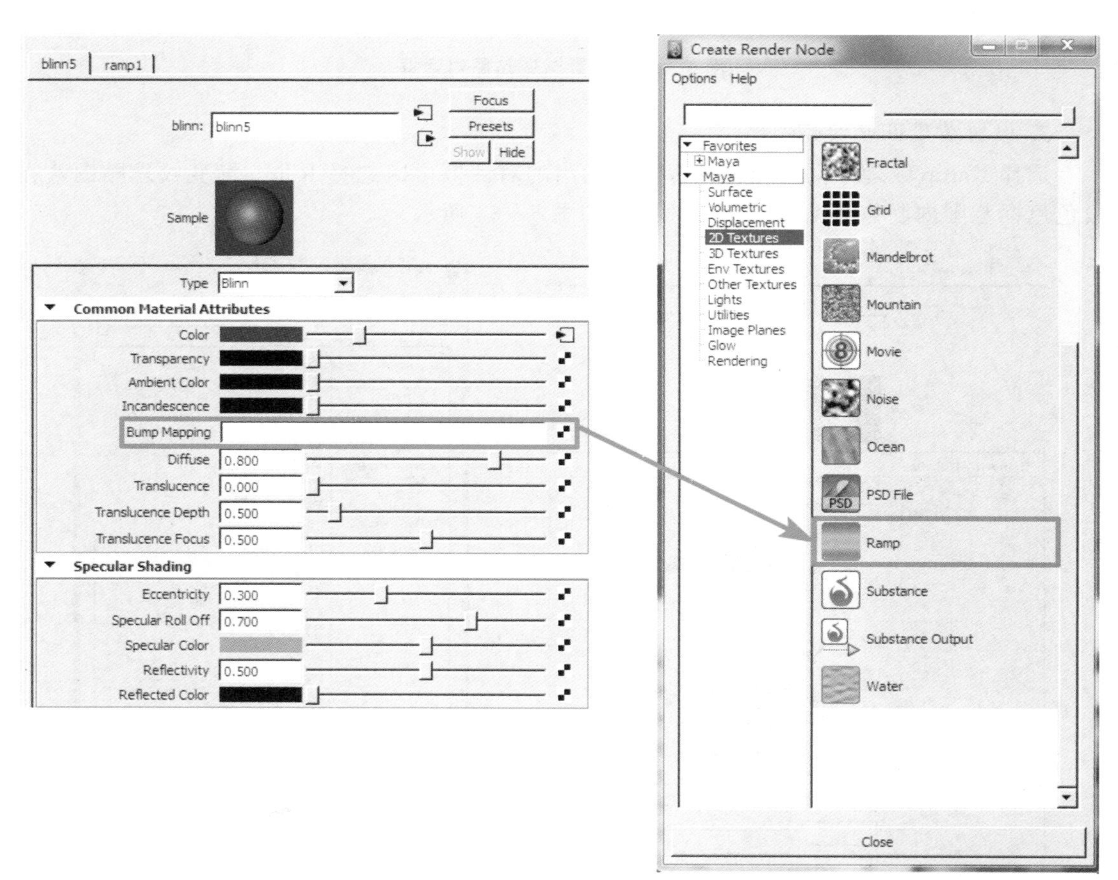

图 5—62　Blinn 材质凹凸贴入渐变纹理贴图

在 Ramp 渐变纹理对话框中设置 Type 类型为 U Ramp、Interpolation 插值为 Smooth。

更改黄瓜凹凸渐变纹理颜色为黑白黑，分出黄瓜头、黄瓜中部、黄瓜尾部凹凸位置。其中黑色不产生凹凸纹理，白色产生凹凸纹理，如图 5—63 所示。

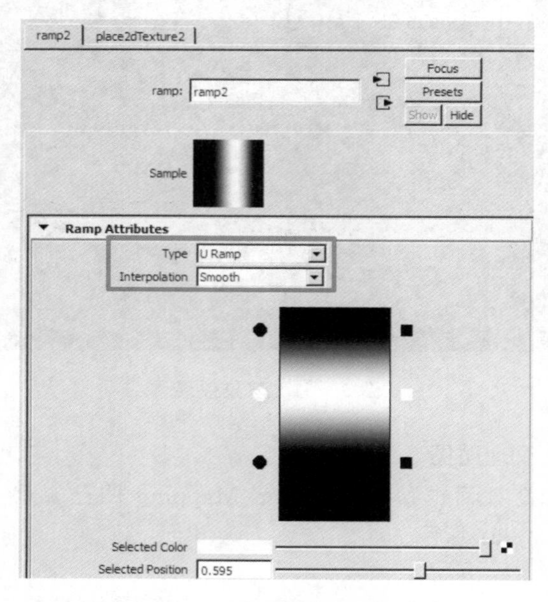

图 5—63 设置渐变贴图对话框

3. 设置黄瓜凹凸纹理

选择 Ramp 纹理中间的白色色标，在弹出的对话框再次选择 Ramp 渐变纹理贴图，在白色色标范围内制作黄瓜凹凸纹理效果，如图 5—64 所示。

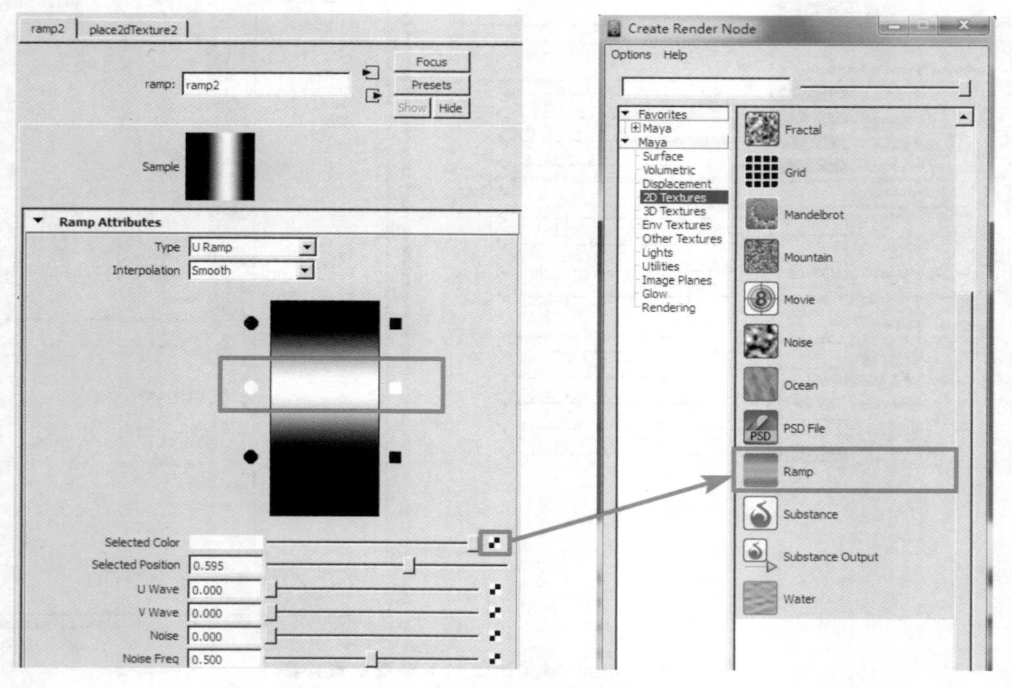

图 5—64 设置黄瓜凹凸纹理

黄瓜渐变纹理的凹凸颜色为黑白黑，并更改二维贴图坐标的重复参数 Repeat UV 为：1，14，如图 5—65 所示。渲染效果如图 5—66 所示。

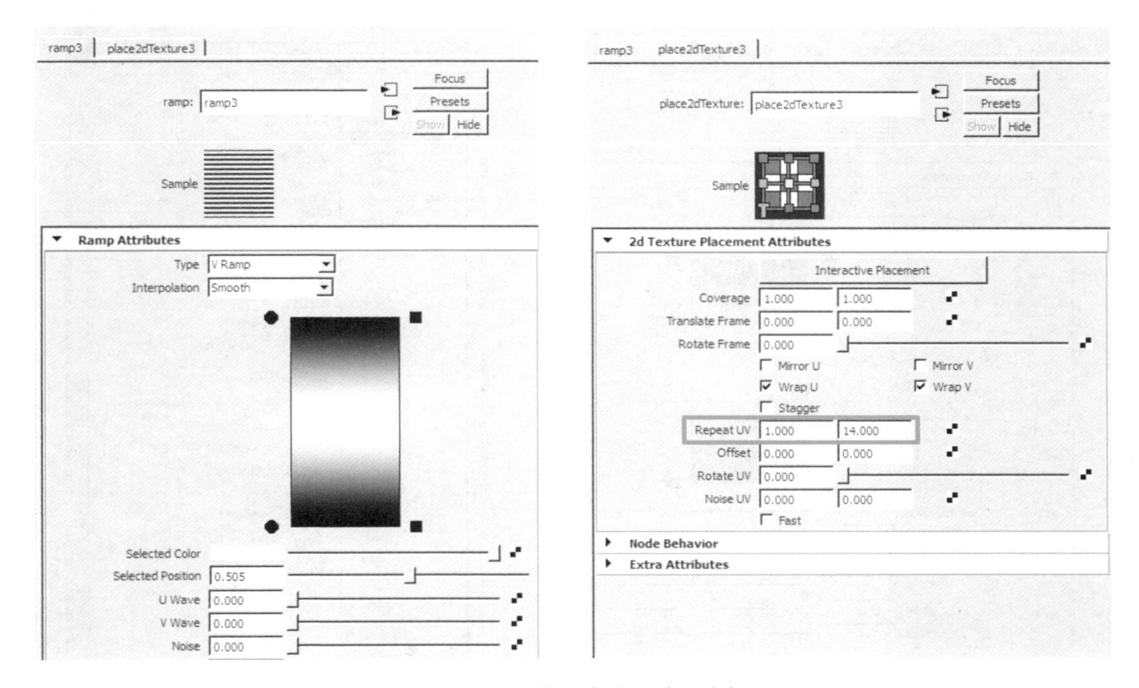

图 5—65　设置二维纹理贴图坐标

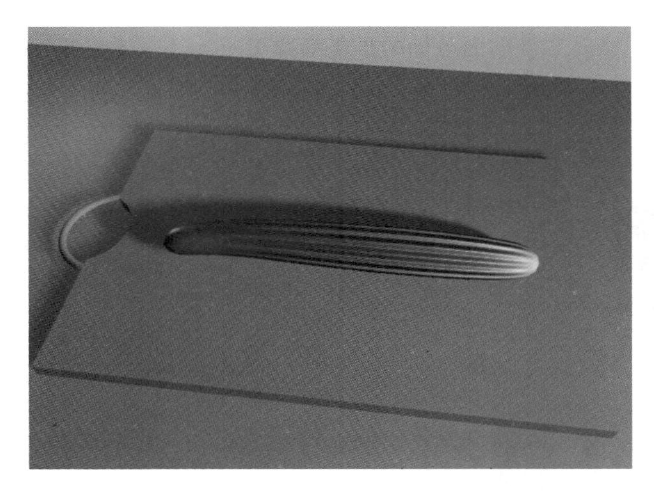

图 5—66　凹凸纹理渲染效果

4. 制作噪波纹理

选择凹凸纹理中间的白色色标的贴图按钮，在弹出的对话框继续选择 Ramp 渐变纹理贴图，如图 5—67 所示。

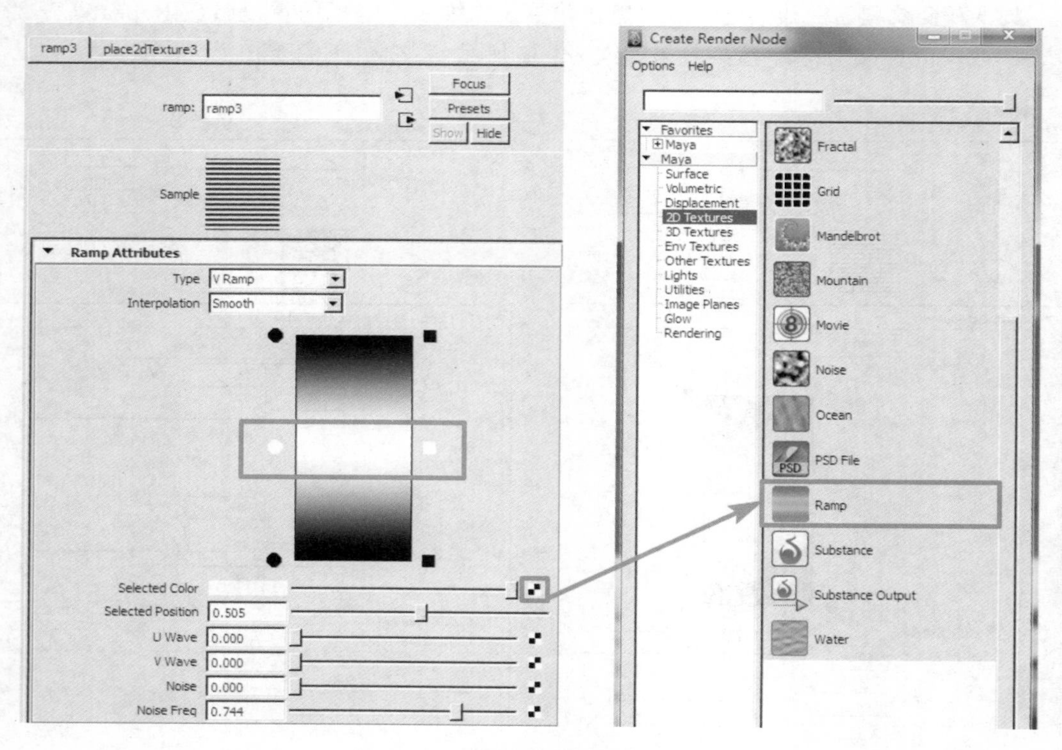

图 5—67　色标贴入渐变纹理贴图

修改 Ramp 渐变纹理颜色为灰色黑色灰色，修改噪波参数 Noise（噪波）：1，Noise Freq（噪波频率）：0.468。修改二维贴图坐标的重复参数 Repeat UV 为：8，8，如图 5—68 所示。

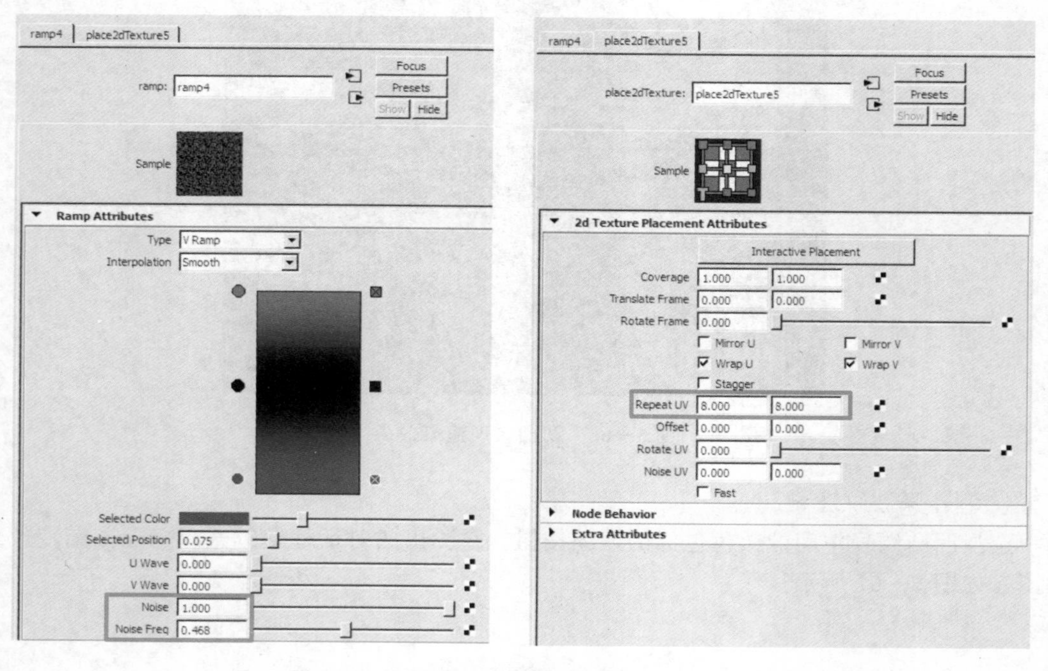

图 5—68　渐变纹理贴图与二维贴图坐标设置

完成黄瓜材质制作。打开超级滤光器对话框，展开黄瓜材质贴图，检查黄瓜材质所有的链接是否正确，如图 5—69 所示。

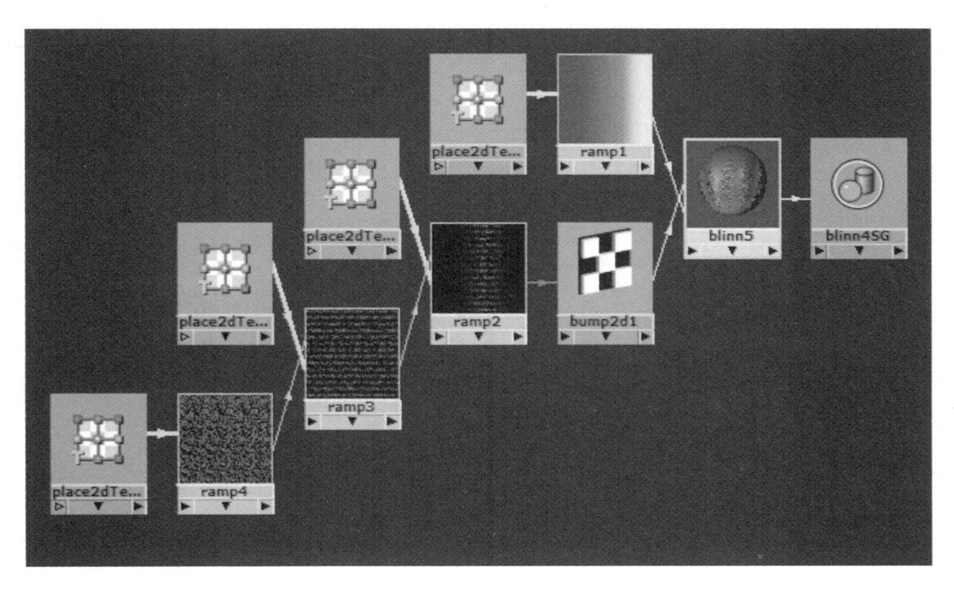

图 5—69　超级滤光器对话框

完成黄瓜材质制作，渲染效果如图 5—70 所示。

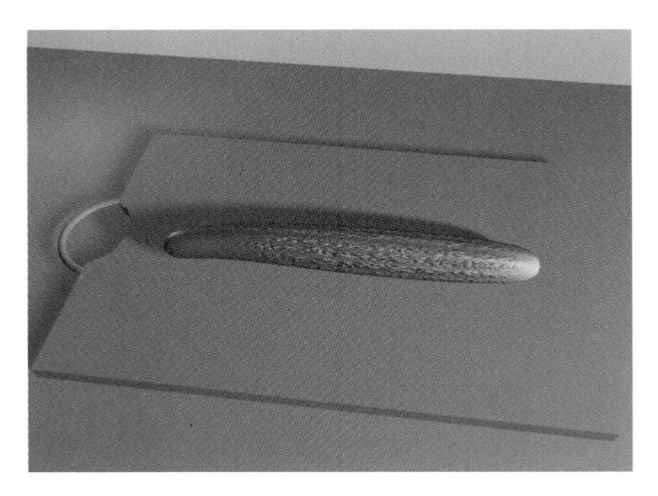

图 5—70　渲染效果

5. 制作木板纹理

选择木板，并赋予一个 Lambert 无高光材质。打开 Lambert 材质球设置对话框，点击 Color 颜色的图标，在弹出的对话框中选择三维纹理 Wood 木纹贴图，如图 5—71 所示。

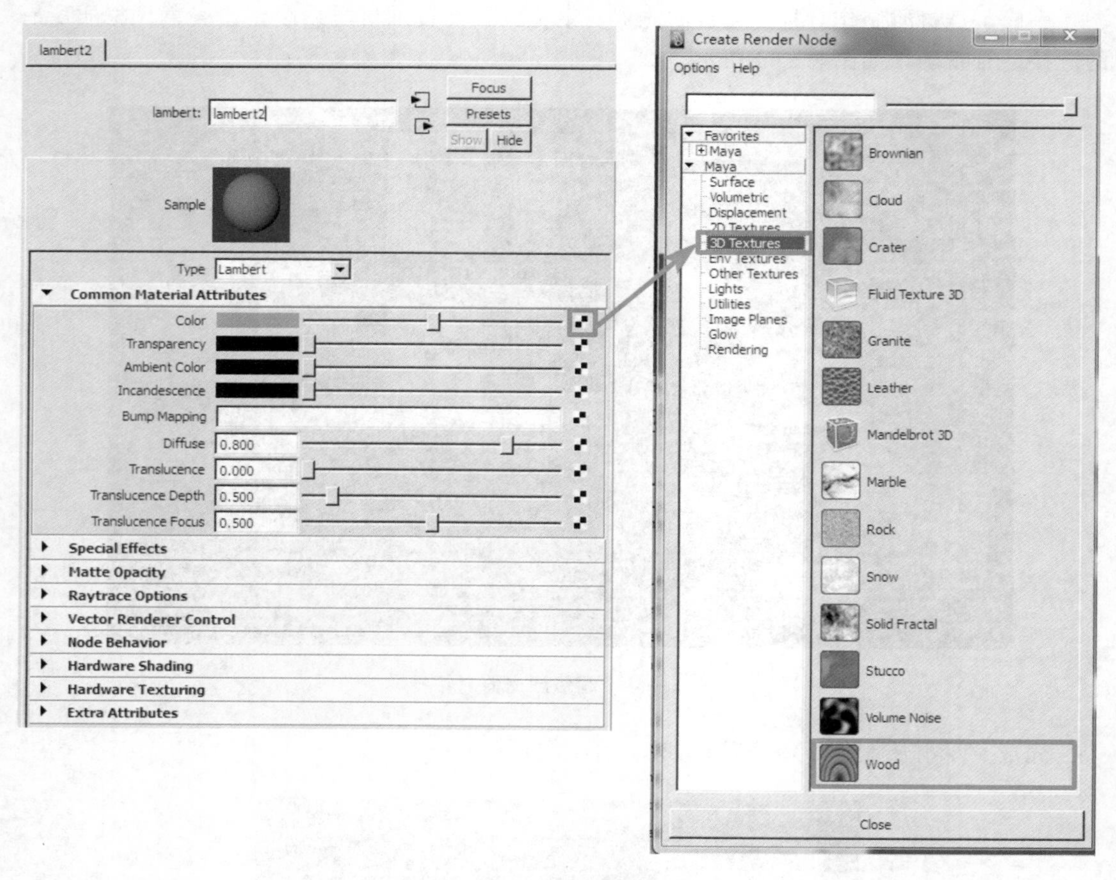

图 5—71　贴入木纹纹理

选择视图中的三维纹理坐标，在视图通道盒中旋转贴图坐标方向 X 轴：－90，让三维纹理坐标与木板方向匹配，如图 5—72 所示。

Channel Box / Layer Editor

Channels　Edit　Object　Show

place3dTexture4	
Translate X	-1.437
Translate Y	-1.863
Translate Z	-1.485
Rotate X	-90
Rotate Y	0
Rotate Z	0
Scale X	18.599
Scale Y	12.791
Scale Z	0.522
Visibility	on

图 5—72　通道盒

选择三维纹理坐标，Ctrl＋A 打开三维坐标设置话框。点击 Fit to Group BBox 按钮，让坐标与木板适配，如图 5—73 所示。渲染效果如图 5—74 所示。

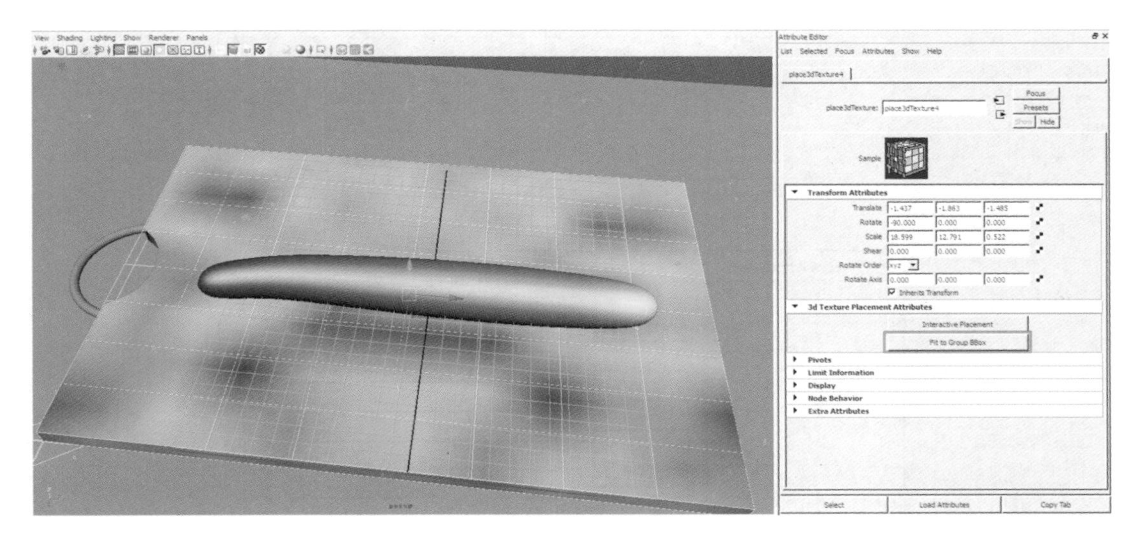

图 5—73　三维纹理贴图坐标

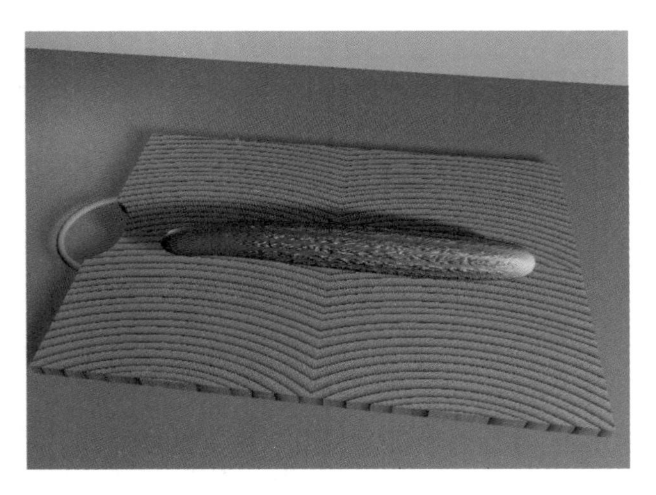

图 5—74　渲染效果

6. 修改 Wood 木材贴图纹理参数

Wood 木材贴图纹理参数包括 Filler Color 填充色、Vein Color 脉络色和 Grain Color 颗粒颜色。在对话框中修改：Layer Size 层大小：0.085，Randomness，随机值：0.37，Age 木纹年龄图：6.3，Grain Contrast 颗粒对比度：0.586，Grain Spacing 颗粒间距：0.021，Center 中心：0.05，0.47，如图 5—75 所示。渲染效果如图 5—76 所示。

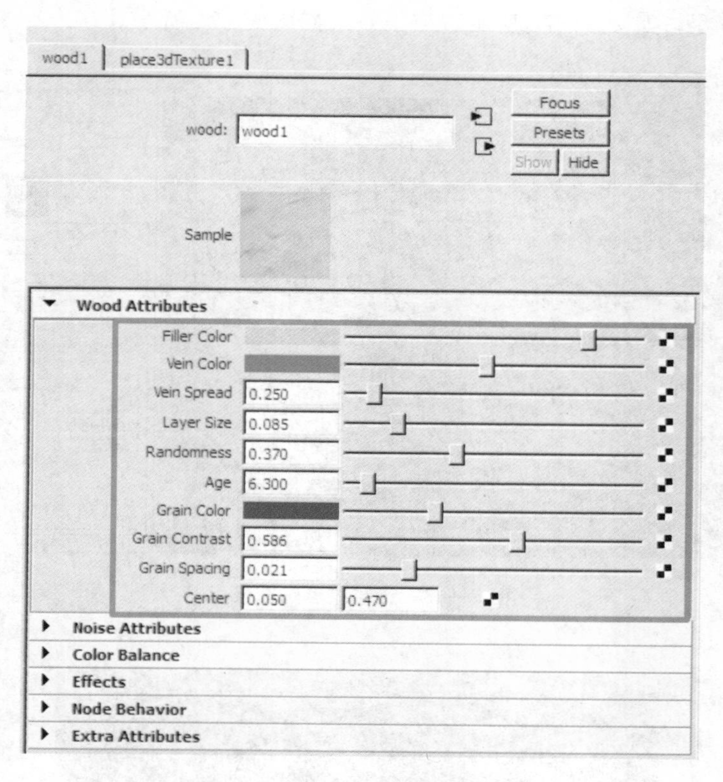

图 5—75 Wood 纹理贴图对话框

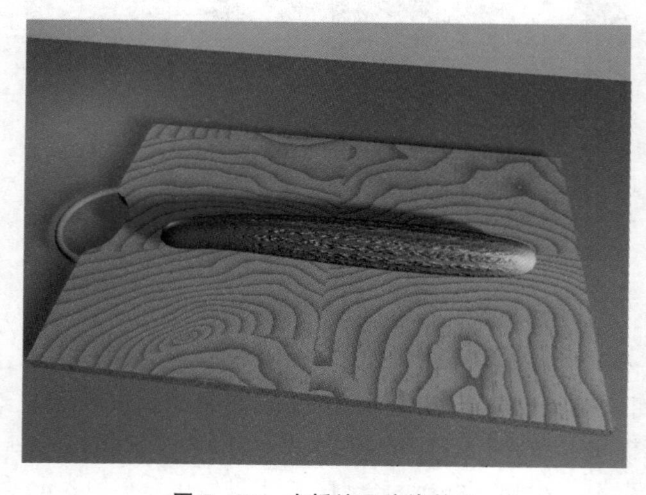

图 5—76 木板纹理渲染效果

缩放透视图中 Z 轴的贴图坐标，让木纹理 Z 轴产生重复贴图效果，如图 5—77 所示。渲染效果如图 5—78 所示。

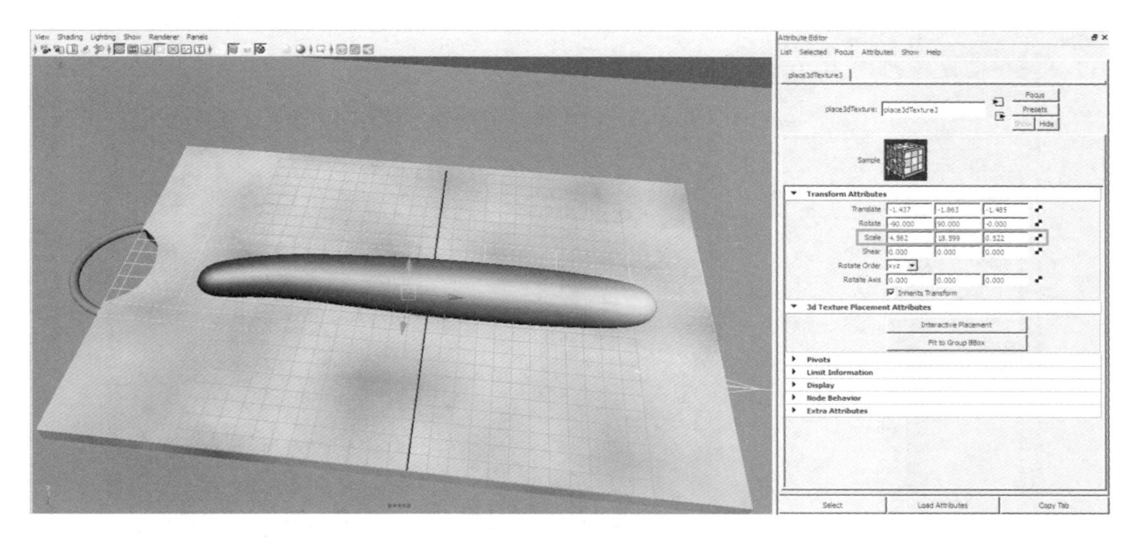

图 5—77　设置三维纹贴图坐标

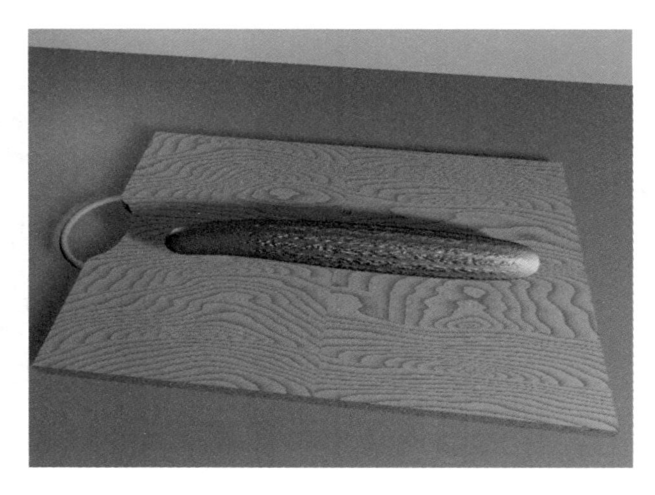

图 5—78　渲染效果

7. 复制 Wood 贴图

打开 Hypershade 超级滤光器对话框，选择 Wood 贴图，选择 Hypershade 超级滤光器中菜单：Edit/duplicate 复制/ shading network 复制材质命令，复制出同样参数的 Wood 三维贴图，如图 5—79 所示。

按下鼠标中键将复制的 Wood 贴图拖曳到 Lambert 材质球上，松开鼠标中键，在弹出的菜单选择 Bump Mapping 凹凸链接，完成该贴图链接，如图 5—80 所示。

选择 Wood 凹凸贴图并打开属性对话框，修改凹凸深度 Bump Depth：0.4，完成木板凹凸贴图效果，如图 5—81 所示。木板渲染效果 5－82 所示。

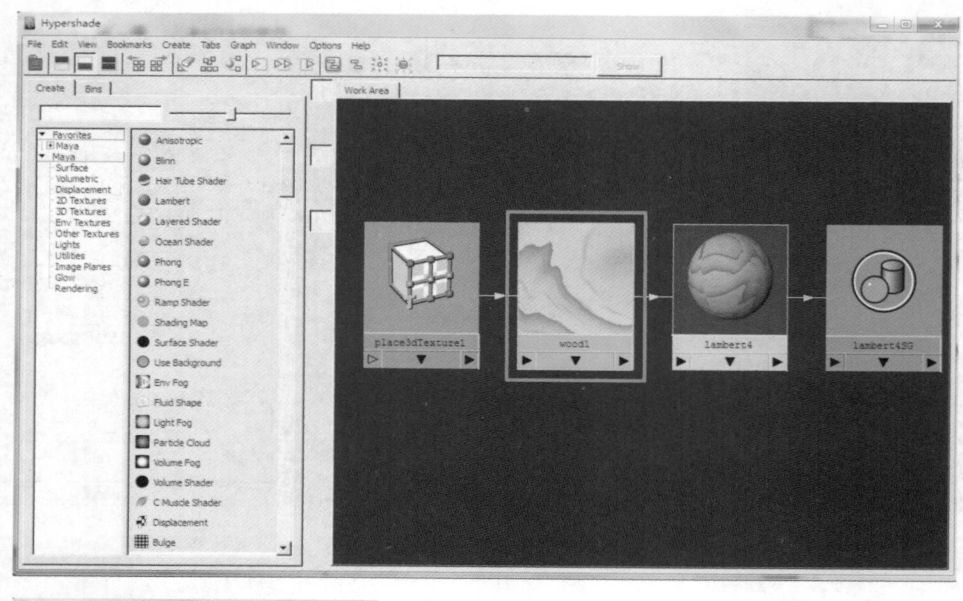

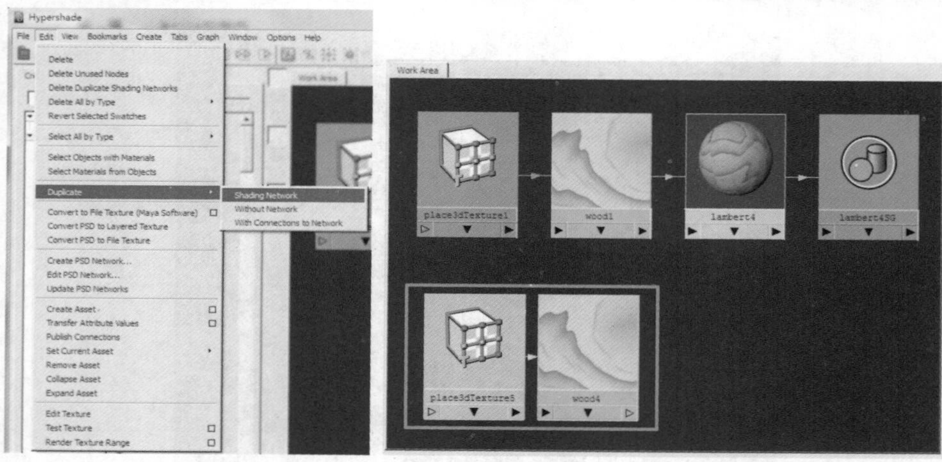

图 5—79　超级滤光器对话框复制纹理贴图

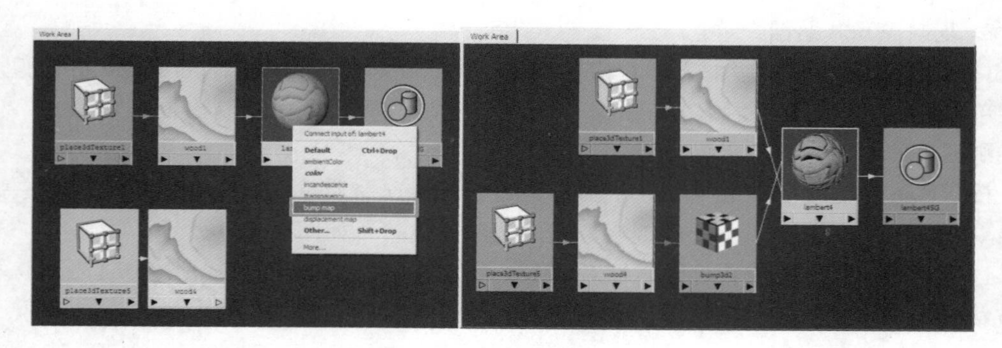

图 5—80　连接凹凸纹理贴图

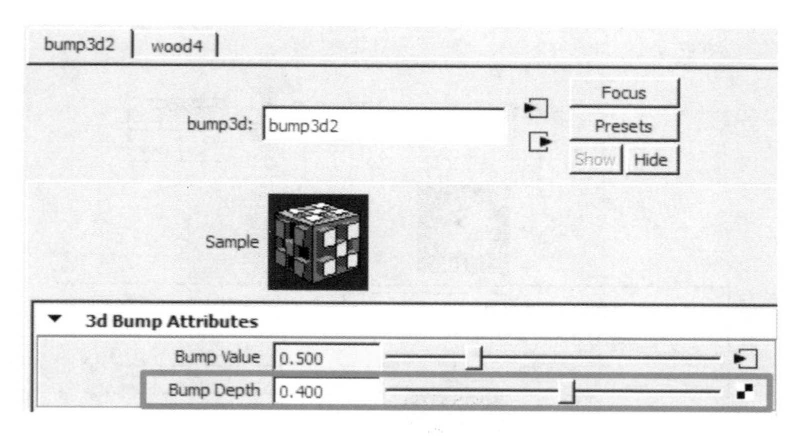

图 5—81　凹凸深度设置

图 5—82　木板渲染效果

8. 制作木板把手材质

创建 Blinn 材质并赋予场景中的木板把手。

更改 Blinn 材质的颜色 Color 为浅灰色，扩大高光区域，更改高光离心率 Eccentricity：0.326；Specular Roll Off：1，提高高光强度；Reflectivity 反射率：0.23，提高反射效果，如图 5—83 所示。木板把手渲染效果如图 5—84 所示。

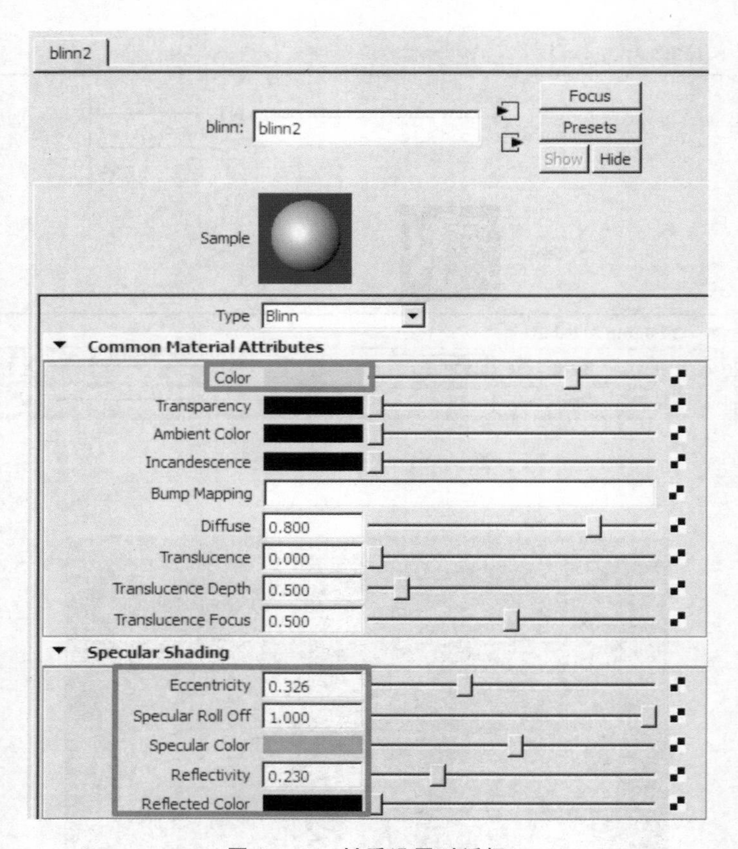

图 5—83　材质设置对话框

图 5—84　把手渲染效果

9. 制作瓷砖材质

创建一个 Phong 材质，并赋予瓷砖面上。在 Phong 材质的 Color 颜色参数贴入 Grid 网格纹理，如图 5—85 所示。

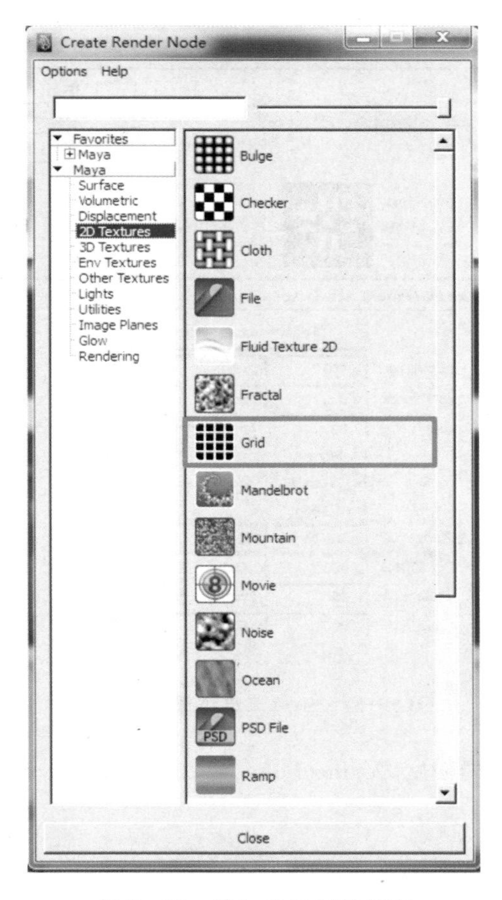

图 5—85 贴入 Grid 网格纹理

打开网络纹理对话框，修改 Grid 网格纹理参数 U Width：0.15，V Width：0.15。将瓷砖白色线条颜色改的略宽些，如图 5—86 所示。设置 Grid 二维贴图坐标 Repeat UV 重复参数为：100，100，如图 5—87 所示。

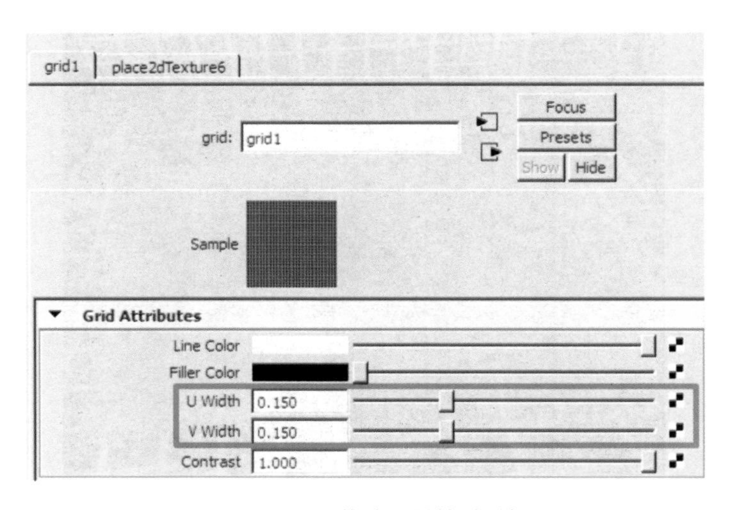

图 5—86 网格纹理属性对话框

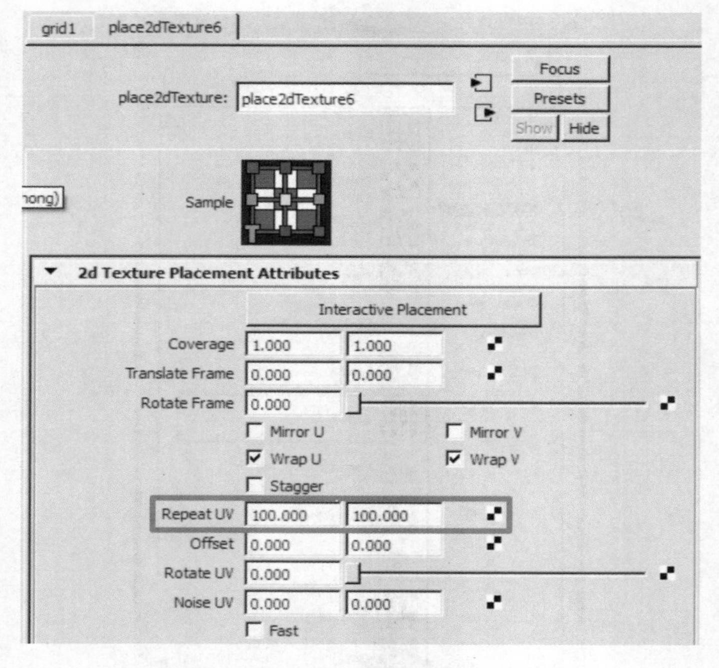

图 5—87　Grid 二维纹理贴图坐标

更改 Phong 材质的高光强度 Cosine Power：20；Reflectivity 反射率：0.1，如图 5—88、图 5—89 所示。

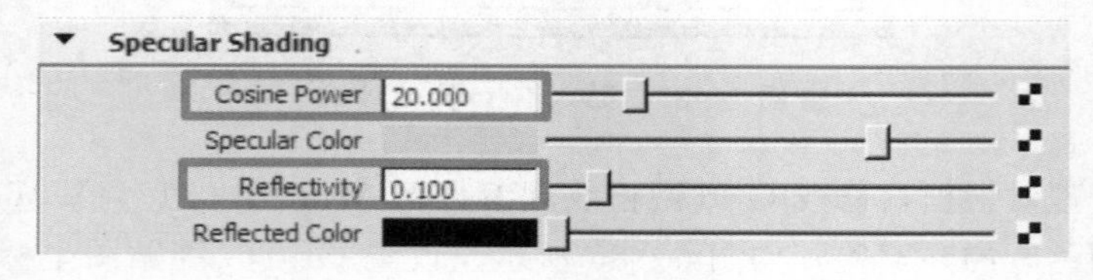

图 5—88　材质球高光设置对话框

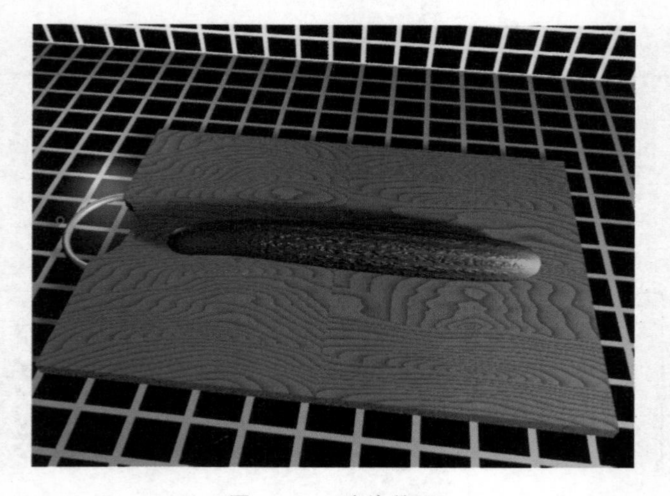

图 5—89　渲染效果

10. 复制 Grid 网格纹理制作瓷砖凹凸效果

在打开 Hypershade 超级滤光器对话框，选择 Grid 网格纹理贴图，执行 Hypershade 超级滤光器编辑菜单：Edit/duplicate 复制/ shading network 复制材质命令，复制出同样参数的 Grid 网格纹理贴图，并将 Grid 网格纹理连接到 phong 材质的凹凸贴图上，如图 5—90 所示。

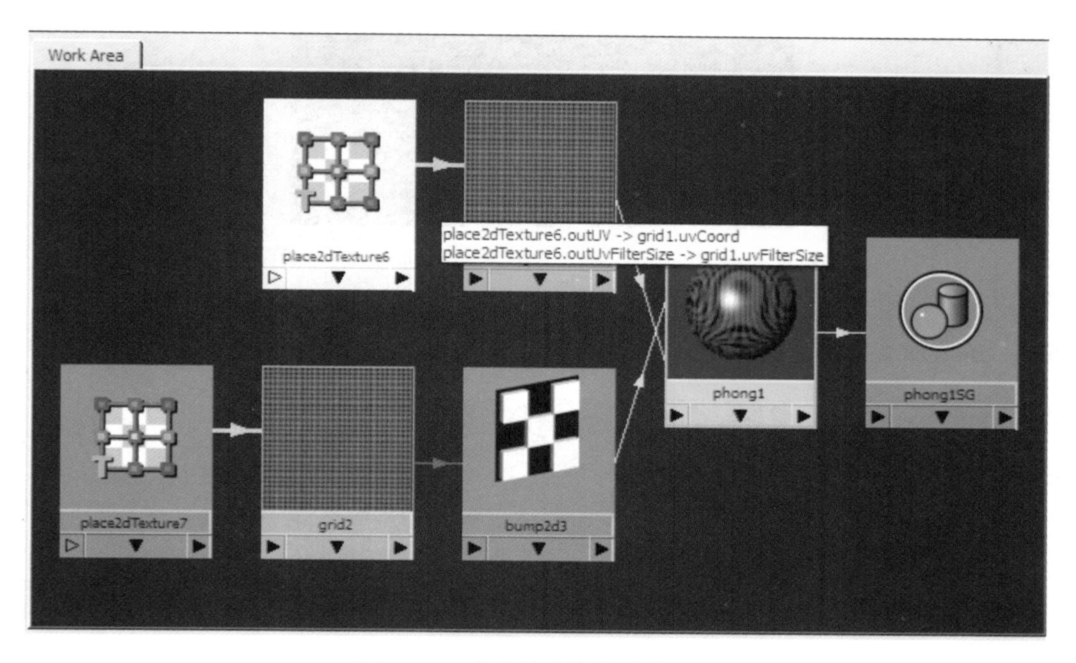

图 5—90　超级滤光器材质球展开

打开 Grid 网格纹理凹凸贴图对话框，更改 Grid 网格凹凸纹理贴图的颜色，白色部分为凸起部分，黑色部分为凹陷部分，如图 5—91 所示。

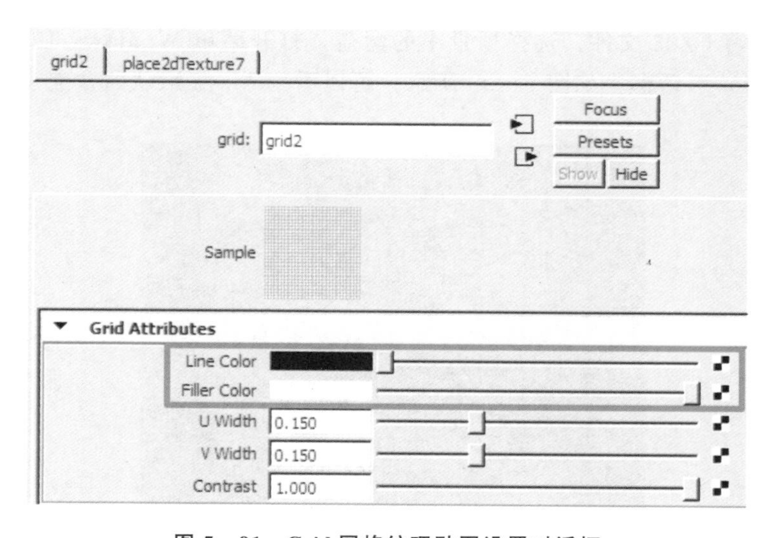

图 5—91　Grid 网格纹理贴图设置对话框

完成制作制作，最终渲染效果如图 5—92 所示。

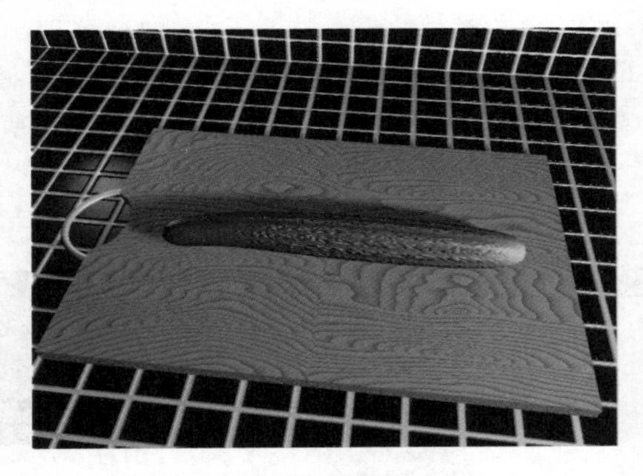

图 5—92　最终渲染效果

5.6.3　多边形 UV 贴图编辑

1. 创建 Blinn 材质

打开材质练习 CZ03 文件，选择场景中的盒盖，打开菜单 Windows/UV Texture Editor（纹理编辑器）对话框，如图 5—93 所示。可以看到 Maya 默认的盒盖 UV 贴图，如图 5—94 所示。

图 5—93　打开文件选择盒盖

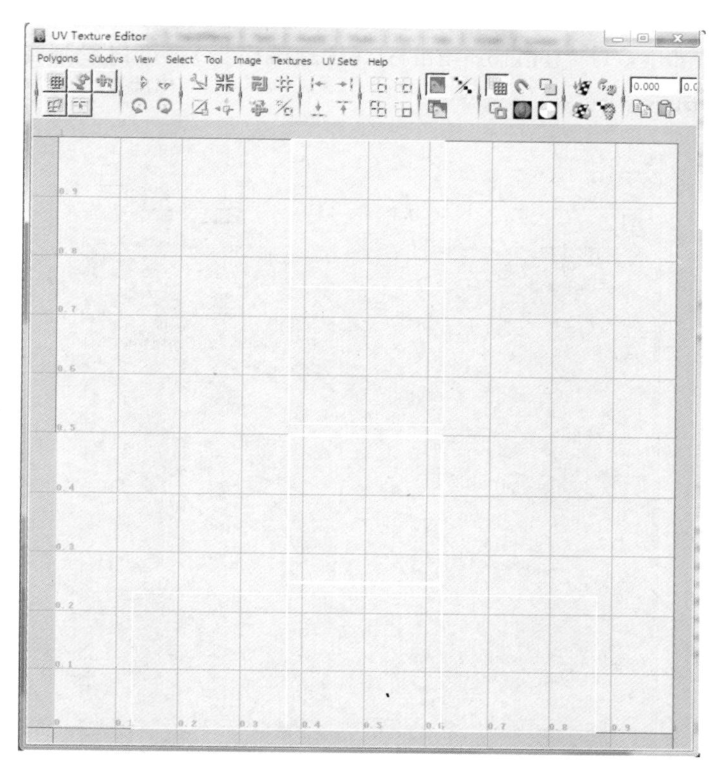

图 5—94　UV 编辑器

2. Automatic Mapping

盒子的面不是很多，可以直接使用自动映射来完成。选择创建 UV 菜单：Creates UVS（创建 UV）/Automatic Mapping（自动映射）命令。通过自动映射，向盒盖模型多个面同时进行投射，如图 5—95 所示。

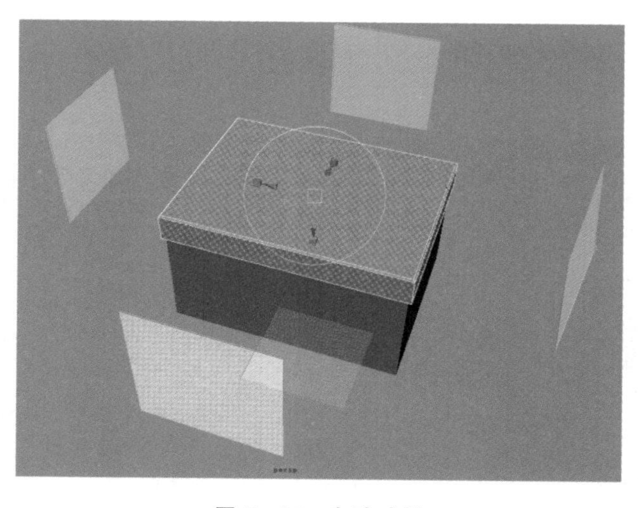

图 5—95　自动映射

3. 编辑 UV

打开菜单 Windows/UV Texture Editor（纹理编辑器），可以看到自动映射后展开的 UV，如图 5—96 所示。

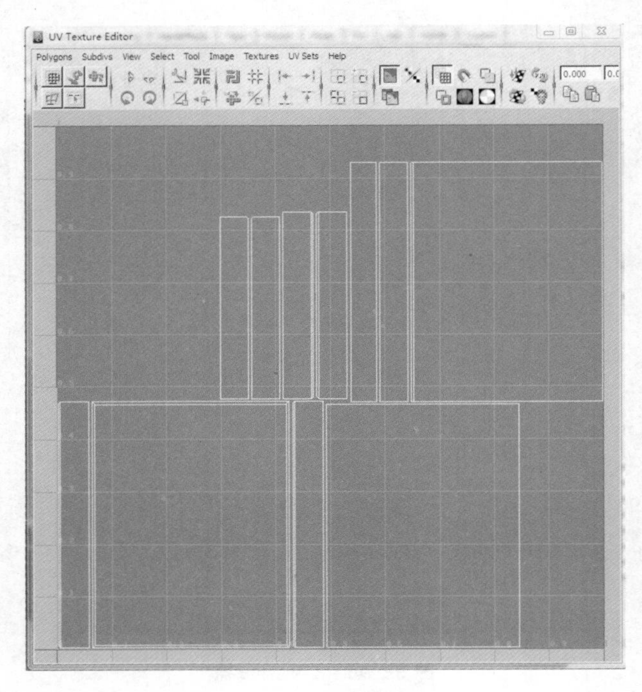

图 5—96 最终渲染效果

4. 剪切 UV 边

自动展开 UV 后将 UV 面拆出多个，打开 UV Texture Editor 纹理编辑器根据要贴的图对 UV 进行整理编辑。

首先在视图右键选择盒盖侧面的边，这时在 UV Texture Editor 纹理编辑器中就可以找到选择对应的边，如图 5—97 所示。

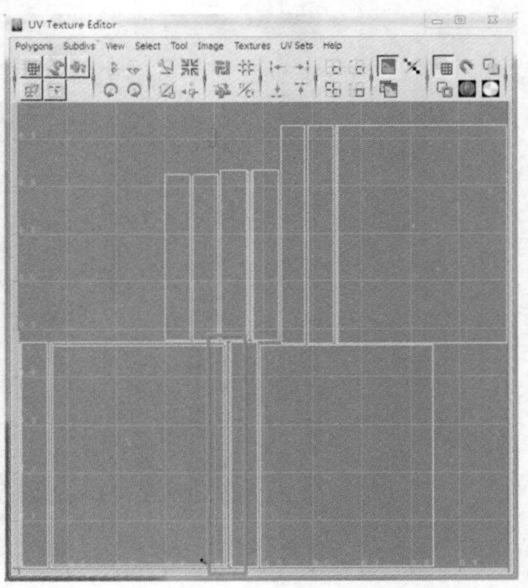

图 5—97 选择 UV 边

选择 UV 菜单，点击 Polygons/Cut UV Edges（沿选择的边切开 UV）命令，切开 UV 的边。切开后选择盒盖侧面某个 UV 点，再配合 Ctrl＋鼠标右键，在弹出的选项里选择 To Shell 选项，可选择独立连续的 UV 所有点，方便面的移动，如图 5—98、图 5—99 所示。

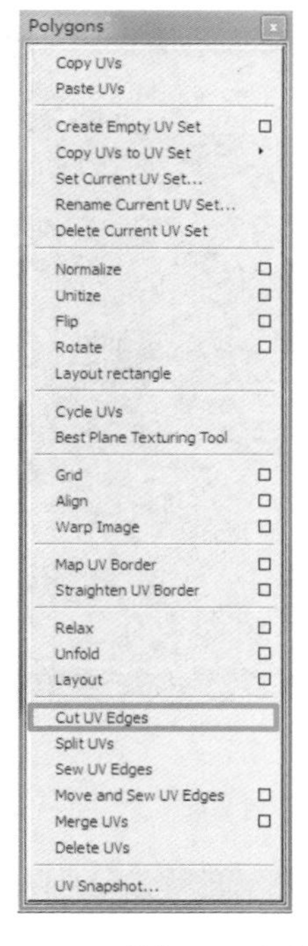

图 5—98　剪切 UV 边命令

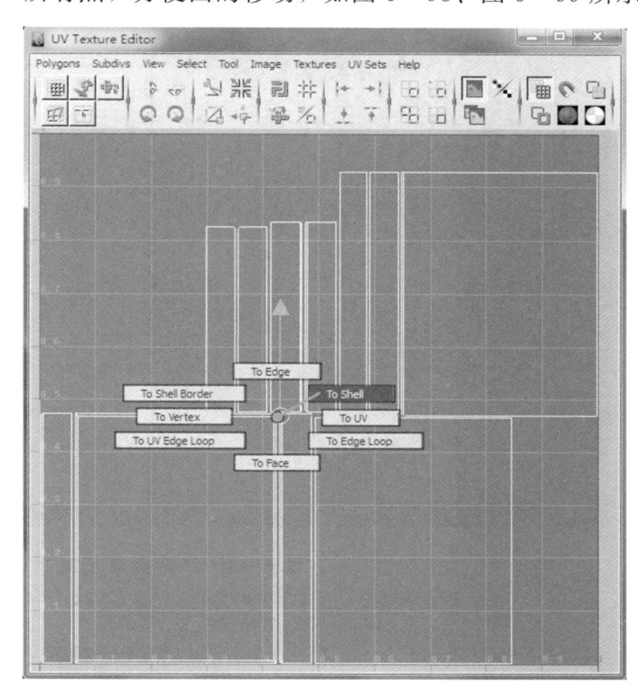

图 5—99　选择面上的 UV 点

将选择好的 UV 移动到空的位置，如图 5—100 所示。

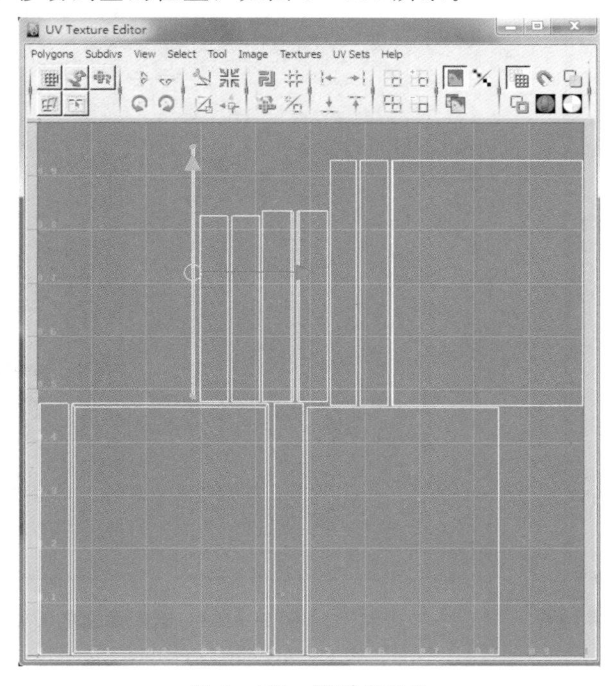

图 5—100　移动 UV 边

缝合的边，点击 UV 菜单，Polygons/ Move and Sew UV Edges（移动并缝合边线）命令，将选择的 UV 边，在 UV 编辑器里面进行移动并缝合，如图 5—101、图 5—102、图 5—103 所示。

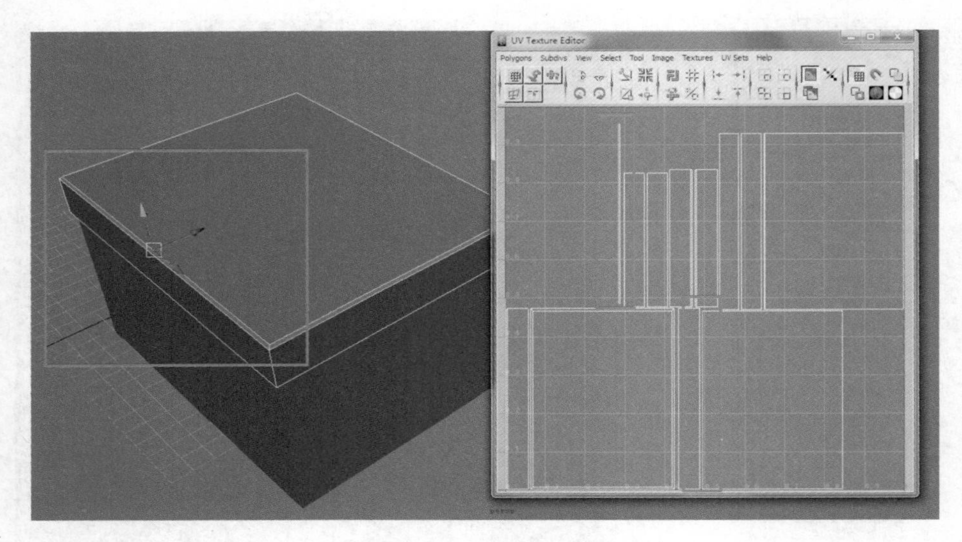

图 5—101　选择盒子侧面边

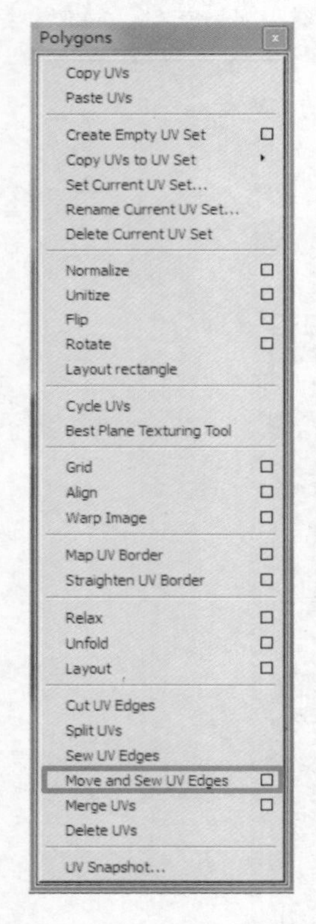

图 5—102　UV 移动并缝合

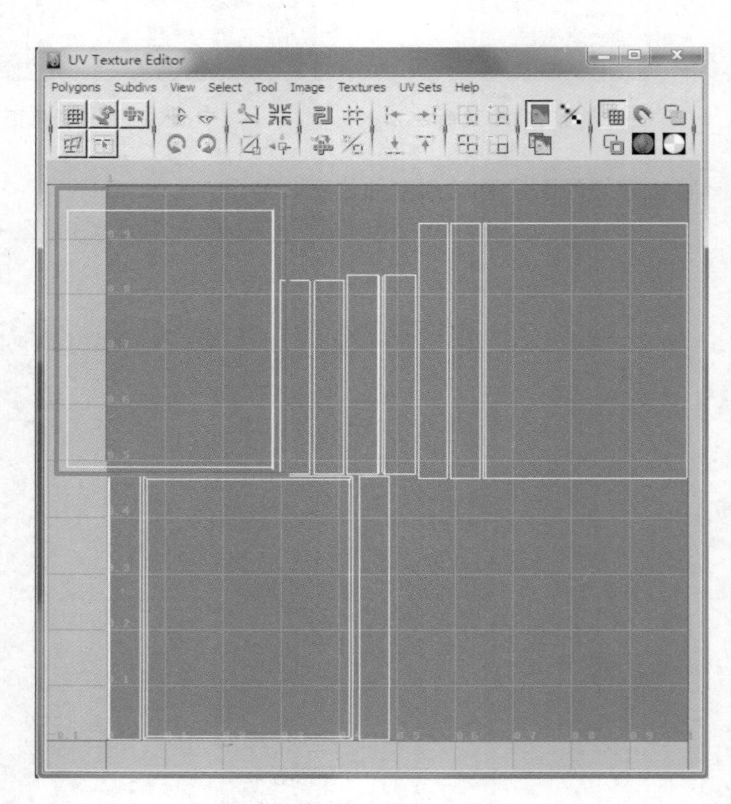

图 5—103　选择面上的 UV 点

使用同样的方法，结合 Cut UV Edges 沿选择的边切开命令和 UV Move and Sew UV Edges 移动并缝合边线命令完成盒盖顶面 UV 剩下的三个的边剪切与缝合制作，完成后的效果如图 5—104 所示。

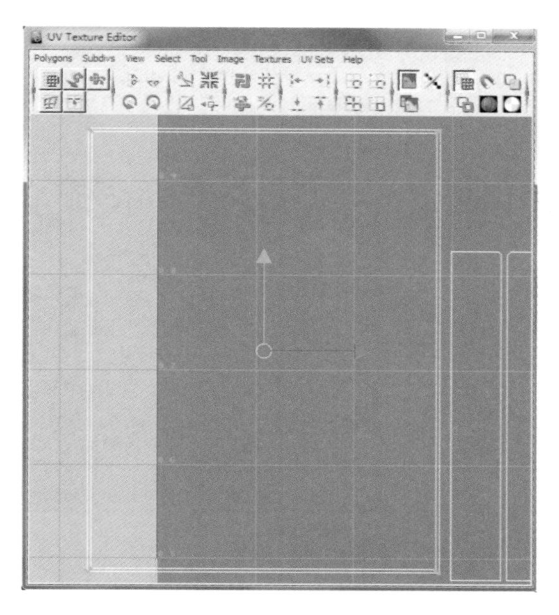

图 5—104　缝合盒子顶面 UV 边

5. 缝合制作盒子侧面 UV

选择盒盖外侧面的边，使用前面同样的方法，结合 UV Move and Sew UV Edges 移动并缝合边线命令完成盒盖外侧面 UV 的缝合制作，如图 5—105 所示。

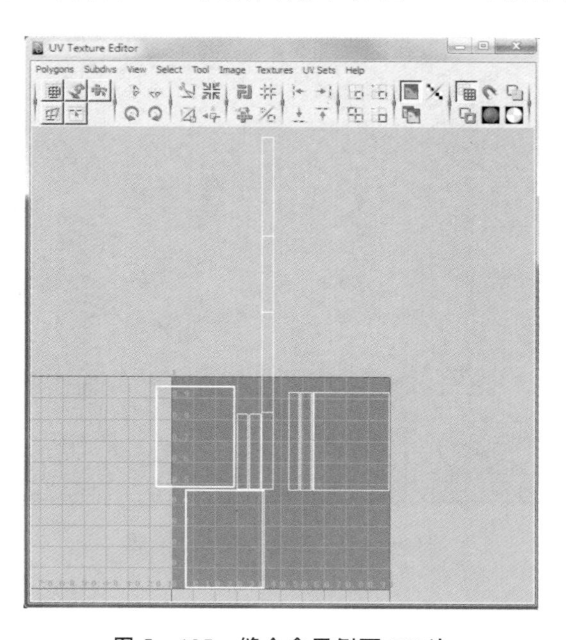

图 5—105　缝合盒子侧面 UV 边

选择盒盖侧面 UV 点，选择逆时针或者顺时针按钮，将盒盖侧面 UV 旋转 90 度，如图 5—106 所示。

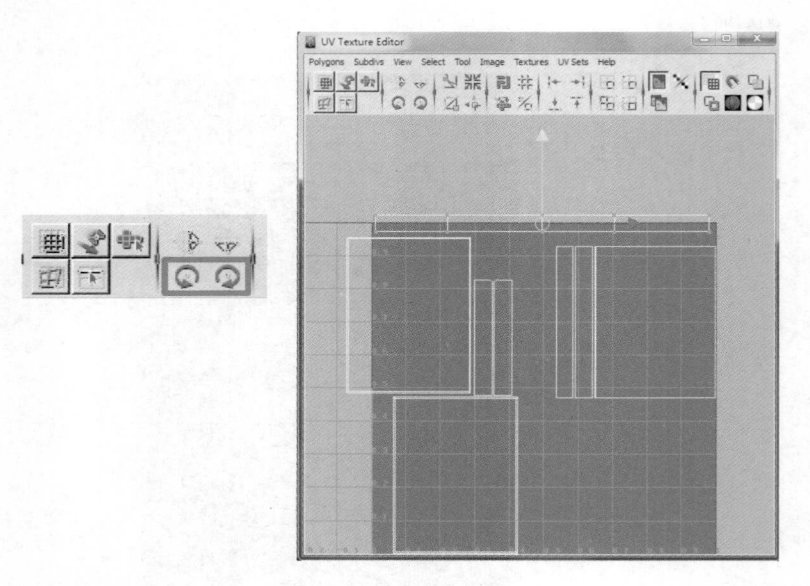

图 5—106　旋转 UV 边

使用同样的方法，选择盒盖内侧面的边，结合 UV Move and Sew UV Edges 移动并缝合边线命令完成盒盖内侧面 UV 的缝合制作，整理好盒盖的 UV，如图 5—107 所示。

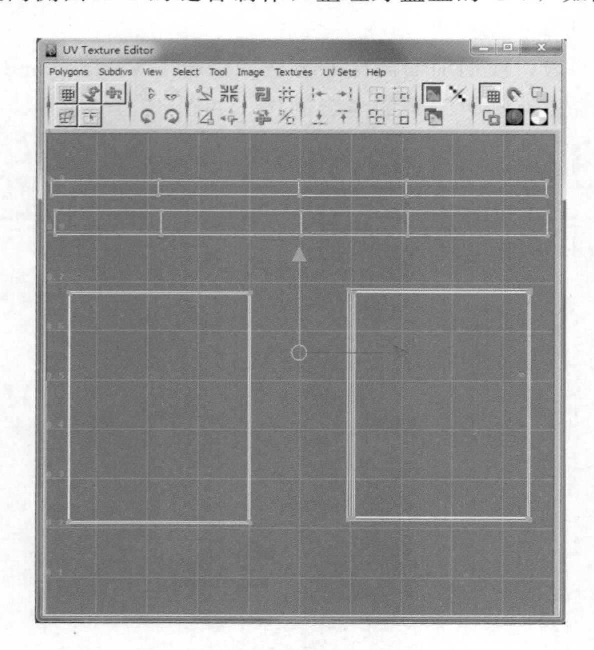

图 5—107　整理好盒盖 UV 边

6. 导出 UV 图片

将编辑好的 UV 信息导出。选择 UV 菜单，Polygons/ UV Snapshot（UV 快照）命

令导出 UV 信息。设置 UV Snapshot 对话框，修改 File name（导出路径），选择好导出图片的位置；设置导出图片的尺寸，Size X：1280，Size Y：1280；设置输出的格式，Image format 输出格式：PNG，如图 5—108 所示。

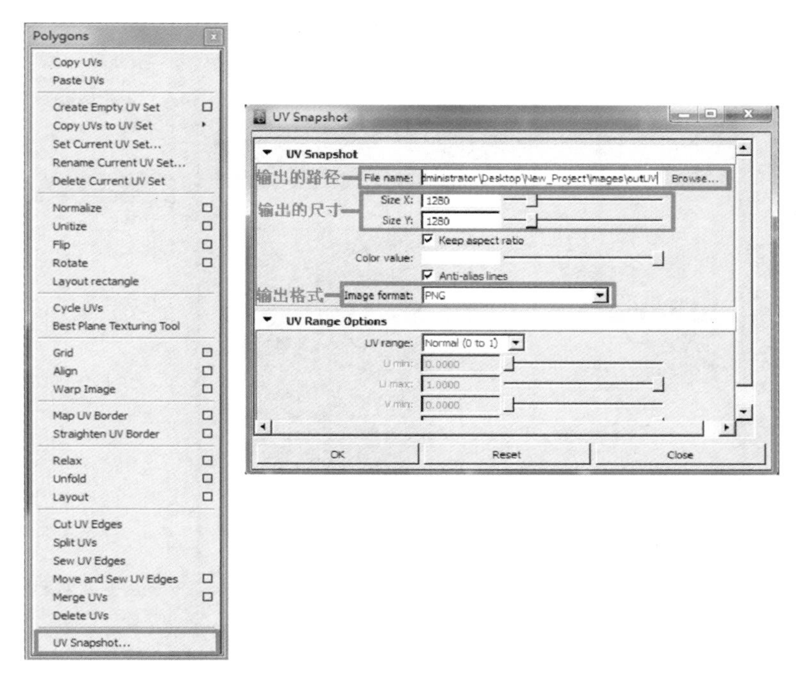

图 5—108　到处 UV 图片

7. 制作贴图

打开 Photoshop 软件，打开导出的图片，如图 5—109 所示。

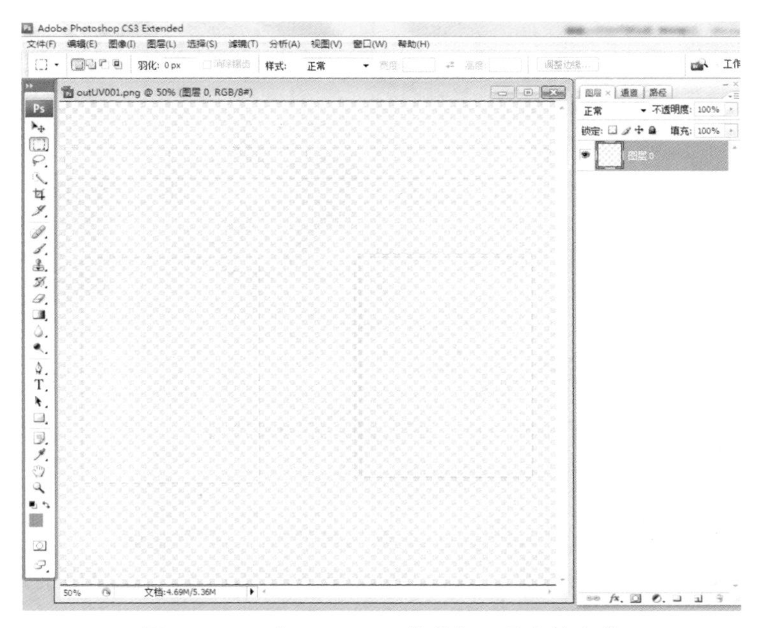

图 5—109　在 Photoshop 软件打开导出的文件

在 Photoshop 软件中创建新的图层，填充蓝色，选择蓝精灵图片放到 UV 线相应的位置。制作效果如图 5—110 所示。

图 5—110　在 Photoshop 软件编辑好图片

材质贴图制作完成后，关闭 UV 线图层的显示，将图片另存为 JPEG 格式，如图 5—111 所示。

图 5—111　另存为 JPEG 格式文件

8. 赋予材质贴图

回到 Maya 软件，创建一个 Lambert 无高光材质球，赋予盒盖。

打开 Lambert 材质设置对话框，点击 Color 颜色贴图图标，在弹出的对话框选择 File 文件贴图，贴入 Photoshop 制作好的 JPEG 文件，如图 5—112、图 5—113 所示。

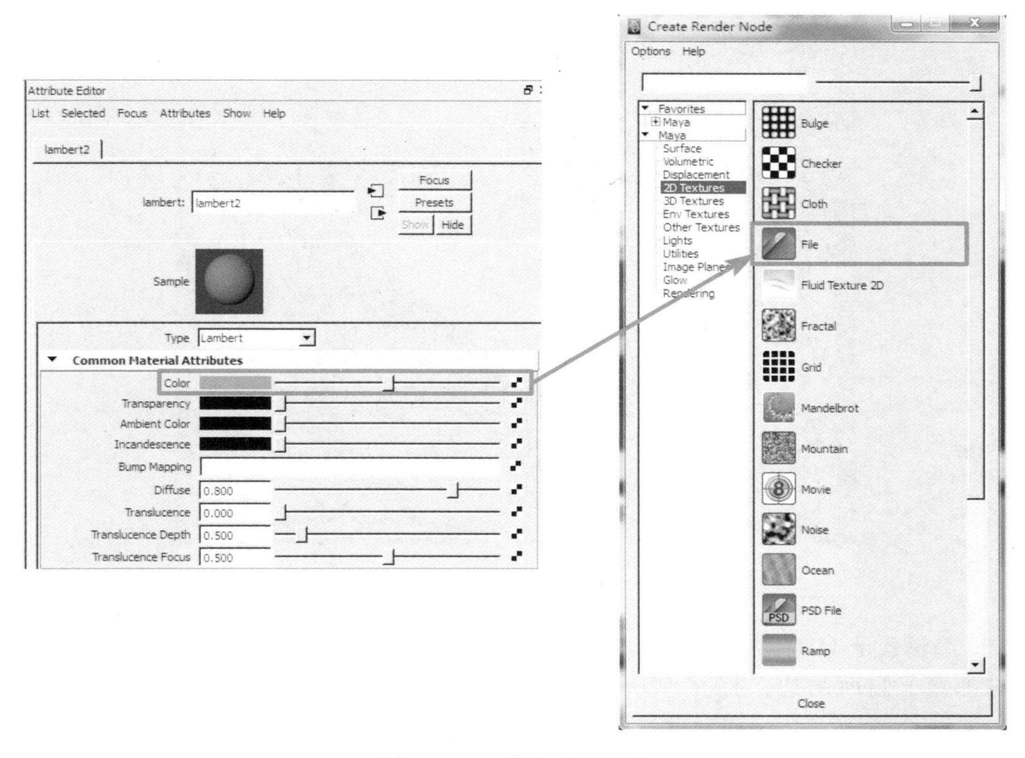

图 5—112　颜色贴图设置

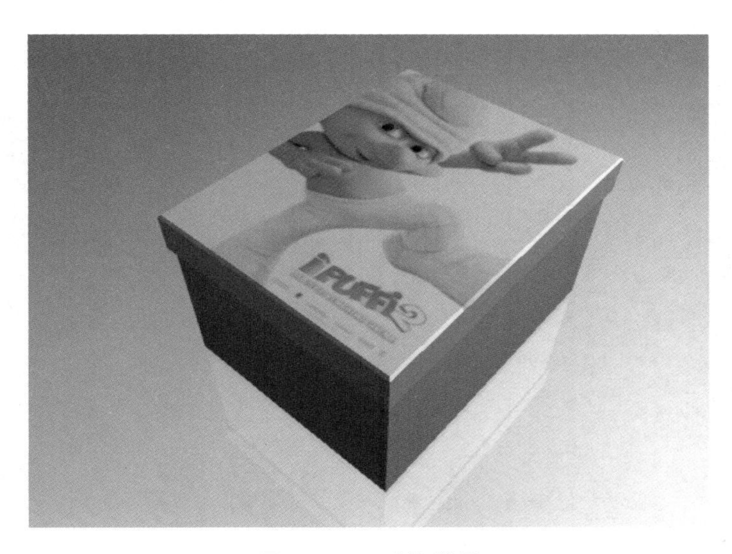

图 5—113　渲染效果

9. 制作盒子贴图

选择场景中的盒子，执行菜单：Creates UVS（创建 UV）/Automatic Mapping（自动映射）命令，如图 5—114 所示。

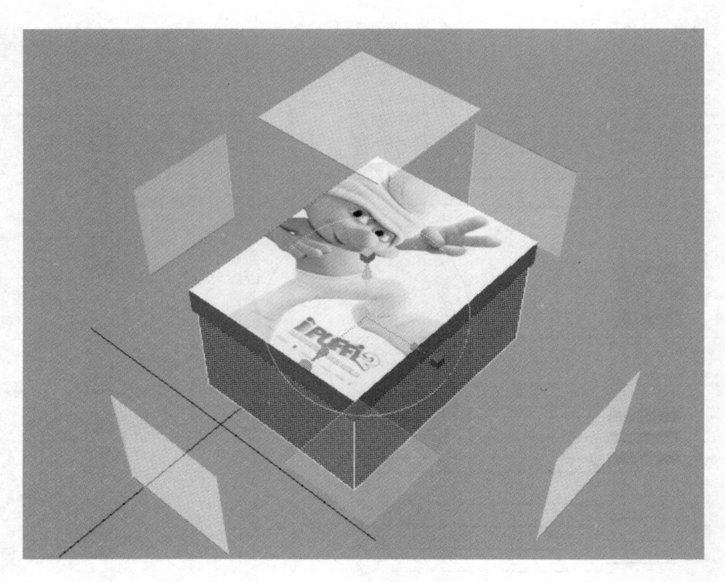

图 5—114　自动映射贴图效果

10. 编辑盒子 UV

选择盒子侧面的边，打开 Windows/UV Texture Editor（UV 纹理编辑器），使用 Move and Sew UV Edges 移动并缝合边线命令，将盒子侧面的边移动并缝合，如图 5—115 所示。

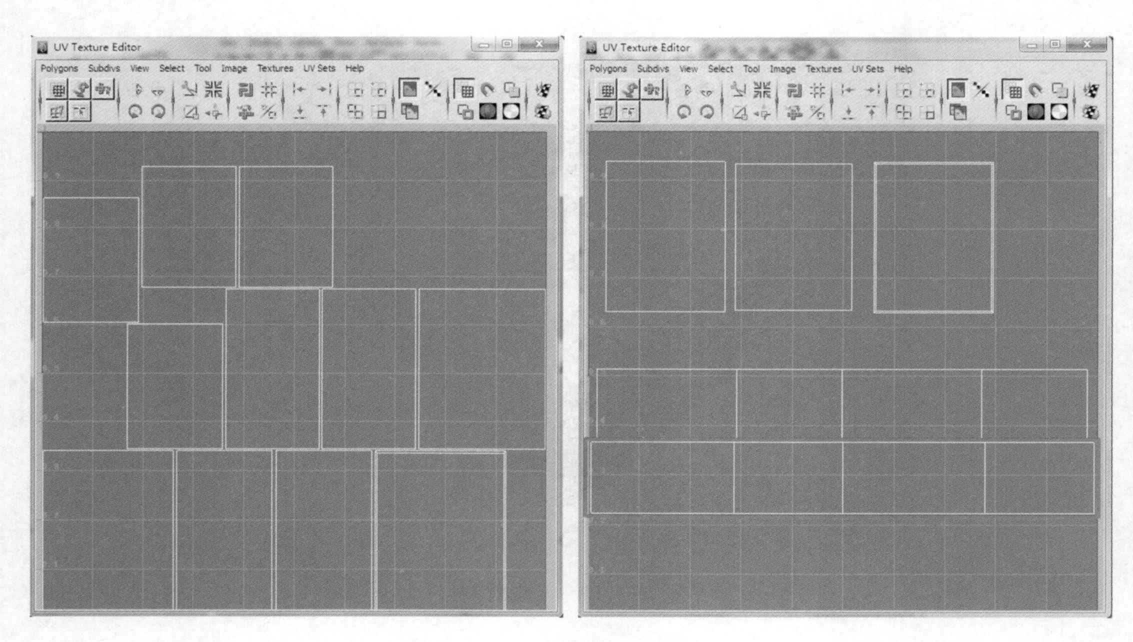

图 5—115　编辑盒子 UV 纹理

11. 编辑 UV 贴图

选择 UV 菜单，Polygons/ UV Snapshot（UV 快照）导出信息，如图 5—116 所示。

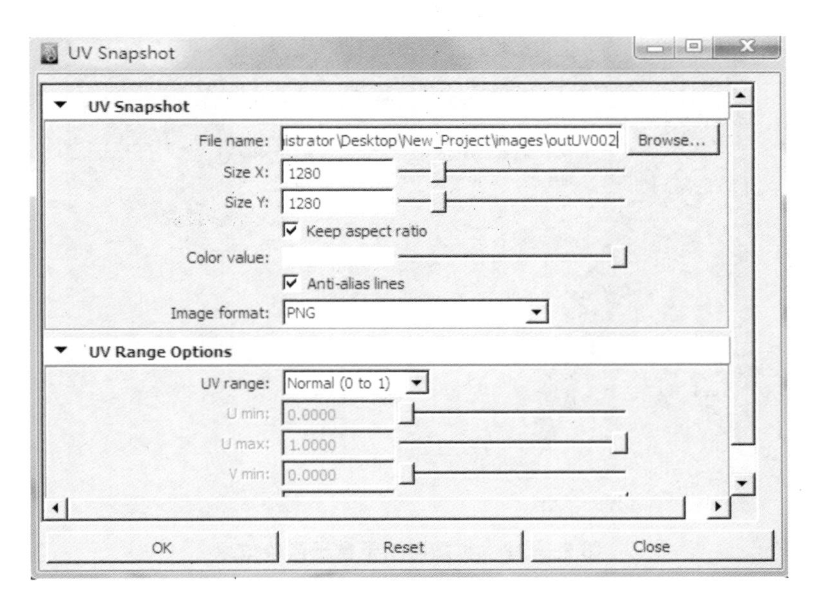

图 5—116　UV 快照设置

通过 Photoshop 软件，打开导出的 UV 图片，创建新的图层编辑贴图，并将图片另存为 JPEG 格式，如图 5—117 所示。

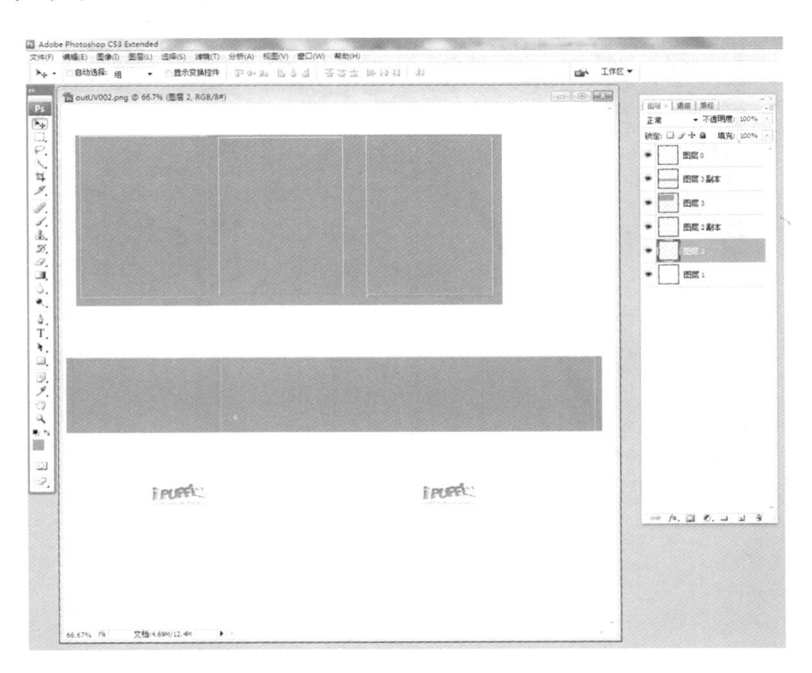

图 5—117　在 Photoshop 软件编辑好图片

创建一个 Lambert 无高光材质赋予盒子。打开材质设置对话框，点击 Color 颜色的贴图图标，在弹出的对话框选择 File 文件贴图，贴入 Photoshop 制作好的 JPEG 文件，完成盒子贴图的制作，如图 5—118 所示。

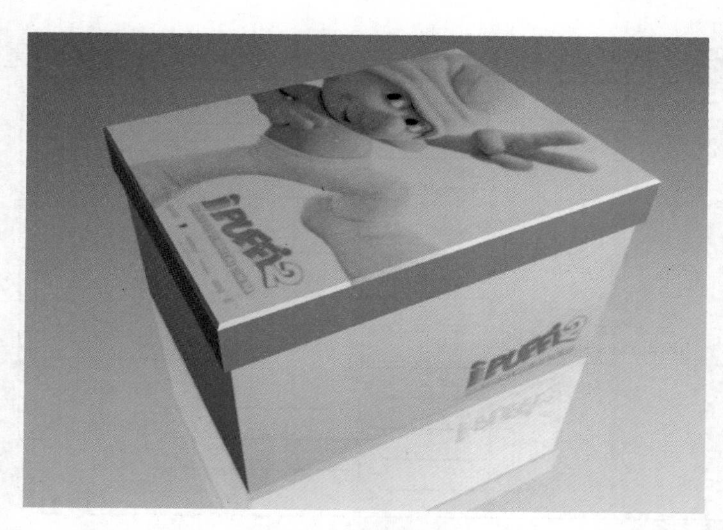

图 5—118　将贴图赋予盒子渲染效果

最后将制作好的盒子复制，为复制的盒子重新赋予一个 Lambert 材质球，通过 Photoshop 软件，制作另外一张 UV 贴图，赋予到 Lambert 材质球颜色贴图上，完成系列盒子制作，如图 5—119 所示。

图 5—119　最终渲染效果

教师信息反馈表

为了更好地为您服务，提高教学质量，中国人民大学出版社愿意为您提供全面的教学支持，期望与您建立更广泛的合作关系。请您填好下表后以电子邮件或信件的形式反馈给我们。

您使用过或正在使用的我社教材名称		版次	
您希望获得哪些相关教学资料			
您对本书的建议（可附页）			
您的姓名			
您所在的学校、院系			
您所讲授的课程名称			
学生人数			
您的联系地址			
邮政编码		联系电话	
电子邮件（必填）			
您是否为人大社教研网会员	□ 是，会员卡号：________ □ 不是，现在申请		
您在相关专业是否有主编或参编教材意向	□ 是　□ 否 □ 不一定		
您所希望参编或主编的教材的基本情况（包括内容、框架结构、特色等，可附页）			

我们的联系方式：北京市西城区马连道南街 12 号
中国人民大学出版社应用技术分社
邮政编码：100055
电话：010-63311862
网址：http://www.crup.com.cn
E-mail：rendayingyong@163.com